曾国藩家训36讲

郦波 著

上海财经大学出版社

图书在版编目(CIP)数据

曾国藩家训 36 讲 / 郦波著. --上海：上海财经大学出版社, 2024. 8. -- ISBN 978-7-5642-4433-0

Ⅰ. B823.1

中国国家版本馆 CIP 数据核字第 2024A1K768 号

□ 策　　划　夏德元
□ 责任编辑　刘　兵
□ 封面设计　今亮后声 · 非凡

曾国藩家训 36 讲

郦 波　著

上海财经大学出版社出版发行
（上海市中山北一路 369 号　邮编 200083）
网　　址：http://www.sufep.com
电子邮箱：webmaster @ sufep.com
全国新华书店经销
上海颛辉印刷厂有限公司印刷装订
2024 年 8 月第 1 版　2024 年 8 月第 1 次印刷

890mm×1240mm　1/32　14 印张(插页:2)　309 千字
定价：68.00 元

再 版 前 言

今天，市面上有关曾国藩的书其实已经很多了。那为什么我还要来讲曾国藩，并希望读者来读一读这本曾国藩呢？

因为已经出版的书中大多谈的是为官为政的曾国藩，从教育的角度，也就是从家庭教育乃至社会教育的角度来谈曾国藩的并不多。而我则想从这个角度切入，从曾国藩家书家训中提炼出有关家庭教育与个人成长的思想精华，希望能帮助读者识己、识人、识事、识道，从而实现人生的价值。

我之所以称“曾国藩家训”为“千古家训之首”，是从广义的角度来说的。因为若从狭义的角度看，《曾国藩家训》于家规礼法所涉并不深，甚至《曾国藩家训》一书的成书也尚存不为人知的悬疑。

作为一代大儒、理学传人的曾国藩，被钱穆先生称为“算得上是一个标准的教育家”，他一生重视家庭教育，不论是在京为官还是在外带兵，总是作有大量教育子弟的书信、文章。在他生前，《曾国藩家书》就已结集出版，并在当时就极受世人瞩目。

除家书之外，曾国藩还曾想专作家训一部。他在家书中谈到这种想法时曾说：“前立志作曾氏家训一部，曾与九弟详细道及。”也就是说，他的这种想法还跟九弟曾国荃专门详细探讨过。

可最后究竟有没有写呢?

答案十分遗憾，这部曾国藩立志想写的《曾氏家训》直到他1872年去世，也没写出来。

那又是什么原因导致这个计划流产的呢?

曾国藩生前曾在家书中说：“后因采择经史，若非经史烂熟胸中，则割裂零碎，毫无线索；至于采择诸子各家之言，尤为浩繁，虽抄数百卷犹不能尽收……然后知著书之难，故暂且不作曾氏家训。若将来胸中道理愈多，议论愈贯串，仍当为之。”

原因有二。一是曾国藩认为要遍览经史子集，尽可能多地掌握历史、文化、政治、经济、教育及学术各方面的知识后，才可以写这本他命名为《曾氏家训》的大成之作；二是即使读尽了经史子集，掌握了那么多的材料，自己也要做到烂熟于心、融会贯通，方可写这本大成之作。

说起来是两个原因，其实也就一个，那就是曾国藩认为火候还不到，要待自己阅历和知识极丰富之后，即自己的“功夫”达到炉火纯青的境界后，才可以写作这本《曾氏家训》。

我们由此可以知道，他对这部《曾氏家训》寄寓了多么高的期望。

但问题是曾国藩是一个非常自谦的人，虽然水平已经在百尺竿头，可还总想着更进一步，所以他总感觉自己的功夫还不够深、境界还不够高，以至于一直到他最后离开人世，也没能写出这部他自己寄寓了厚望的《曾氏家训》。

那么，我们通常见到的《曾国藩家训》读本又是从哪里来的呢？这就要说到我们称“曾国藩家训”为“千古家训之首”的原因了。

曾国藩立志要作家训一部，想在人生境界的绝高处书之成册，如此一来，他的后半生一直都在为这个计划不断地实践与准备，加上他理学传人的大儒身份，所以无时无刻不在自觉贯彻着他的家训教育理念。这样一来，他的家训思想内涵反而不受一本书的限制，显得更加丰富，更加深刻，更加具有现实的指导意义和教育意义。虽然到最后，曾国藩也未能像颜之推写《颜氏家训》那样写出规范的家训读本，但他传世作品中无处不在的教育思想与教育智慧却因此显得更为博大与精深。这一点，在曾国藩甫一离世，便成为当时社会的共识。

当时李瀚章、李鸿章兄弟为曾国藩整理、编撰并出版全集，就特意搜集曾国藩家训思想中的精华之语，在全集中单列“曾氏家训”一章。其后，又有人将其单独成册发行。再后，更有人不断重新为之编选、出版。再之后，更有梁启超索性突破家训的藩篱，为其专门编定《曾文正公嘉言钞》，这本书的主要内容其实就是曾国藩的家训名言与警句。

至此，《曾国藩家训》声誉日隆，俨然超迈《颜氏家训》《朱子家训》等古代家训名作，同名图书遂大行其道，成为百多年来坊间不断流传的家训典范。

所以我所讲的“曾国藩家训”并不以哪一本同名图书为对象，也不仅限于曾国藩的家书或日记，更不是囿于传统家训、家庭伦理规范的狭义解读。我在本书中也并非只是简单地列举曾氏家训中的名言进行解释与生发，而是希望通过一个崭新的结构，从识己、识人、识事、识道四个方面入手，凝聚曾国藩一生教育子女、指点子弟甚至培养后人的教育思想与智慧，对其做一个全景式的评述。

曾国藩也是一个普通人，身上也曾有很多缺点。幸运的是，他不仅跟我们大多数人一样在生活中下了决心痛改前非，还远胜过一般人的空想，最终用实践超越了自我。正是因为他原来有很多缺点，而他最后又能逐渐克服这些缺点，成就了自己的人生。所以，我们今天读他的家训，学习他如何识己、识人，才特别具有现实意义。

曾国藩认为人生和下棋一样，首先要讲究布局，尤其是做大事，要成就一番事业，就更要讲究布局了。他的思路是不急于求成，而是要注重布局。因为讲究布局，所以曾国藩更看重对趋势的把握。

曾国藩曾经写过一副名联送给弟弟曾国荃，上联是“打仗不慌不忙，先求稳当，次求变化”，下联是“办事无声无息，既要老到，又要精明”。这是把打仗和做事都说了，不论做什么，强调的都是一个“稳”字。其实，“不冒进，稳为上”的行动智慧，单单从“稳”这个字就可以看得很清楚。简化字的稳是一个“禾”加一个“急”，以至于有人认为有事就算稳，也得急着办。事实上这是一个误解。繁体字“穩”字右半边的原意是用手捧住心、捧住口的意思，讲的是遇事谨慎，有条有理，不轻言妄动。禾苗生长非得不急不躁、不紧不慢、稳稳当当才行。若急了，若不稳，那就是拔苗助长，适得其反了。

曾国藩的行为哲学总离不开“刚”与“柔”的灵活运用。所谓的“挺身入局”之刚，不是面对对手，而是面对事情、面对矛盾的处事技巧与智慧。在处理问题时，曾国藩便常常不断反思，认为自己忠言直谏的出发点固然没错，但恃强凌人，把别人逼到死角的做法却实在不可取。

我们一般人在生活中也都遇到过不顺心的事，甚至是憋屈的事，但大多数时候，我们的“忍”，往往只是一般意义上的忍气吞声。忍多了，忍习惯了，最后竟成了逆来顺受。而曾国藩所强调的忍，是要能使它成为一个人、一个团队，甚至一个国家发愤图强的契机，这种忍才是有价值的。他更从《道德经》和戚继光那里，也从自己亲身的经验中认识到，原来的心高气傲带来的结果就是眼高手低。想通这一层，曾国藩痛定思痛，“高不成”，就“先低就”，尽量做出成绩来再谈其他。一件件小事做好了，做顺了，大事业自然也就水到渠成了。

曾国藩在家训中还特别看重一个“穷”字，甚至还把它当成是做官的根本之道。在给大儿子曾纪泽的家书中，曾国藩苦口婆心地说：“凡世家子弟，衣食起居无一不与寒士相同，则庶可以成大器。”就是说，越是富家子弟，越是官宦子弟，越要勤俭自律，越要在物质生活上跟贫寒之士一样，这样的孩子将来才有可能成大器。

这样的处事经验和人生智慧在曾国藩家训中随处可见，俯拾即是。我所做的工作，便是在通读曾国藩家书和文章的基础上，从读者朋友们可能遇到的困惑出发，结合自己的感悟和当今社会的现实问题，对曾国藩家训中所包含的人生智慧做一个条分缕析的解读，希望给今天的读者更多的智慧启迪和现实参照。

需要说明的是，最早我在百家讲坛讲解曾国藩家训，随后以《郦波评说曾国藩家训》为题，分上下册在中国民主法制出版社出版。五年前，为方便读者阅读、收藏，我集中精力对原书做了全面修订，两册合为一本，以《郦波评说曾国藩家训精华》为名由浙江教育出版社重新出版发行。今天，社会生活又发生了诸多改变，在这样的历史时刻，学习曾国藩的做人、处事智慧，无疑又有着别样的意义与价值。因此，接受上海财经大学出版社的邀请，我再次进行修订，删去了个别章节，对全书文字作了系统梳理，并命名为《曾国藩家训 36 讲》。可以说，这又是一本“新书”，它体现了我对曾国藩和他的时代的新的理解，反映了我对现实问题的新的思考，更是我跟读者朋友的一场新的对话。当然，囿于学力和精力，本书肯定仍然存在不完善之处，恳请读者诸君读后不吝批评指正。

2024 年春于金陵

目　录

第 01 讲

从笨小孩到一代大儒

曾国藩跟我们平常人一样天赋并不高，性格上也有很多弱点。这样一个看上去应该是很普通的人，怎么就成了一个不平凡的人呢？那是因为，他身上有一种十分可贵的品质，一种具有普遍启迪价值的智慧与思想。这种智慧就是——“自我教育”。

曾经的笨小孩

在湖南，一直流传着一个故事。

那是一个数九寒天的晚上，在湖南湘乡（今湖南双峰县）一户人家的一间屋子里，一个少年正在刻苦地用功读书。一个贼则早早趴在这户人家的屋梁上，等着这家人都熄灯睡了，好下来偷东西。

这贼睡了又醒，醒了又睡，睡了再醒，眼瞅着天都快亮了，他以为背了大半个晚上的孩子总该背会了，总该去睡觉了！可出乎意料，这孩子还在那儿磕磕巴巴地背着呢，一点儿要睡觉的意思也没有。

眼看着天也快亮了，再不走就走不掉了，梁上那位突然“蹭”的一下就从房梁上蹦下来了，劈手把孩子手里的书抢过来，摔在书桌上，边摔边气愤地说：“这破文章有什么难背的！”说完一张口，极其流畅地背了出来！等到把书背完，他又指着这孩子说：“你看你笨成这样，读什么书啊！”说完，一甩袖子，扬长而去！

这个贼看上去很聪明，很可惜走错了路，更没有在历史上留下名字。但这个背书连个贼都不如的学生，我们有幸知道他的名字，他姓曾，当时名叫曾子城。这个名字我们不熟，但后来，他改了一个名字，这个名字尽人皆知，那就是——曾国藩。

当然，有关曾国藩背书背不过贼的故事，虽然在当时就流传得很广，但据说当友人亲口向曾国藩求证时，曾国藩也只是莞尔一笑，不置一词，亦不置一辩。所以，有人说其事不可信。可曾国藩也并未否认，再加上他在家书中也承认过自己少年时不擅背书，所以这事恐怕也并非完全是空穴来风。

关于曾国藩原来并不是一个算得上聪明的人，不仅有史实为证，还有很多评论为证。深受曾国藩影响的国学大师梁启超就评论说：“固非有超群绝伦之天才，在并时诸贤杰中称最钝拙。”就是说，一般人都以为曾国藩是个超群绝伦的天才，但其实，不要说与古往今来的那些天才比了，就算是与他同时代的那些历史名人、豪杰相比，曾国藩也只能算是个智商平庸的人。

要知道，梁启超对曾国藩可是极为推崇的，他为曾国藩所写传记《曾文正公嘉言钞》的序言开篇即盛赞曾国藩为“有史以来不一二睹之大人”，意思是说曾国藩是有史以来很难见到的极其杰出的人物，这种评价相当之高。但就在如此高的人生评价中，他还是说曾国藩原来并不聪明、智商不高，那可真算是实事求是了。

事实上，不仅梁启超这么说，曾国藩自己在给孩子写的家书中也说过，自己年少时在同辈中要算是“愚陋之至”，就是说是最笨的。这话还真不是自谦，因为紧接着他又说，其实不仅他自己智商比较低，而且他的几个兄弟都跟他一样笨。曾国藩在家里是老大，他还有四个弟弟。曾国藩说，在他们兄弟五人中，除了老三曾国华比较聪明，智商天生比较高之外，其他几个人都跟自己一样笨。所以说，他说自己笨，那绝不是自谦，自谦没必要拉上几个弟弟。

曾国藩长到十九岁的时候，在跟着做私塾先生的父亲读了好些年书之后，曾国藩的父亲觉得这孩子实在教不了，就把他送到自己的朋友，一个姓汪的老师那儿去读书。

这位汪老师果然像曾国藩自己说的那样，也觉得曾国藩比较笨。

有一次气头上，汪老师说，你实在太笨了，将来肯定没什么出息，你要是将来有出息，我当老师的替你背伞当仆人。

据说曾国藩当时一声不吭，闷头退下。后来，参加科举考试，那些聪明的同学纷纷落榜，反倒是最笨的曾国藩一下考了个举人。这一下荣耀极了。读书人要拜谢师恩，曾国藩回乡之后特意去拜见汪老师。

去的时候是个大晴天，可曾国藩特意带了把伞，进了汪家后，随手就把伞放到堂屋的佛龛旁边。寒暄一场，聊完之后，曾国藩起身告辞。汪老师呢，不敢怠慢，一直送出门来。

曾国藩等出了门，才作恍然大悟状，好像突然想起来似的，说："哎哟，我把伞落在老师家里了。"说着就要回身去拿。

汪老师一听这话，赶快说："曾大人留步，我来拿。"说着转身进去给曾国藩拿伞。

等这位汪老师进去把伞拿出来，再把伞交到自己这位学生的手里后，曾国藩突然一笑说："谢谢汪师，今天替我背伞啦！"

这位汪老师一听这话，猛然想起当年的事儿来了，一下子愣在那里，哭笑不得。

你看，曾国藩这个人，虽然说不上是睚眦必报，但当年老师的一句气话，一直记在心上，到最后还是要还给自己的老师。这种心胸怎么样？可以说——真不怎么样！

我们一般人都知道曾国藩名气响、名头大，有人称他是清代"中兴第一名臣"，有人称他是影响了中国近现代历史的第一人，还有人说他是两千年封建历史上最后一个大儒，更有人说他的思想、他的学问是传统儒家得以延续的关键。这么重要、这么声名显赫的一位历史巨人，他童年时竟然这么愚钝，他的身上也有那么多类似于普通人的缺陷与缺点，他的人生更有着不可摆脱的巨大遗憾。

那么，这样一个看上去应该是很普通的人怎么就成为一个不平凡的人了呢?

华丽的转身

这其实是一个终极的问题，事实上也就是如何成就人生以及发现人生意义的问题，而这个问题的答案，几乎可以算是人生中最重要的一块内容。

请注意，是“最重要”，而非“最重要的之一”。

事实上，很多人推崇曾国藩，这说明曾国藩除了功业上的成就以及道德文章之外，一定还有更重要的精神品质值得大家学习。而不同阵营的人都向他学习，说明大家要向他学习的这种精神品质是具有某种共性的，是不以政治立场、个人喜好甚至是历史价值观所转移的。

也就是说，他身上那些值得学习的地方，是像普遍真理那样，有着永恒的意义。

这也正是我们在这里要探讨的关键。我们这本书不叫《曾国藩传》，不是细述曾国藩的人生，或者简单地回忆那段风云变幻的历史，而是要学习他身上那种具有普遍启迪价值的智慧与思想。

这种智慧到底是什么呢？

用一个关键词回答，就是——“自我教育”。

其实，从教育学的角度看，最大的教育就是自我教育，也就是自己对自己的教育。

曾国藩是资质平常，他身上也有着普通人常有的性格缺陷，甚至一生中也做过很多错事，留下过很多遗憾。但是，他有一个常人最难具备的优点，就是对于任何事，对于任何错误与不足，他都做到勇于反思与反省，并以一个崇高的信仰来要求自己、检查自己，而这个崇高的信仰就是儒家“修齐治平”的人生理想与“仁爱忠恕”的道德精神。

比如说他小时候读书慢，资质平庸，但他从不讳言，他在给孩子的信中多次说过自己读书、背书很慢的事，正因为如此，他才彻夜不眠，以勤补拙，一篇小文章也要背个通宵。那个聪明的贼只知道碰上了个笨小孩，一晚上背不顺溜一篇文章。他又哪里知道，这个笨小孩早就认识到自己很笨，彻夜用功只是常态。

曾国藩年轻时是心胸不够开阔，甚至跟老师、跟兄弟间也有记仇的事儿，但他在日记里反思得最多，在给孩子的信里教育得最多的内容也是这一点。后来，他越来越能容人，连左宗棠一辈子对他冷嘲热讽都忍了，连李鸿章对他三进三出的背叛都忍了，而最后正是在左宗棠、李鸿章等人的帮助下，他才获得了与太平军作战的胜利。

曾国藩一生曾三次试图自杀，除了首次领兵的靖港之败那一次，后来跟石达开在鄱阳湖大战，情况危急之下，又急得要自杀。后来在安徽祁门被困时，还有一次。他每次都能深刻反省，甚至把别人对他的嘲笑都记下来，在这种深刻反思的过程中，他终于一步步从逆境里走了出来，并成为最终的赢家。

所以，梁启超认为曾国藩的人生是一场华丽的转身，而他之所以能成为“有史以来不一二睹之大人”，最重要的原因就是：“文正以朴拙之姿，起家寒素，饱经患难……惟恃一己之心力，不吐不茹，不靡不回，卒乃变举世之风气，而挽一时之洗劫。”（梁启超《〈曾文正公嘉言钞〉序》）

也就是说他最大的过人之处，只有一样，那就是他能终其一生，都在不断地反思与学习；不断地在反思、反省和学习中进步。正因为如此，曾国藩才使自己的人生变得成就辉煌！

梁启超紧接着又说，曾国藩不仅真正做到了《论语》中曾子所说的“每日三省吾身”，他还把自己反思后的心得记下来，先是通过写日记的方式记下来，然后又通过家书的形式来教育孩子和自己的弟弟，甚至教育其他家人与族人，乃至于这种立身垂范的形式和内容都成了中国家庭教育史上最杰出的精华之作。

曾国藩一生创作的日记和家书达上百万字，而这些日记与家书的主要内容就是曾国藩一生自我教育与家庭教育的心得体会。梁启超说，这些心得体会，“彼其所言，字字皆得之阅历而切于实际，故其亲切有味，资吾侪当前之受用者，非唐宋以后儒先之言所能逮也”。（梁启超《〈曾文正公嘉言钞〉序》）

就是说曾国藩能不说空话，能像当年卢梭写《忏悔录》那样敢于直面惨淡的人生，从实践中总结出人生中最质朴、最有用的经验与道理，然后毫不遮掩地用它教育自己，也教育家人、教育后人。

梁启超说，不仅是我梁启超自己，乃至我们这一代人，乃至以后时代的人，都将因此而受益匪浅。这是唐宋以来那么多儒学之士、饱学之士都没有做到的。就这一点来看，不论对曾国藩的历史功过怎么看，他的历史地位，他的家书、家训的历史地位，都是不可动摇的。

所以说，按梁启超的观点来看，曾国藩不仅是个大儒，不仅是清代中兴的名臣，也不仅是洋务运动的开创者，更是一个教育家。

不止梁启超，国学大师钱穆先生也曾明确地说过，曾国藩“实为一大教育家”。

事实上，在中国家庭教育史乃至中国古代教育史上，曾国藩和他的家书、家训都是一个重要的里程碑。他的家书虽然是家信的形式，但在文牍学上被视为标准的家训，而且其影响并不逊于，甚至还要胜过著名的《颜氏家训》和《朱子家训》。另外，除家书外，曾国藩的文集里还有着更为丰富的家训内容与家庭教育思想。所以我们评点古代家训，首先就从曾国藩家训说起，让我们也像梁启超先生说的那样，从曾国藩家训里汲取那些能指导我们生活的思想与智慧。

当然，曾国藩家训和《颜氏家训》《朱子家训》这些著名的家训不同的是，曾国藩的家书、家训主要写于他外出做官以后，而且教育对象也并不只对自己的孩子，还有自己的兄弟姐妹，甚至是族人。所以，他的教育内容很多是面向成年人的。这样一来，他的教育内容主要谈的就是做人和做事，而这对于今天的读者而言，无疑有着重要的启迪意义。

第 02 讲

纳妾风波与人生信仰

人生总难免遇到各种各样的是非、各种各样的磨难，拿什么来拯救自己呢？曾国藩的答案是——信仰！小到个人，大到民族和国家，答案也全都一样。当面对拿什么来拯救国家这个问题时，曾国藩的答案还是——信仰！正因为有信仰，并能用一生来坚守信仰，才最终成就了非凡的曾国藩。

一桩有名的公案

咸丰十一年，也就是1861年的秋天，所谓“金秋十月，江南草黄，红叶生树，天高水长”，在这种江南金秋的季节里，身任两江总督的曾国藩却忧心忡忡。

当时的曾国藩正率领湘军主力驻扎在安徽一带，被任命为兵部尚书兼两江总督协办大学士。至此，曾国藩算是彻底掌握了江南地区的行政与军事大权。

按理说，曾国藩时来运转，由困局转成了顺势，战场上湘军对太平军作战从此转入总攻的态势，而曾国藩自己又加官晋爵，政治地位也得到了前所未有的加强，这应该是春风得意马蹄疾的时候。可曾国藩却是心事重重。他最小的弟弟曾国葆给他买了一个妾，已经送到江边军营的船上了，希望他能去看看。

在那时，纳妾并不是什么稀奇的事儿。但曾国藩不一样，他信奉孔孟礼教，以儒家当世传人自诩，所以虽然官至一品，也从来没纳过妾。那么，曾国藩已是湘军主帅，他不想纳妾，别人也不可能逼他。按常理来说，他拒绝就是了，完全没必要为这点小事儿忧心忡忡。

可是很奇怪，曾国藩虽然一副忧心忡忡的样子，却还是跟着弟弟去了江边一艘隐秘的小船。

本来纳妾这个事就让曾国藩有点烦心，而他一看到这个准备要纳的妾，就更不高兴了。曾国藩在日记里说，他跟着弟弟到江边的船上看了一下，结果发现，这个准小妾“体貌颇重厚，特近痴肥”。

（《曾国藩全集 · 日记》）

转头回营，曾国藩让弟弟把这个小妾给退了。

当然了，曾国藩说这个女的不好看，大概也就是个托词。他心里对纳妾这个事儿很犹豫，可能临时反悔了，所以才会以相貌为借口推托。

这么说，我们可能就更奇怪了。当时曾国藩在江南可以称得上是第一号人物，而且天高皇帝远，连皇帝都管不着他，他要不想纳妾，至于这么费劲吗？直接说不就得了？他那地位，要反对纳妾，手下人也不敢给他张罗啊。

可不仅是他弟弟，才过了没几天，他手下亲兵营的一个叫韩正国的将领，又悄悄地为他纳了个妾，还是请他到江边码头的一艘小船上去看。这一次，曾国藩又皱着眉头去了。

其实，不论是谁替他找的，按道理，这个小妾曾国藩都不能要。

为什么呢？

因为时候不对。

咸丰十一年的七月，咸丰皇帝驾崩，全国大丧。按封建时代的礼仪规定，为皇帝治丧期间，全国老百姓的婚丧嫁娶全都得停止。不要说娶小妾、娶如夫人了，就算是娶正夫人也不行。

曾国藩不同于一般人，他是江南的首席行政长官，又素来被称为天下道学的楷模、文坛的领袖，甚至当时就有人称他是一代大儒。你说这样一个朝中重臣、道德领袖，怎么能在皇帝治丧期里纳妾呢？这简直就是冒天下之大不韪的事。

再者说，曾国藩一生小心谨慎，况且他还向来反对纳妾，所以说这次不出意外，肯定跟上次一样，曾国藩还是得找个理由把这小妾给退了。

没想到，曾国藩这次到江边的小船上看过之后，居然皱着眉头答应了下来！于是，在这个金秋的十月二十四日，曾国藩悄悄把小妾接回了府中。纳妾，就算正式成功，尘埃落定。

曾国藩虽然是悄悄地纳了一个妾，但世上没有不透风的墙，这一下可捅了马蜂窝，当时朝中上下，甚至包括民间很多读书人都纷纷指责曾国藩，说他“违制失德莫过于此，实名教罪人之尤”。

这话是说曾国藩向来以一代大儒自居，向来以孔孟传人自居，他居然也纳小妾，还居然在皇帝治丧期间纳妾！皇帝就是君父，你爹死的时候你会纳妾吗？这也太违反伦理纲常了。所以大家骂他失德，说他是名教罪人。名教就是指的儒教。

这一下千夫所指，搞得曾国藩也很狼狈。但狼狈归狼狈，奇怪的是，向来小心谨慎的曾国藩还真没把大家的指责当回事，照样带他的兵，打他的仗，写他的道德文章，还是以天下文坛领袖、天下道德领袖自居。

更奇怪的是，这事过了没多久，大家骂过一阵之后，也就不骂了。

那么，为什么这件足以让曾国藩在封建时代戴上“大不敬”之罪的纳妾风波，这么快就平息了呢？

最重要的原因还是在曾国藩自己。虽然在纳妾之前，他顾虑重重、忧心忡忡，但一旦纳妾之后，他反倒心里坦然起来了。

因为他自己并不觉得自己是失德，是伪道学，是名教罪人！

这就要说到曾国藩的纳妾原因了。

一般男人纳妾，要么是因为好色，要么是因为想生儿子传宗接代。但曾国藩的情况跟这两条肯定不搭边。

试想，曾国藩如果是因为喜好女色而纳妾，以他的身份和地位，他完全没必要等到这个时候才纳妾。这个时候的曾国藩已到知天命之年，正房欧阳氏也已经为他生过三个儿子、六个女儿，就算是为了传宗接代，那也足够了。

那么曾国藩到底为什么这么犹豫着、这么冒天下之大不韪，还要纳这个妾呢？

据说曾国藩天生有一种病，就是牛皮癣，学名银屑病。年轻时还好一些，后来自从组建湘军跟太平军作战之后，牛皮癣的症状越发严重起来，求了无数的偏方也没治好。而且工作压力越大的时候，发作起来就越凶。曾国藩祁门被围，甚至被逼得又要写遗嘱自杀的时候，也就是他一生中这种顽固的牛皮癣发作得最凶的时候。这时候什么药都不管用，曾国藩浑身痒得不行，自己就拼命地挠，挠得浑身都是血。

但就算这样，还有一块地方挠不着——后背。

当时曾国藩实在没法子，几个弟弟还有身边亲信的将领也都知道他这个情况，就劝他纳个妾，晚上实在痒得不行的时候，就让小妾帮着挠。

有人可能会奇怪，曾国藩不是有老婆吗？他不能让老婆帮着挠吗？实在不行，他那地位，随便找个人来挠也行啊，干吗非要在皇帝大丧期间纳个妾来干这事？

当时，曾国藩带兵在外，他老婆则在湖南老家带孩子，没跟在身边。至于随便找个人帮自己挠背，这就更是曾国藩这种理学家忌讳的了。因为没有名分，男女授受不亲，对曾国藩这种儒生来说，那才真是不可能做的事儿。纳了妾了，有了名分了，再做这事儿，在曾国藩那儿，才说得通。

不过，曾国藩虽然也觉得这事儿说不出口，提不上台面，但又真的难熬。犹豫来犹豫去，虽然先把弟弟替自己纳的妾给拒绝了，但最终还是动摇了。这就是最真实、最普通的人性决定的。

所以说，曾国藩的纳妾实在是因为有难言的苦衷。但他这个人有一个特点，就是自身的信念很强大，虽然觉得这事难以跟人解释，但只要不违反自己的人生准则、信仰准则，任别人怎么说，他也坦然面对。

信仰的力量

曾国藩一生信奉孔孟儒教，一生以儒学传人自诩，他确实也被后世称为儒家精神在晚清延续的一个重要的里程碑式的人物。儒家理论讲君子坦荡荡，讲男女授受不亲，但并没讲不许纳妾。在古代那种社会环境下，曾国藩认为自己这样做并没错，所以纳妾前他是犹豫的，但纳妾后，当天下人都骂他的时候，他反倒能坦然面对了。

事实上往往就是这样，所谓“心底无私天地宽”，你只要能对得起自己的良心、自己的信仰，你就能扛得住别人的议论与指责。曾国藩在众人的指责声中很坦然，过不了多久，当大家都知道他纳妾的原因之后，也就没什么人再骂他了。就算还有很多人觉得他这事做得就是不对，但也不再觉得他是个伪君子了。

比如左宗棠，在听说曾国藩纳妾之后笑着骂了一句“伪道学”。当时左宗棠说这话可能有幸灾乐祸的成分，因为左宗棠跟曾国藩向来不合。

当曾国藩病逝的时候，左宗棠这时候也是封疆大吏，当时天下人都认为两个人关系如此糟糕，左宗棠对曾国藩肯定不会有什么好的评价。但出乎所有人的意料，左宗棠不仅给曾国藩送来了挽联，而且挽联的内容是：

> 知人之明，谋国之忠，自愧不如元辅；同心若金，攻错若石，相期无负平生。

这一联也被称为晚清名联。

上联意思是，说到知人善任、为国尽忠，我左宗棠还是不如你曾国藩。当然，这话虽然非常自谦，但听着还像是客套话。出乎所有人意料的主要是下联，下联的意思是说，我左宗棠和你曾国藩其实一生都是同心同德的，世人看到你我之间的纷争，其实不过是我们之间相互促进、彼此纠正、相互批评、共同进步的一种方法。所谓“他山之石，可以攻玉”，所以叫“攻错若石”。这一点只有我俩自己知道，而世人全不知晓，所以你我此生，算是“相期无负平生”了。

事实上，不只是这副挽联，左宗棠还特意写信给在湖南老家的儿子，说世人都以为我与曾国藩势不两立、关系交恶，其实我只是与曾国藩性格不合，但就人生信仰与信念而言，当世除了曾国藩，我左宗棠还真没有别的人可以佩服。

后人评湘军的三个核心人物曾国藩、左宗棠、李鸿章，都说曾国藩会做人、左宗棠会做事、李鸿章会做官。而曾国藩做人的根本，也是他之所以成就人生的根本，就是——做人要做有信仰的人。

曾国藩在家训中对自己的孩子反复说："仁义乃人生第一义也！"又说："君子之道，以知命为第一要务。"（《曾国藩全集·诗文》）所谓君子的知命其实就是确立儒家的价值观和人生观。我们知道仁义是儒家思想的核心，那就是说要树立人生的价值观，要找到支持生命的人生信仰，这样的一个人才活得有价值，也才活得有力量。

人生总难免遇到各种各样的是非、各种各样的磨难，拿什么来拯救自己呢？

曾国藩的答案是——信仰！

甚至，小到个人，大到一个民族、一个国家，答案也全都一样。当面对拿什么来拯救国家这个问题时，曾国藩的答案还是——信仰！

事实上，也确实是这样，没有信仰的人是没有希望的人，没有信仰的民族也是没有希望的民族。

正因为是一个有信仰，并能用一生来坚守信仰的人，一个普通、平常的曾国藩才最终成就了非凡的曾国藩。

第 03 讲

读书

改变气质

读书对于人生能起到两个关键的作用。一是读书可以立志，可以树立正确的人生观、价值观，可以培养出人生的信仰来，从而使我们发现人生的意义，成就人生的价值。二是如曾国藩在给儿子的家信里所说：“人之气质，由于天生，本难改变，惟读书可以变其气质。古之精于相法者，并言读书可以变换骨相。”所谓“腹有诗书气自华”就是这个意思。

考场失意

曾国藩原来也只不过是个资质普通的孩子，至于说他少年天资聪颖那些话，大凡名人出名之后，都会有这些附会传言，事实上一般人的资质都差不多，真正的天才哪有那么多？

那么，这样一个资质普通的孩子是如何培养出自身强大的信念与信仰来的呢？

这都要从曾国藩的科举考试生涯说起。

当时的科举分为乡试、会试与殿试三级。乡试是各省举行，难度相当于现在的高考，考中的叫举人；乡试的第二年考会试，会试是全国统一的，难度相当于考硕士，考中的叫贡生；最后一级殿试，最高级别了，相当于考博士，考中的就是进士。

三级科举，一年一年轮着来。像乡试这种入门级别的考试，三年才轮得上一次，而且考中的比例很低。所以古代科举于知识分子而言，可谓折磨死人。小说《儒林外史》中有名的范进中举的故事就发生在清代，不过才考过最低一级的乡试，拿了个举人，就已经熬到了五十多岁，甚至熬疯了。

另一个比范进还不如的典型，就是曾国藩的父亲曾麟书。别说参加科举的乡试了，就光一个取得乡试的资格，也就是考秀才，他都一连考了十六次也没考上。好不容易第十七次，总算考上了个秀才，曾麟书实在考不动了，因为他这时候已经四十三岁，儿子曾国藩都二十多岁了，所以他就不考了，把希望都寄托在了儿子的身上。

曾国藩说起来还是比较幸运的，他二十三岁就考上了秀才，比他爹整整早了二十年，然后参加乡试，又中了举。这一下曾国藩信心大增，当年，就意气风发地从湖南赶往北京，提前大半年到京，准备参加第二年才举行的会试。

曾国藩出身农民家庭，家里也不是非常富裕，虽然是凑足了钱来的，但到了北京，也还不敢随便找个上档次的客栈住。那么他住哪儿呢？他很聪明，找到了“长沙会馆”。当时的会馆有帮着地方官员在京打探消息的职责，但更重要的功能是接待并接济来京办事的同乡。

事实证明，曾国藩的这个决定是非常正确的。因为在他住了大半年、耗掉了一半盘缠后，他志在必得的会试给了他当头一棒——他，没考上。

按理说，会试至少要三年一次，轮一回很漫长。但曾国藩却运气不错，恰巧碰上皇太后的六十大寿，照例增加恩科一次，也就是第二年多给一次会试的机会。这一下曾国藩铆足了劲儿一定要考上，他也不回家了，还在长沙会馆里准备考试。

就这样，他人生地不熟地在北京又住了一年。要知道他带来的钱，除去来回的路费，本来是只够半年用的。这下好，计划不如变化快，他硬是用半年的生活费支撑了一年半。

因为生活费不够用，曾国藩这一年的日子过得可不容易，幸好他住在长沙会馆，要不根本撑不了那么长时间。终于又等到会试的机会了，曾国藩心想这下肯定要苦尽甘来了，要不老天爷干吗把我在北京留一年啊！他觉得苦也受过了，难也受过了，会试再一开，好运自然来，这一年就算没白熬。

可令人失望的是——他，又落榜了。

连考了两回了，连遭两次打击，而且这时候也花光了所有的钱，穷得一文不名，要换了别人，肯定痛苦得不行。可曾国藩呢？

他偏偏跟一般人不一样，眼看着下一次会试还要等几年，他收拾好行李，也不回家，居然兴致勃勃地去云游天下了。曾国藩的打算是不直接回湖南，而是从北京先顺着运河前往江浙，再从江浙顺着长江回湖南。

为什么要绕这么大一个圈子呢？

很容易理解，说不好听点，叫散散心；说好听点，叫“读万卷书，行万里路”。好在年轻，年轻就是资本。所以虽然没多少路费了，曾国藩还是按自己的计划去丈量运河和长江了。

曾国藩走到一半，真是一分钱也没了，他过了徐州之后，就特意来到了现在江苏的睢宁。当时的睢宁知县叫易作梅，刚好是湖南湘乡人，而且跟曾国藩的祖父和父亲都有交情，曾国藩到这种地步只好硬着头皮，来找易知县借盘缠了。

这个易知县人还真不错，对落魄的穷考生曾国藩同学没有半分歧视。他留曾国藩住了两天，通过交流，发现这个年轻人志向远大，意志坚定，将来定非池中之物。他不等曾国藩开口借钱，就主动借给了他一百两银子。

要知道易作梅一个七品县令，他当时标准的年薪才不过四十几两银子。而曾国藩自己进入官场后，熬了好几年，好不容易当到翰林院的五品侍读学士，一年工资也不过八十两白银。所以易作梅肯借给曾国藩一百两白银，这一下让曾国藩喜出望外，也非常感动。

曾国藩告别易知县，这下有了钱，更不急着回家了。他来到了南京，想在这片“江南佳丽地，金陵帝王州”好好地游览一下。

曾国藩在南京不仅考察了山川地形，还花光了所有的钱，又变得一文不名。

他不是有一百两银子吗？怎么花得这么快呢？

曾国藩一直都很节俭，后来即便位居高官，连老家翻修祖屋都不舍得花钱，甚至连儿子结婚、女儿出嫁也不舍得花钱。但唯有一件事，他最舍得花钱，那就是——买书。

曾国藩来到南京的时候，怀里揣着一百两银子。他嗜书如命，有了钱，就又开始逛书店了。结果，在一个书肆里看到一部精刻本的《二十三史》，曾国藩非常喜欢，结果一问价，刚好一百两。

这一下曾国藩虽然有些为难，但还是把书买下来了。

一套《二十三史》那可不得了，放一起，比他的行李多多了，况且连回家的路费都没了，怎么运回去呢？

曾国藩自有他的办法。这时候正是暮春的季节，他到北京赶考时带足了冬天的衣服，他一想，就把所有的衣服和行李都送到当铺里当掉了，只留了一两件夏天的衣服。就这样，这个提前过夏天的落榜生，驮着一大堆的史书和书里厚重的五千年文明史，好不容易回到了湖南的老家。

快到家了，曾国藩犯愁了，该怎么跟父母交代呢？会试考了两回没考上，花光了所有的钱，这还不算，把借来的一百两也花光了。父亲只是个私塾先生，挣点钱也不容易，这可怎么办呢？

可不敢见也得见，没法说也得说，曾国藩到了家，见了父亲，只好把这一两年的经历详细地汇报了一下。结果他爹曾麟书听完这个落榜儿子的汇报之后，什么埋怨的话都没说，只说了一句话：“借钱买书，不是坏事，我乐于替你还清所有的欠款。但希望你能用心研读，不忘记买书的初衷，这借的钱也就不算白费了。”

曾国藩他爹，虽然一辈子考科举都很失败，但作为一个父亲，他真是一个不一般的父亲。他的教育方法实在是太高明了。

第一，会试连着两次落榜，这大概才是曾国藩心头最难受的地方，但当爹的对此一句不提，却只提他借钱买书的事儿。这叫什么？这就叫四两拨千斤啊，轻轻巧巧、平平淡淡地就把儿子最大的心理负担给去除了。

第二，只说借钱买书，也并不埋怨儿子。要知道曾国藩落榜回来，一冲动花光了借来的所有的钱，而这笔钱还不是小数目，他心里也是有很大压力的，想想父亲肯定会批评他。可曾麟书就是一句埋怨也没有，而且还说借钱买书是好事，这种出乎意料的表态，对曾国藩的心理冲击可想而知。曾国藩后来一直记得这个事，一直都说这是他一生酷爱读史书的一个最重要的起点。

第三，这个父亲在卸下儿子的心理负担之后，又看似轻巧，但极为关键地点中了读书的窍要，即买书的初衷是读书，而读书的关键是细心研读，并持之以恒。

曾麟书真不愧名叫麟书，那就是书中麒麟的意思，一句“你不要忘记买书的初衷”恍如当头棒喝，给了年轻的曾国藩以极大震撼。从此以后，曾国藩每天坚持读史数十页，不仅读，而且细心研读，写读书笔记，两年时间，终于仔仔细细地把一部《二十三史》彻底通读完了。

而这两年，因为他爹要还这一百两银子的债，所以曾家一直过得很拮据。两年后，曾国藩再次上京参加会试，家里实在缺钱，还是找亲戚东拼西凑才凑出了几十吊钱的路费。等曾国藩省吃俭用到了北京，身上只剩下了三吊钱。

可就是这个借了一百两银子买书、现在又只剩下三吊钱的穷学生曾国藩，不鸣则已，一鸣惊人。这一年，他终于成为湖南曾家历史上第一个考中进士的人。后来，爱读书、爱学习的曾国藩还成了开启洋务运动的第一人。

耕读传家

曾国藩在对后代的教育中，也把读书当成了最重要的事。他在家书中说："吾不望代代得富贵，但愿代代有秀才。秀才者，读书之种子也。"（《曾国藩全集·家书》）就是说家里没钱没关系，但我曾国藩的后代，代代最少得有秀才，因为这标志着我们这个耕读世家里还保持着读书的传统。

曾国藩之所以把读书当成最重要的事，是因为他认为：读书可以改变命运。不过，若是认为曾国藩主张的"读书可以改变命运"只是为了应付科举，只是为了应试，那就大错特错了。一个最有力的证据就是曾国藩自己的两个儿子。

曾国藩的大儿子曾纪泽是晚清著名的外交家。曾纪泽从小在父亲的培养和熏陶下，特别喜欢读书，正好他爹书又多，他简直可以算是博览群书了。但在仅参加了一次科举考试之后，他就跟曾国藩说，不想参加接下来的科举考试了，因为他不想为参加科举而读书。

要知道，在封建社会那种“学而优则仕”，而且只能通过科举考试才能出仕的社会里，这种想法简直是骇人听闻。

现在曾纪泽要主动放弃科举考试，而曾国藩自己就是通过科举考试出头的，按情理来讲，他无论如何也不会同意。事实上，曾国藩的几个弟弟，也就是曾纪泽的几个叔叔，都觉得这个侄儿疯了，竟然会有这个念头，想想大哥曾国藩也不会同意。但出人意料，曾国藩却一点没含糊，很明确地支持儿子的想法。说不考就不考，那要不考科举，你喜欢学什么呢?

曾纪泽表示喜欢学西学，就是西方的社会科学，还喜欢学英语。曾国藩一听，好啊，只要是努力读书、学习，当爹的我支持你。后来，就是在曾国藩的支持下，曾纪泽成为晚清少数早期接触西方科学与文化的人。他除了英语之外，还精通法语与俄语，后来成为当世有名的外交家。

曾纪泽的弟弟曾纪鸿也是这样，不喜欢科举考试，但他喜欢数学，曾国藩就特别支持他研究数学。曾纪鸿还真是个数学天才，不仅写了好几本数学专著，还独辟蹊径，把圆周率推算出小数点后一百多位，在当时世界范围内也处于领先的水平。

你看，从曾纪泽与曾纪鸿两兄弟身上，我们就可以看出，曾国藩所主张的“读书改变命运”并不是为了简单地应试。

那么，曾国藩所说的“读书可以改变命运”到底指的是什么呢？《曾国藩家书》里有明确的答案，曾国藩说：“吾辈读书，只有两事：一者进德之事，讲求乎诚正修齐之道，以图无忝所生；一者修业之事，操习乎记诵词章之术，以图自卫其身。”

这话什么意思呢？是说读书对于人生只能起到两个关键的作用。

排在第一位的，是读书可以立志，可以树立正确的人生观、价值观，可以培养出人生的信仰来，从而使我们发现人生的意义，成就人生的价值。

除了读书可以立志，曾国藩还认为读书可以立身。

就是说读书至少可以让你掌握专门的知识，从而形成属于自己的专业特长。有特长，你才可以立足于社会，要不你拿什么在社会上立足呢？没特长，没专业，温饱都成问题，其他都不用谈了。所以就算为了生活，也得好好读书。这就是曾国藩所说的读书是为了“以图自卫其身”，这个观点还真是具有前瞻性。

据科学研究，瑞典皇家科学院历时数年，在全球五十二个国家中对各阶层、各类人群做了跟踪实验，实验结果非常惊人。人类疾病杀手中排名第一的心脏病，与之相关的最密切的社会因素，既不是一个人的贫富情况，也不是他所处的家庭与工作环境。这个与心脏病最密切的社会因素，居然是一个人的受教育的程度。实验结果证明，不论哪个国家、哪个人种、哪种阶层，受过高等教育的比没受过高等教育的人罹患心脏病的概率要小百分之三十还多。

读书不仅可以立身、立志，曾国藩甚至还在给儿子的家信里说：

"人之气质，由于天生，本难改变，惟读书可以变其气质。古之精于相法者，并言读书可以变换骨相。欲求变之之法，总须先立坚卓之志。"（《曾国藩全集·家书》）那意思是只有读书可以改变一个人的气质。

曾国藩号称是当时最精通相术的大儒，他从相术的角度说，一个人的气质是很难改变的，只有靠读书能改变，正所谓"腹有诗书气自华"。读书既然连气质都能改变，更不用说去改变一个人的思想、智慧、情操与价值观了，所以说，读书可以改变人生、改变命运，这是一个放之四海而皆准的道理。

那么，书，要怎么读才对呢？

对此，曾国藩也给出了自己的意见。总的来说，他教给孩子的读书方法主要有三条。

第一，要读经典。

我们为什么读书？就是为了学习别人的智慧与思想。知识性的东西会随着时间而不断更新，但思想性的东西、智慧性的东西，越经过时间的沉淀，就越有学习的价值。所以读书最好的捷径，就是读经典。

经典一定要精读，因为从学习的效率上来说，精读比泛读还要重要。泛读就是胡子眉毛一把抓，抓到什么读什么。虽然这也能学到不少东西，但学得多，忘得也多。但精读就不一样，吃得深、吃得透，因此能保证所学的东西真正变成自己的东西。

第二，"一书不尽，不读新书"。

就是说一本书没读完的情况下，不要急着读另一本书。事实上就读书而言，有很多人有这种毛病，呼啦一下弄好多书，这本翻翻，那本翻翻，美其名曰读了好多书，其实一本都没读完，一本都没读通、读透。而曾国藩主张一本没读完，也就是一本没读懂，就不要忙着去读其他的书，这实际上就是沉浸的读书法。

当然，曾国藩虽然主张读书要沉浸其中，但他从来不主张死记硬背。他对儿子说："凡读书，不必苦求强记。只须从容涵泳，今日看几篇，明日看几篇，久久自然有益。"（《曾国藩全集·家书》）也就是说，读书沉浸其中，其实应该是一件非常轻松愉快的事，不要当成任务来死记硬背。死记硬背的方式属于老牛拉破车，不会有太多的收获。

不过，读书应该是件轻松愉悦的事，并不代表像看闲书那样读书就行。曾国藩主张看书的时候要做札记，也就是看书的时候得学会动手，得边看边写写画画，要"略作札记，以志所得，以著所疑"。（《曾国藩全集·家书》）也就是要把读书时的所感所想，不论是心得体会，还是疑惑不解的地方，都随手记下来，这样才能有助于读而后学。

第三，就是要培养个人的读书兴趣与方向。

曾国藩对两个儿子的教育就是最典型的例子。老大曾纪泽不喜欢科举考试，不喜欢八股文，喜欢西方的语言学和社会学，曾国藩就鼓励他按自己的兴趣方向去读书。最难能可贵的是，虽然对于曾纪泽感兴趣的这些所谓的西学曾国藩自己不是太懂，但他为了儿子也努力地去看了不少书。后来，曾纪泽写成《〈西学述略〉序说》和《〈几何原本〉序》，这两本书都是曾国藩亲自批阅后为之刻版发行的。

对于老二曾纪鸿，曾国藩就更是这样了。他不仅鼓励曾纪鸿发展对数学研究的兴趣，而且非常支持曾纪鸿的夫人郭筠读书。曾国藩觉得在那种重男轻女的社会环境下，儿媳妇能喜欢读书，是非常不容易的。所以在教儿子的时候，他顺便教儿媳妇。在曾国藩的引导下，郭筠通读了《十三经注疏》和《资治通鉴》，成了一个有名的才女。

说起来，曾国藩虽然是一代大儒，但也不可能样样都擅长，那么他怎么可能在西学、数学、语言学等各个方面都能给孩子以指导呢？

曾国藩真是一个海纳百川式的人物，当时他的幕府中网罗了天下最杰出的英才，包括像李善兰、华蘅芳、徐寿等一大批当时最杰出的科学家。他不仅自己教儿子，还主张儿子向这些饱学之士学习。这也可以看出曾国藩的胸襟，真不是一般人可以比拟的。

后来，他还主张从年幼的孩子中选拔一些聪明的、对西学感兴趣的儿童，由政府出资送他们出国去学习。正因为有他的大力提倡，近代历史上才有了第一批出国的留学生，这第一批三十多个孩子中，就有一个名叫詹天佑的学生，他后来成为中国铁路工程学的奠基人。

苏东坡说过："可以食无肉，不可居无竹。"曾国藩则模仿说："不可一日不读书。"

后来，他晚年总结人生经验的时候，曾经自豪地对孩子们说，他一生是"无一日不读书"！这话真是掷地有声。我以为，就算只做到了这一件事，这样的人生也果真是值得骄傲与自豪的了！

第 **04** 讲

穷，

能独善其身

曾国藩为什么十分看重一个“穷”字，甚至还把它当成是做官的根本之道？总的来说，有这样三个原因。第一，在官场上，“穷”是保身之道。第二，不论是不是在官场，“穷”都是“善身”之道。第三，出于他个人的信仰，所谓“仁爱忠恕、礼义廉耻”这种儒家信念，让他立志做一位清廉的好官。

保身与善身

曾国藩曾在给九弟曾国荃的家书中说起自己当官的经验，那意思是你将来要做官了，一定要记住当官的根本，我最大的体会就是：“予自三十岁以来，即以做官发财为可耻，以宦囊积金遗子孙为可羞可恨。故私心立誓，总不靠做官发财以遗后人，章明鉴临，予不食言。”（《曾国藩全集·家书》）

就是说，我以当官发财为耻，以当官贫穷为荣。我将来留给子孙的遗产中，要是有我做官挣来的钱，我死都不瞑目。你看着吧，我曾国藩必不违背这个誓言。

曾国藩的意思我们都明白，就是人在仕途，人在官场，当以清廉为第一要义，要当个清官，才算是一个好官。要说曾国藩没给子孙留一点遗产，那也不太可能，毕竟他是死在两江总督任上的。我们只知道，他的几个女儿都嫁出去了，所有遗产，都留给了两个儿子，也就是曾纪泽和曾纪鸿两兄弟。

这兄弟俩在父亲曾国藩的教育下，也都是极其勤俭节约的人。曾纪泽在任驻英法外交官的时候，也就相当于现在的大使，他所有的薪俸都贴到外交使馆和外交事务中去了，而自己一直过着很俭朴的生活。他的弟弟曾纪鸿也是这样，在北京做一个低级官吏，工资甚至不能够养家糊口，以致生活非常拮据。

一次，曾纪鸿生了一场大病，看了病之后连买药的钱都没有了。想向哥哥要一点吧，曾纪鸿想想算了，一来哥哥在国外，二来哥哥同样家无余财，恐怕情况也好不到哪儿去。要知道这时候，曾国藩也才去世没多久，且史实证明，曾家两兄弟又绝不是那种败家的人，要是曾国藩留下了很多遗产，那么，这些遗产为什么在困难时不见踪影呢？

后来，还是左宗棠听说了这个情况，感动得热泪盈眶，说曾国藩教子有方，两个儿子虽然是名门之后，在官场上却是如此清廉！最后，左宗棠慷慨解囊，为曾纪鸿雪中送炭。曾纪泽得知后，还特意为此写信向左宗棠表示了感谢。

但要是这样的话，我们就难免会产生一个疑问，那就是曾国藩既然没靠当官发财，没给子孙留下丰富的遗产，湖南曾家为什么会成为当地首富呢？

这的确是事实。但这个成为首富的曾家，主要是他的几个弟弟家，其中最富、最有名的就是曾国荃家，而曾国藩以当官发财为耻、以当官贫穷为荣的那番话，也是针对曾国荃说的。

曾国藩在兄弟中是老大，下面还有四个弟弟，另外还有好几个姐妹，曾国荃在兄弟里排行老四，在族兄弟中排行老九，所以曾国藩喜欢叫他九弟，后来曾国荃跟曾国藩出兵打仗，在军中大家都叫他九帅。曾国荃这个人特别贪财，他率兵攻下天京之后，纵兵劫掠，据说当时整个天京的金银财宝为之一空。然后他又把这些钱都运回了老家，在湖南老家大兴土木。

因为贪财、炫富，当时有人给曾国荃起了个外号，叫他“老饕”。《说文解字》解释“饕”就是“贪”的意思。有个词叫“饕餮”，传说是古代最贪心、贪吃的一种怪兽，所以这个“老饕”，就是说曾国荃是条贪吃蛇。对于这个“老饕”，就连曾国藩的心腹彭玉麟也看不过去，专门写了一份奏折，罗列了曾国荃的十大罪状，而且是先交给自己的上司曾国藩，然后再请曾国藩递交给朝廷。

这也是曾国藩为什么在家训中特别看重一个“穷”字的道理，甚至把它当成是做官的根本之道。

第一个原因，在官场上，“穷”是保身之道。

要知道曾国藩是汉人，他当的却是清朝的官。在整个清代，朝廷对汉人为官是非常警惕的。不是说不让汉人当官，而是特别注意不让汉人当高官、当有实权的官、当能掌兵权的官。

他当初组建湘军，一出战就取得了湘潭大捷，继而兵临武昌城，一举攻下了被太平军占领的武汉三镇。据说，当时咸丰皇帝闻报后，高兴得手舞足蹈，因为清军面对太平军作战，从来没取得过这么大的胜利。咸丰兴高采烈地对大臣们说：“不意曾国藩一书生，乃能建此奇功！”他甚至在接下来的圣旨里还说：“获此大胜，殊非意料所及。”(《清史稿》) 可见他的兴奋劲儿有多大了。他一高兴，立刻封曾国藩为湖北巡抚。

这可是一个有实权的位置，相当于湖北省长，实为一方大员，尽可手握大权。曾国藩接到圣旨一看，朝廷居然封自己为湖北巡抚，也非常开心。开心归开心，按朝廷规矩，你还得假模假样地上个表，推辞一下，感恩一下，这才符合官场的潜规则。曾国藩也就上表辞谢了一下。

可出人意料的是，仅仅七天之后，咸丰突然变脸。他在曾国藩的奏折上批复说：“朕料汝必辞，又念及整师东下，署抚空有其名，故已降旨令汝毋庸署理湖北巡抚。”(《清史稿》) 那意思就是说，我料到你会推辞，既然你推辞，那就算了，这个湖北巡抚你就别当了。

更可笑的是，咸丰的批复里还怪曾国藩上奏的奏折里不署湖北巡抚的官衔。那意思是，我上次的圣旨是让你当湖北巡抚的，那你随后的谢表里就应该署上湖北巡抚的官衔。至于我这次不让你当，那是后话，你上谢表怎么能不按规矩来呢？这太不像话了，下次一定要注意！

原来咸丰听了大学士祁寯藻的话，一下就想起“满汉相防”的祖训来，当初那股子高兴劲儿立刻也没了。后来，咸丰还不无忧虑地长叹一声，说“刚去掉半个洪秀全，又来了一个曾国藩”。从这话，就可看到他对曾国藩的防范之心有多重了。

曾国藩在起兵之后，经常说的一句话就是：“不怕死，不爱钱。”因为你肯穷，因为你不贪，就说明你没有太大的野心和欲望，也不会有落人口实的把柄。当年岳飞说过文官不爱钱、武将不怕死，国家就有希望。曾国藩把这话浓缩了，那意思既是说给世人听的，同时也是说给咸丰皇帝听的。表明自己只知忠君报国，并没有什么二心。所以曾国藩在经济上一向非常自律，从来没有什么贪污的把柄给人抓住。

曾国藩看重“穷”字的第二个原因是，不论是不是在官场，“穷”都是“善身”之道。

对于这一点，曾国藩在对孩子的教育中尤其重视。

咸丰六年（1856 年），曾国藩专门给不足十岁的小儿子曾纪鸿写了封信，这封信非常有名，被人传颂。他开始先夸奖孩子懂事了，然后就说：“凡人多望子孙为大官，余不愿为大官，但愿为读书明理之君子。勤俭自持，习劳习苦，可以处乐，可以处约，此君子也。”这就是提出了做君子的理想，而且他对君子的定义就是要勤俭节约。

最后，他叮嘱儿子说：“尔年尚幼，切不可贪爱奢华，不可惯习懒惰。无论大家小家、士农工商，勤苦俭约，未有不兴，骄奢倦怠，未有不败。”（《曾国藩全集 · 家书》）

“勤苦俭约，未有不兴，骄奢倦怠，未有不败。”这真是一句治世之名言。

在给大儿子曾纪泽的家书中，曾国藩苦口婆心地说：“凡世家子弟，衣食起居无一不与寒士相同，则庶可以成大器。”（《曾国藩全集 · 家书》）就是说越是富家子弟，越是官宦子弟，越能勤俭自律，越能在物质生活上主动跟贫寒之士一样，这样的孩子将来才有可能成大器。

曾国藩看重“穷”字的第三个原因，则是出于他个人的信仰，所谓“仁爱忠恕、礼义廉耻”这种儒家信念，也让他立志要做个清廉的好官。

曾国藩的小女儿曾纪芬曾经回忆说，曾国藩在两江总督任上，曾把家人从湖南老家接到了南京。李鸿章请曾家女眷吃饭。这时曾国藩还有最小的两个女儿没出嫁，曾家姊妹二人，仅有一条绸缎做的裤子，两人相争，以至于哭泣。曾国藩知道后安慰小女儿曾纪芬说：“明年若续任总督，必为添制绸裤一条。”就是说明年我要还在总督任上，就为你专门做一条绸缎的裤子。

事实上，别说对女儿了，就算是对自己，曾国藩也不轻易做好衣服、好裤子。曾国藩当初考中进士的时候，曾经做了一件天青缎的马褂，那也就是一套新衣服了。据说，这是他唯一的绸缎衣服。他平常从来不舍得穿，碰到有庆贺活动或者到了新年才穿一下。这件新衣服他珍藏了整整三十年，至晚年，仍然光洁如新。

只吃眼前菜

其实，对于曾国藩来说，节俭是一种品质，关系到他的人生信仰。他在当时有个外号，叫“一品宰相”。是因为他每次吃饭只食菜一品，也就是只有一碗饭、一个菜，这个“一品宰相”其实是当世之人对他这种勤俭品质的褒扬。

说到吃饭，曾国藩有名的还不止“一品宰相”的称号。他还有一种吃相，叫“只吃眼前菜”。

最早有这种吃相的人是北宋的改革家王安石。有一次，有人请王安石吃饭，第二天，请吃饭的人主动送了很多獐脯肉到王宰相家，说王大人喜欢吃这个，我们就送点来。

王安石的夫人一听很奇怪，说我怎么不知道他喜欢吃这个獐脯肉啊。来人一听，说不对啊，王大人肯定喜欢吃，昨天他把一盘獐脯肉都吃完了。

王夫人突然明白了，就问来人，说昨天吃饭的时候，这盘獐脯肉是不是就在他眼前啊？来人点头，她哈哈一笑，说下次你放盘青菜在他面前试试，他也只吃那盘青菜。

后来有人专门试过，果然，在王安石面前放什么菜，他就只吃眼前那道菜，其他的都不吃。

那么王安石为什么“只吃眼前菜”呢？

因为他是个大改革家，日理万机，脑子里从早到晚都在想工作、想事情，他想的都是国家大事，衣食住行这些小事他满不在乎，吃饭就当是任务，他根本不用心思，所以只知道吃眼前菜。

在历史上另一个“只吃眼前菜”的典型就是曾国藩了。

他在两江总督任上的时候到扬州去视察，扬州的盐商可以说是富甲天下，听说总督大人来了，恨不得要把马屁拍足，所以备下盛宴款待。曾国藩因为要找盐商筹军饷，也不好意思断然拒绝。但到了现场，看到晚宴之奢华，也不禁为之瞠目结舌。

众目睽睽之下，这位堂堂两江总督寒着个脸，只在眼前一道菜上动了两下筷子，其他的菜没动一下。

别人还以为他是“一品宰相”，每餐只是一个菜，到这儿也不改这习惯。但过后曾国藩对身边人说：“一食千金，吾口不忍食，目不忍睹。”（《曾国藩全集·日记》）就是说这也太浪费了，当今天下纷乱，百姓流离，这帮家伙却一食千金，我怎么吃得下去呢？我只吃眼前那道菜，也不过是要表示我无声的抗议罢了。

王安石只吃眼前菜是因为他工作太专注，曾国藩只吃眼前菜则是因为他忧国忧民的信仰和洁身自守、勤俭节约的习惯。

一个人，能像曾国藩这样，虽然身处高位，还能一生安于贫困，那一定是因为他有所乐道，所以那个词才叫“安贫乐道”。有信仰的人，才能真正做到这一点。曾国藩曾经写过一句名联：“养活一团春意思，撑起两根穷骨头。”他又说：“受不得穷，立不得品；受不得屈，做不得事。”可见，受不受得穷，和一个人的品格以及人生成就都有着巨大的关系。

第 05 讲

内心清静，自有远大

曾国藩也是一个普通人，身上也曾有很多缺点。幸运的是，他不仅跟我们大多数人一样在生活中下了决心痛改前非，还远胜过一般人的空想，最终用实践超越了自我。正是因为他原来有很多缺点，而他最后又能逐渐克服这些缺点，从而成就了自己的人生。我们学习他的家训，学习他如何识己、识人，才特别具有现实意义。

父亲的忠告

道光十八年，也就是1838年，未到而立之年的曾国藩考中了进士，从此踏入了官场，开始了十几年的京官生活。

开始的几年，曾国藩做的是翰林院的庶吉士，也就相当于在国家最高学府进修，是一个很清闲的位置。他虽然事不多，官也不大，尤其是工资也不高，但毕竟是京官，所以过了两年，他就把他爹从湖南老家接到了北京，也好让老人家享享福，风光一下。

可过了没多久，他爹就不肯住了，一定要回湖南老家。曾国藩也没办法，只好让他爹回老家了。他爹在回老家之后，给他写了一封信。这封信很有意思，除了跟他拉了拉家常之外，还给了他三个忠告，让他要——节欲、节劳、节饮食。

据说，曾国藩看了他爹的信之后，当时就脸红了。这其实就是"三戒"，说明曾国藩身上有些缺点，是连他爹也看不下去的。

先看这个"欲"。

这个欲，古人说来，并不是指所有的欲望，而是专指色欲。

我们且看曾国藩日记里的记载。

比如，道光二十二年十二月的一天。

曾国藩的一个朋友新纳了小妾，据说貌若桃花。于是，曾国藩和另外几个朋友就没事找事跑到娶小妾的这位朋友家里蹭饭，中间就起哄，要看那位貌美如花的小妾，说是要搞一场小型的"审美"活动。

朋友开始不肯，曾国藩呢，是“欲强见之”，也就是不见不行。

朋友拗不过，最后只好让小妾出来跟大家见面。结果曾国藩自己后来羞愧地回忆说，小妾出来之后，他们不仅进行了“审美”，居然还有“狎亵大不敬”的表现。

“狎亵”在行动上要么指淫秽，要么就是指不检点。曾国藩这里当然说的是后一层意思，不管程度如何，总之，他肯定表现得很轻浮，要不然也不至于在日记里把自己痛骂一顿了。

再如，道光二十三年二月的一天，曾国藩到一个叫汤鹏的好朋友家吃饭，在汤鹏家看到两个绝色的歌姬。曾国藩又控制不住了，在席间“谐谑为虐，绝无闲检”。那意思也是说，当时不论说话还是表情，都是很不检点的。

最难能可贵的是，曾国藩还交代了自己这一段为什么有这种表现。当时正好是过年期间，曾国藩参加进士同学的团拜，由于当天大家去拜访的这个同学是个富豪，家里锦衣玉食、姬妾如云。曾国藩一下大开眼界，立刻觉得眼睛不够用了。他在日记里说自己是——“目屡邪视”“耻心丧尽”。

这个“邪视”可不是“斜视”！斜着看那是视力问题，这个“邪视”可是心理问题。

但曾国藩心中对此还是非常后悔，说自己“心贪嬉游”“无事夜行”“闻色而心艳羡，真禽兽矣”。就是说自己一个堂堂的翰林学士，在当时也是大知识分子了，对女色这么着迷，真是禽兽不如。

再来看这个“节劳”和“节饮食”。

事实上，曾国藩在翰林院任庶吉士，那是一个非常清闲的闲职，哪里有什么辛劳的呢?

至于节饮食，更是无从谈起。曾国藩天生就是个瘦子，一辈子都没胖过，他一来健康得很，二来又不胖，他爹为什么要他节饮食呢?

原来，他爹所说的“节劳”和“节饮食”，本质上和那个“节欲”一样，都是说曾国藩身上有根深蒂固的轻浮和浮夸的毛病。

曾国藩开始在翰林院的时候，一来因为考中了进士而春风得意，二来因为日子闲得很，渐渐地也就开始得意忘形了，尤其是忘了自己少年时立下的远大志向。他嘴上说着要努力成为儒学宗师、理学传人，但和一帮朋友天天聚在一起吃喝玩闹。

道光二十二年年底的一天，曾国藩一大早就到一个朋友家聊天，聊完了出来又碰到了另一个朋友。那个朋友一脸兴奋的样子，看到曾国藩就更兴奋了，拉着他就走。曾国藩不知道怎么回事儿，就问他:“这是到哪儿去啊?”

这位朋友回答说:“可有热闹看了，据说今天午时，菜市口要杀一个武臣。砍头啊，那多难得一见啊，咱们一起去瞧瞧热闹吧!”

曾国藩一听，也特兴奋，砍头杀人，他那时候还真没见过。所以，他也兴冲冲地跟着朋友往菜市口走。

等快到菜市口了，曾国藩突然后悔了。他心想，自己的理想是要当个理学家，是要成为一代大儒，这会儿居然兴致勃勃地来看杀人砍头的事儿，那简直就是“仁心丧尽”，这哪是一个读书人应该来凑的热闹呢?

他虽然心里有些后悔，可毕竟一来不好驳朋友的面子，二来菜市口杀人的事儿他的确没看过，所以他跟着朋友“徘徊良久，始归”。也就是犹豫来，犹豫去，思想斗争半天，才回来。最终，也不知道他到底看了没有。

这时候的曾国藩和我们后来所了解的曾国藩简直相差了十万八千里。他整天除了饭局之外，就是无聊的聚会，甚至无聊到喜欢聊女人、喜欢看杀人。而这些无聊的事，又极耗精力，曾国藩日记里说，整天不务正业，弄得自己也疲惫不堪。

当然，孔子在《论语》里也说过：“饮食男女，人之大欲存焉。”《孟子》中告子篇更说过“食色性也”。曾国藩年轻的时候喜欢看美女，喜欢聊美女，说明他是个完全正常的男人。他所说的自己的好色，也并不是那种流氓式的好色，而是心中欲念难以把持，但这种难以把持就使得他觉得跟自己原来的理想越来越远了。他爹的信对这个还有理想、还求上进的青年来说，不啻是当头棒喝。

曾国藩在日记中说：“接家信，大人教以保身三要，曰节欲、节劳、节饮食。小子读之，悚然！小子一喜一怒，劳逸疴养，无刻不萦于大人之怀也。若不敬身，真禽兽矣！”意思是说，我爹说得一点都不错，现在的我真是满身缺点，再这么堕落下去，我真对不起自己、对不起我爹。我要是不把这些缺点都改了，我就是禽兽不如。

他下定决心，要改正自己的缺点，改掉身上的毛病，要告别旧我，重塑新我，要远离过去那个面目可憎的曾国藩，要走近自己理想中的曾国藩……幸运的是，他做到了。他不仅跟我们大多数人一样在生活中下了决心痛改前非，他还远胜过一般人的空想，最终用实际行动超越了自我。

一个字的方法

曾国藩在接到父亲的来信后，深刻反省了自身的毛病，并根据父亲所说的“三节”，给自己提出了“戒多言、戒怒、戒忮求”的三戒要求。“多言”是言多必失，“怒”是心浮气躁，“忮求”是嫉妒和贪求。凭此三戒，曾国藩要戒掉自己身上浮夸不实的毛病。

但事情总是说起来容易，做起来难。恶习的养成远比好习惯的养成容易得多，曾国藩虽然给自己设了这三戒，但之后还是说一套、做一套，言行不一。他每天写日记的时候，还是自怨自艾，非常后悔。

幸好，曾国藩是个非常好学的人。…这时候他拜理学大师唐鉴和倭仁为师，虚心向他们求教可以克服自身缺点的方法。

倭仁也是唐鉴的学生，他教给了曾国藩两个方法。

第一个就是记日记。他告诉曾国藩，说一个人最不容易原谅的是别人，最容易原谅的是自己。要敢于把自己每天的所思所想以及所错所误都记下来。勇敢并不只是敢于面对别人，那叫匹夫之勇，真正的勇敢是敢于面对自己。只有敢于面对自己的人才会一丝不苟地把自己的错误记下来，时刻翻读，触目惊心，这样改起来就容易多了。

曾国藩真不愧是既好学又有毅力的人，他此后一生都记日记来反省自己人生的得失，中间只中断过很短的一段时间。他一直坚持到临终的前一天还在记，就毅力而言，绝非常人能比。我们现在看到的他在日记里对自己各种缺点的记载，也就是这种方法的体现。

倭仁说的第二个方法是要敬，要慎独。敬就是对自己所信奉的理想与思想要有敬畏，不能面上一回事，心里是另外一回事。慎独这个词出自《礼记》。《礼记》中的“大学”和“中庸”两篇都说君子应该“慎其独”。那意思是说，一个君子，不仅应该在人前表现出君子风范，更应该在没人的时候、独处的时候始终如一。也就是不论人前人后，不论外表还是内心，都要诚以对人，诚以对己，这样才能逐渐根除自己身上的恶习。

曾国藩听了倭仁的方法，如获至宝，回到家果然一丝不苟地执行起来。其自我纠正、自我超越的魄力与毅力确实很让人震撼。

但问题是虽然记了日记，虽然要有敬畏心、要慎独，可曾国藩发现还是没有太大的用处。因为所谓的敬畏与慎独，它们是一种品质性的要求，并不是具体的做法，也就是缺乏可操作性。而记日记虽然是一种非常具体的行为，但记下了自己的错，并不意味着就一定能换来对。曾国藩虽然把自己的糗事记了不少，但事到临头，问题依旧，日记里悔恨的情绪也是犹如滔滔江水，绵绵不绝。

他一天发狠说：“此后直须彻底荡涤，一丝不放松。从前种种譬如昨日死，从后种种譬如今日生。”那就是说，昨天的我现在就算死了，明天的我一定要改正缺点。这话说得绝吧？那决心、那勇气听起来够触目惊心的。但问题是，这番狠劲儿下了才不过十天，他又在日记里忏悔了。他说“忽忽已过两月，自新之志日以不振，愈昏愈颓，以至不如禽兽。昨夜痛自猛省，以为自今日始，当斩然更新，不终小人之归”。那意思说自己越来越差劲儿，这种表现简直是不进则退，禽兽不如。所以一再要自己“痛自猛省”，否则做不了君子，最终要成小人。

可只是呐喊，只是彷徨，并不能解决问题。这时候，倭仁的老师唐鉴教给了他一个非常有用的方法。

唐鉴的方法只有一个字，但切实可行，那就是——静。

唐鉴说："若不静，省身也不密，见理也不明，都是浮的！总是要静。"所以，"最是静字功夫要紧！"(《曾国藩全集·日记》)

曾国藩听了这话，有如醍醐灌顶，他说："既而自窥所病，只是好动不好静。先生两言，盖对症下药也。务当力求主静，使神明如日之升也，即此以求其继继续续。"(《曾国藩全集·日记》)就是说，先生说得太对了，我这些浮夸的毛病都是好动不好静造成的，从现在起，我就在这个"静"字上下功夫，循序渐进，一定要改正缺点，超越自我。

后来，曾国藩真的在这个"静"字上做足了功夫，也真的靠这个"静"字超越了年轻时那个华而不实的曾国藩。

那么，他是怎么做的呢?

从操作方法上来说，首先就是静坐。

这一点我们现在很多人都知道，不论是瑜伽，还是禅宗，或是中国的内家气功，都讲究静坐的功夫。但问题是宗教和气功里的盘腿静坐对一般人来说是有些难的。它要求的是双盘式的打坐。

曾国藩在家训中也强调静坐的功夫，但他说的静坐跟禅宗的打坐并不一样。

静坐只是一种形式，盘不盘腿都可以。你有能力、韧带强，你就双盘；你不能双盘，单盘也行，比如说把左脚搁屁股底下，把右脚搁左腿上；甚至实在不行，你就不盘腿，一个人随便往那儿一坐，也可以算是静坐。

曾国藩认为，是否双盘不重要，只要能起到静坐的作用就行。

据曾国藩自身的经验，他认为在静坐中有两种情况是要注意防范的。

一种是“况乎其不能静也？有或扰之，不且憧憧往来乎？”（《曾国藩全集·日记》）也就是但凡有点动静，就会引发他的万般思绪，很容易受环境的影响，这种静坐是不成功的。

还有一种是“深闭固拒，心如死灰，自以为静”。（《曾国藩全集·日记》）也就是死寂一般的安静，这种安静其实是一种弃世或者说是出世的静。曾国藩并不认可这种静坐，认为这是没有生机的静坐，反而对修身养性没有什么好处。

曾国藩所主张的静是“有所谓一阳初动，万物资始者，庶可谓之静极”。（《曾国藩全集·日记》）那意思是说真正的静是潜伏，是蕴积，是在安静的状态中积蓄一点生动的意念来。这就像是冬至的那一天，阴气殆尽，阳气初动，此时根正本固，是世间万物有待生长的一个起点，也是最具生命力的一个起点。心中守住这样的感觉，既安详，又充满生机，那才是君子守静的根本。

事实上也确实是这样，当一个人能身形安静、思虑安定、胸襟安详的时候，一个人的智慧与思维能力也会提高很多。我们常说“急中生智”，这其实是个误区。一般人只会“急中生愚”，而大多数情况下是“静中”方能“生智”。比如禅宗的“禅”字，其原意就是“静虑”的意思，也就是要在宁静中过滤人生的是非，从而达到人生彻悟的境界。

曾国藩一生都认为静坐十分重要，自唐鉴教导他之后，他就开始养成了每日静坐的习惯。也就是找个没人的地方，独自安神静气地坐一会。这样的功效果然不一般，没过多久，他身上那些浮夸的毛病还真的就渐行渐远、渐离他而去了。这时候曾国藩不由得大为欣喜，说出了一句名言：“内心清静，自有远大。”

除了静坐之外，曾国藩练静还有非常重要的一点，那就是临事淡泊守志，淡定守静。

曾国藩曾在日记里反思说：“日内不敬不静，常致劳乏。以后须从心正气顺四字上体验。”就是说遇事的时候，心中不静，不仅事做不好，而且还不养生，容易导致困乏。

“心正气顺”是什么呢？就是淡泊守志。

曾国藩在家训里说过一名言：“能甘淡泊，便有几分真学问。”那意思是说，一个人临事淡定、冷静、从容，不要问他看过多少书、上过多少学，这个人一定是有学问的人。心中不藏万卷书，没有很深的识见，断难养成临事不躁的从容气质。曾国藩还有一句家训名言，叫“养得胸中一种恬静”。“静”这个字之所以能与代表心情舒畅的“恬”字组词，就是因为安静可以带来健康、美丽、智慧与人生的价值。

正是靠这个“静”字，曾国藩改正了一身浮夸的毛病，在修身之道上跨出了坚实的一步。这一点尤其值得我们现在的人好好学习。因为我们这个时代很多人的心态也日渐浮躁，能从曾国藩的人生经历里学到一个“静”字，我想，一定会对我们的人生有很大的帮助。

第 06 讲

最败人的两个字

平庸的人，之所以平庸无为，主要原因就在于一个“惰”字，也就是懒。天下的有才人，虽然有才，但最后或者一事无成，或者前功尽弃，原因则在于一个“傲”字，也就是骄傲。任何家庭，只要能勤劳奋发的，没有不兴旺的；只要倦怠懒惰的，没有不败家的。天下有大才的人不能施展其才，最后落得碌碌无为的下场，主要是骄傲所导致的。

敲打李鸿章

曾国藩年轻的时候，也曾为一身浮夸的毛病所烦恼，他在家书和日记里也并不讳言，坦诚地向自己的孩子、向世人展示自己年轻时荒唐的一面。

这种坦诚，曾国藩称之为“血诚”，其实就是鲁迅先生所说的那种“敢于直面惨淡的人生，敢于正视淋漓的鲜血”的赤诚。也就是一诚到底，绝不遮遮掩掩、躲躲藏藏。这个“诚”字，也是曾国藩一生中最为强调的。

对人要“诚”！对己尤其要“诚”！

正是因为敢于面对自己身上的缺点和毛病，曾国藩才超越了大多数人，超越了自己，最终改掉了这些毛病。而他改掉这些毛病的主要方法，就是我们上一讲所讲的那个“静”字。

静能克浮躁，静能生智慧，所以每天练静功，成了曾国藩的必修课。静还有一个很大的好处，就是一旦真的静下来之后，一个人看问题就看得特别清楚。曾国藩在家训中说了两句名言，代表了一个极为深刻的修身认识，这两句名言后来成为他家训中一个重要的内容。曾国藩说：“败人两字，非傲即惰。”他又说：“最败人的两个字，一者傲，一者惰。”（《曾国藩全集·家书》）

有关这两句名言的意思，他还曾在家书中展开来说：“天下古今之庸人，皆以一惰字致败；天下古今之才人，皆以一傲字致败。吾因军事而推之，莫不皆然。”（《曾国藩全集·家书》）

就是说，天下的庸人，之所以平庸无为，主要原因就在于一个惰字，也就是懒；天下的有才人，虽然有才，但最后或者一事无成，或者前功尽弃，原因则在于一个傲字，也就是骄傲。曾国藩说：“以我多年带兵打仗的经验来看，天下事莫不如此。”

曾国藩的意思我们很明白，也很清楚，但让人疑惑的是，他的这个“败人者非傲即惰”的道理，为什么非要以他带兵打仗的经验来看呢？说到这个疑惑，就要说到有关曾国藩和他最得意的学生李鸿章之间一段有名的公案了。

李鸿章，字少荃，安徽人，是曾国藩平生最得意的门生，而李鸿章自己也向来以曾国藩衣钵传人自居。

李鸿章年轻的时候参加科举考试，第一次没考上，于是他在父亲的建议下，就拜到了曾国藩门下。因为李鸿章的父亲和曾国藩是同年进士，也就算是同学了，古代称为“同年”，所以李鸿章以“年家子”的身份成了曾国藩的学生。

事实上，曾国藩对这个学生是非常器重的。据说李鸿章长得是“南人北相”，身高一米八，能文能武，年轻时胸怀大志，自命不凡，曾经自比是西汉时扫荡匈奴的名将霍去病。他参加科举之前写过一组诗，其中一句“一万年来谁著史，三千里外欲封侯”，在当时被人传颂，曾国藩尤其欣赏他的志向远大。

但曾国藩也看出来李鸿章跟自己年轻时一样，有志大才疏和浮夸不实的毛病，所以一段时间之后，当李鸿章改投别人为师的时候，曾国藩也没阻拦。

曾国藩湖南起兵后，当时很多知识分子都拜到他的门下做幕僚。

李鸿章开始想自立门户，学曾国藩办团练，可总是被太平军打得很惨。后来，不光是李鸿章，除了曾国藩的湘军，其他办团练的都被太平军给打得死的死、逃的逃，眼看着都成不了什么气候了。这时候，李鸿章想想没办法，还是来投曾国藩。

曾国藩看李鸿章来了，就像当年李鸿章要走一样，都没拦着他，很爽快地把这个当年的学生收作自己的幕僚。

李鸿章确实聪明，他出过一些点子，连曾国藩也为之钦佩不已。另外，李鸿章的文章写得特别好，笔头功夫了得，曾国藩的很多公文都是让李鸿章来处理。因为曾国藩很器重李鸿章，年轻的李鸿章也就不由得有些飘飘然起来。

曾国藩组建湘军要求很严，他认为湘军主要是湖南人，他自己也是湖南人，湖南人的特点按曾国藩的说法，就是“吃得苦、霸得蛮、舍得死、耐得烦”。

这一下，李鸿章可就受不了了，对曾国藩要早起的规定十分不习惯。他开始还强忍着照章执行，实在熬不住就撒个谎，说自己病了，能偷回懒就偷回懒。后来，李鸿章越来越被曾国藩重视的时候，也就是李鸿章自觉地位越来越不一般的时候，他终于不请假也不想那么早起床了。

一天，李鸿章刚准备舒舒服服地睡个回笼觉的时候，突然有人来敲门。李鸿章吓了一跳，心想这么大早，谁会来敲他一个幕僚的门啊？所以也没起床，躺在被窝里就问是谁敲门。

门外的人回答说是曾大帅的亲兵，奉大帅之命请李鸿章一起吃早饭。

原来曾国藩有个习惯，为了督促他手下人早起床，规定每天早晨他和他手下所有的幕僚都要共进早餐。也就是大家集合好了一起吃早饭，这样一个都不能少，谁也落不下。

李鸿章一听曾国藩让人催他起床吃早饭，立刻就觉得很丢脸，心想这会儿我再去，大家不是看我笑话嘛。所以他就大声对门外的亲兵说，他头痛，不想吃早饭。

听了这话，这个亲兵也就走了。

亲兵一走，李鸿章踏实了，心想不就一顿早饭嘛，不吃就不吃了，能混个懒觉，怎么样也比大冬天爬起来强啊。现在谎也撒了，曾国藩肯定不等他吃饭了，总算可以踏踏实实地睡个好觉。

可他才要睡着，刚才那个亲兵又回来了，并且告诉李鸿章："大帅说了，今日必定等齐幕僚们，才吃早饭。"

李鸿章一听这话，心里咯噔一下，看来自己这觉没法睡了，曾老师的意思是如果他李鸿章不起床，不一起去吃早饭，曾老师和所有的幕僚都不吃了，就都等他一人。李鸿章吓得赶紧向温暖的被窝告别，匆匆忙忙穿上衣服，跟着亲兵来到了食堂。

曾国藩看李鸿章进来，神态很平静，一如平常。李鸿章一落座，曾国藩拿起筷子就吃饭，所有的人才跟着一起吃饭，李鸿章也只好端起碗来跟着吃。问题是吃饭归吃饭，跟往日吃饭时曾国藩喜欢说说笑笑不同的是，整个早饭过程，曾国藩一言不发。他是大帅，他不说话，谁还敢说话啊。

过了半天，曾国藩终于放下了筷子，突然站起身来，对着还在喝稀饭的李鸿章很认真地说："少荃，你既然来我幕中，我就有言相告，到我这里来的人，都得守一个‘诚’字！”

说完，曾国藩拂袖而去。

要说曾国藩的这个实践教育效果真是出奇的理想，自此以后，李鸿章痛自反省，再也不敢睡懒觉了，而且后来，再也没有在个人习惯上被他的老师曾国藩指责过。曾国藩也因此认为，后来的李鸿章无愧于是自己曾门真正的传人。

防范“傲”与“惰”

那么，我们会奇怪，曾国藩为什么不让李鸿章睡懒觉呢？李鸿章后来不是说头痛了吗？不是等于补了病假条了吗？而且曾国藩教育李鸿章，只说必须守一个“诚”字，这和他说的败人两字在“傲”、在“惰”，又有什么关系呢？

这就要说到曾国藩对人生、对社会的认识了。

从社会的角度看，我们知道，曾国藩生活的年代是1840年前后，也就是中国历史上最为耻辱、最为沉重的近代史的开端。这时候，天下大乱，西方列强入侵，晚清政治腐败，四方起义不断。曾国藩是一个标准的儒家知识分子，所谓“家国天下”，欲求治国平天下是每一个儒生的人生理想。

面对时局，曾国藩的认识是：“天下滔滔，祸乱未已，吏治人心，毫无更改；军政战事，日崇虚伪。非得二三君子，倡之以朴诚，道之以廉耻。则江河日下，不知所届。默察天意人事，大局殆无挽回之理。盖战虽数次得利、数十次得利，曾无小补，不若自习勤劳，犹可稍求一心之安。”（《曾国藩全集·家书》）

这话是说，天下乱了也罢了，比天下乱了更为可怕的是，当时全天下的人心也乱了，当官的只知道贪污腐败、搜刮民脂民膏；商人只知道唯利是图、一味官商勾结。在这种社会风气下，百姓也只能随波逐流，普天下哪还有什么人讲究君子之道！所以救天下之急，务要正本清源，要有二三君子，以诚心来面对天下，以图给世人以示范，从而渐渐地改变全社会的风气。曾国藩说，我不能叫日月换新颜，但我可以做这样的君子，从诚信开始，一点一滴，勤劳努力地做好自己，以求无愧于社会，无愧于自己的人生理想！

所以，“诚”在曾国藩心中，是他欲纠正天下风气的根本。

所以，他讲究对人诚、对己诚、对上诚、对下诚。一个“诚”字不够，他强调说要“血诚”，就是把“诚”的程度推到了极致。

而李鸿章因为地位渐渐高起来，出现了恃才傲物的苗头，这是什么？这是“傲”！

他生于官宦之家，吃不得苦头，早晨睡懒觉，看上去无伤大雅，却是标标准准的“惰”字在作怪。虽然只是治李鸿章睡懒觉，曾国藩却以一个“诚”字来教训他。而李鸿章当然知道曾老师这个“诚”字背后的人生意义，所以听了这番教训之后，如醍醐灌顶，并痛自反省，自此以后面貌焕然一新。

要做到诚，就必须防范两个字，也就是曾国藩说的“傲”与“惰”。这一点，就是从个人人生塑造的角度上来说的了，也就成为他家训中的一块非常重要的内容。而对于最败人的这两个字，曾国藩一生都极其注意防范。

对于“傲”字，曾国藩提出的解决办法是“谦”与“敬”。这一点和我们大多数人的理解并无太大的不同。曾国藩认为有大才的人不能施展其才，最后落得碌碌无为的下场，主要是傲所导致的，像三国时的杨修就是这样的典型。但问题是，现实中像杨修那么聪明的人毕竟是少数，这一点反倒不像“惰”字更具普遍意义，因为不论什么人，不论有才没才，都容易被“惰”字葬送人生。所以曾国藩在家训中重点阐述的，也主要是治这个“惰”字。

惰就是懒惰，就是消极，就是懈怠，就是虽然心里有念头、有想法、有理想，可是一做有意义的事就提不起劲头，就一拖再拖；一做无聊的事，就会耗上大多数的时间，一耗再耗，等时间耗得差不多了，又追悔莫及，悔之晚矣。

虽然我们常说懒惰这个词，但惰还不只是懒，懒是无所事事，但惰是虽然知道有该做的事，却只做不该做的事。比如沉迷于网游、网聊、网上购物，陷身于麻将、牌九，莫不如是。李鸿章早上起不了床，是因为晚上熬夜写文章，那就已经算是惰了。而我们很多人早上起不了床，是因为晚上熬夜上网，这就更是惰得远了！

那么，曾国藩克服、超越这个“惰”字的关键是什么呢？这也是他一生都非常强调的一个字，那就是——“勤”。

勤劳的勤，勤奋的勤，勤勉的勤，而他一生的成就也可以说多半是建立在这个字上的。

曾国藩曾经跟人说过，早起的好处有很多，一来可以比别人多出很多学习时间，这就等于比别人活得长了；二来早晨的思路最清晰，可以清醒地思考一天要做的事；三最重要，是可以培养一个人勤奋的习惯和品格，从而克服“惰”带给人生的巨大风险。

曾国藩治军，主要学习的对象是明朝的戚继光，特别注重抓部队的思想教育和纪律约束，特别强调部队要早起出操，有事没事、有仗没仗都得早起。李鸿章睡个懒觉，曾国藩就看不下去，就要跟他较真，这也是因为他视早起为修习“勤”字的一个关键。

曾国藩一生对勤的推崇到了无以复加的地步，身体力行的实践也到了无以复加的地步。他在晚年身体每况愈下时还说：“人而不勤，则万事俱废，一家俱有衰象。余于三四月内不治一事，于居家之道，大有所悖，愧悖无已！”（《曾国藩全集·家书》）

这话就是还在检讨自己不够勤！他这时给自己每天定下了一张这样的时间表：

上午：会客、听工作汇报、写日记、写朝廷奏折、点名看操、回复来往信件、看书、练字。

下午：处理当日公文、写作、修改书稿、核查朝廷奏折、查记财务账目。

晚上：温诗、写古文、核校文稿、核查下一步工作计划。

要知道，这时候他可是两江总督、一方诸侯，不说日理万机，也日理千机了。他能在身体健康状况越来越差的情况下，在晚年还一直坚持这个工作、学习时间表，真是相当不容易了。我想，不要说对一个老人，就算是对于年轻人来说，这个工作量也是生命中难以承受之重了，可曾国藩就是凭着常人难及的毅力，扎扎实实地把这个

“勤”字在生活中贯彻了下来。

因此，对于前面留下的那个疑问，即他为什么跟李鸿章一样，也经常熬夜，但还是能每天早起呢？答案很简单，是因为他有常人难有的毅力，也是因为他对这个“勤”字，有着常人难有的深刻认识。

当然，万事万物都要讲究个“度”，所谓过犹不及，就算勤奋、勤劳这样的优良品质和生活习惯，也要有个度。

曾国藩说勤能养生，这无疑是正确的，但是过于勤，就容易变成劳，从勤劳到劳累，到积劳成疾，恐怕就有点儿过了。曾国藩只活了六十一岁，固然跟他晚年所患的疾病有关，公允地说，也跟他一生辛劳、积劳成疾有关。所以，以勤克惰，固然是人生重要的修身定律，但也要注意不可过度劳累。

第 07 讲

治家

是一门大学问

能做出绝大学问，这样的人生对于一个儒生来说，就是至高境界了。曾国藩却说一般人都把学问理解错了，这个“绝大学问”居然不在别的地方，就在“家庭”里。曾国藩认为，天下家族兴旺的规律是，官宦之家，一般只传一代就萧条了，因为大多是纨绔子弟；商贾之家，一般可传三代，因为多少还有点创业的精神；耕读之家，一般可兴旺五六代；而孝友之家，往往可以绵延八代十代。

家庭日用之学

古代儒家教育的主要渠道其实不是学校的教育，而是家庭教育，其主要形式就是家训。曾国藩重视家训，除了儒家重视家庭教育的原因之外，还有一个重要的原因，即曾国藩是一个特别“爱家”、特别重视家庭的男人！

他爱家、重家到什么地步呢？

有一句话可作证明。他曾在家书中说过一句名言，说：“今人都将学问看错了……绝大学问，即在家庭日用之间。”（《曾国藩全集·家书》）

曾国藩这话到底是什么意思呢？他又为什么这么说呢？我们还是先通过他家庭生活中的一件小事来寻找答案。

道光二十三年，也就是1843年，在京城当翰林的曾国藩，意外地发了一笔横财，这让他非常高兴。但所谓乐极生悲，正是这笔横财，反倒引发了一场曾国藩意料之外的家庭危机。

曾国藩虽然考中了进士，在翰林院当了翰林，可他跟他那帮进士同学不一样，别人很多是出身名门，出身官宦世家，而他不过出身于湖南的一个农民家庭。家里本来就很穷，资助他上学考进士就已经是耗尽了所有的积蓄。现在曾国藩当官了，家里不仅不可能再资助他了，还指望着端铁饭碗的曾国藩拿钱来资助贫困的湖南老家。

曾国藩因为当的是一个闲职的官，除了标准工资和养廉费这两块，也不能有什么其他收入，日子过得就很紧巴了。再加上他当的又是京官，所谓“京城居大不易”，北京当时的物价水平就很高，曾国藩自己也觉得，尤其是当官的头几年，经济上还是比较困难的，手头非常拮据。

这次曾国藩总算时来运转，被升为翰林院的侍讲，而且被任命为四川乡试的主考官。这个位置虽然是暂时的，却非常重要。因为属于出差性质，朝廷会一次性发一大笔差旅费和出差的补助费。回来的时候，按当时的规矩，四川当地又会孝敬一大笔差旅费与补助费，数量比朝廷发的还要多。另外，考上的举人们按理还有谢师费。所以，这个四川乡试的主考官，让曾国藩一次收入了一大笔银子，比他当官以来所有工资收入的总数还要多。

曾国藩非常高兴，他是个孝子，当即就拿出整整一千两银子寄回湖南老家，并写了封长长的家书向父亲报喜。在这封家书里，曾国藩用很愉悦的笔调说了自己最近的升官发财，末了，还画蛇添足地说了一下自己对这寄回去的一千两银子用法的意见。

他说：“付银千两至家，以六百为家中完债及零用之费，以四百为馈赠戚族之用。”那意思是说，我这次寄了一千两银子回家，我觉得最好留六百两作为我们曾家还债以及日常生活之用，剩下的四百两，分给我们的亲戚和族人。这是我对这一千两银子用法的处理意见。

要知道，这封家书是曾国藩写给父亲的，钱也是寄给父亲的，怎么分配怎么用这笔钱，按一般的习惯应该是他父亲说了算，而且从孝道的角度看，这钱虽然是你曾国藩挣的，但你既然心甘情愿地把钱寄回去了，那怎么用，就没必要操那份闲心了。况且有父亲在，他怎么用，你做儿子的有什么好说的呢？

按理说，曾国藩这个分配意见完全是多此一举，而且自己家本来就很拮据，还要分出四百两接济那些穷亲戚，一般人也会觉得不可思议。但奇怪的是，他爹完全按照曾国藩的意见，把这钱四六分了。

他爹没意见，可不代表别人没意见，他的几个弟弟们为此意见大了去了。尤其是曾国华和曾国荃，专门写了信对大哥表示了抗议，还说大哥这是沽名钓誉。这一下，在小小的曾家，可谓一石激起千层浪，本来是好事，却引发了有关财务问题的家庭危机。

两个弟弟对大哥表示强烈不满的原因主要有三个。一是他们自己家本来就穷，这一千两完全是曾家自己的钱，又不是偷来、抢来的，凭什么要分出四百两来给别人？二是大哥你肯定不知道我们曾家现在欠债有多少吧！我们现在欠债刚好一千两，你这一千两银子寄回来也就刚好够还债的，别提改善生活了，你还要拿出四百两来给那些穷亲戚，这不是吃饱了撑的吗？三是大哥寄钱回来，那是你的孝心。老爹也还健在，怎么用应该老爹说了算，你做儿子的远在千里之外，没必要操这份儿闲心。

我们从旁观者的角度看，曾国藩这个分配决定是有点出人意料，但他两个弟弟对他横加指责也实在是太过分。怎么说，这一千两银子也是曾国藩挣来寄回家的，他对此提出使用意见，也完全是合情合理的。就算要分四百两给亲戚族人，做弟弟的心理上难以接受，也不能对自己的亲哥哥这样指责啊！

曾国藩一开始心里也是无名怒火直冒。按着以前的脾气，他肯定要回封信把两个不懂事的弟弟好好教训一番。可这时候，身在北京的曾国藩修身养性的功夫已经不一般了，他随即给两个弟弟回了一封长长的信，而这封信也成了他家书中的名篇。

曾国藩在这封长信里一上来就说："来书云'非有未经审量之处，即似稍有近名之心'。此二语推勘入微，兄不能不内省者也。"（《曾国藩全集·家书》）

原来，弟弟的信里说他把四百两银子馈赠亲族，不是一时糊涂，就是沽名钓誉，这个"稍有近名之心"说得很含蓄，但其实就是指责大哥想沽名钓誉。这话其实说得很重，可曾国藩却说，当哥哥的我一看到这个指责，感到说得在理，看来我真的应该好好反省反省了。

这就可以看出曾国藩这时候的胸襟和肚量来了。

紧接着，曾国藩就列举了他所知道的亲戚和族人各种各样的悲惨生活，认为就算我们自己家还不富裕，但比起那些穷亲戚总要好多了，所以自己想接济亲戚和族人的想法也不算为过。

然后，曾国藩又检讨说，我确实不知道我们家欠的债已经达到了一千两之多了，要这样的话，就把分配比例调整一些好了，原来是四六分，现在二八分，把支援亲戚的四百两改为两百两，家里余下的债务，我下次再寄钱来还。要是你们还觉得不行，就让咱爹拿主意，我也就不再过问了。

在说完这些之后，曾国藩在家书里又讲了一大通如何才能保证家族兴旺的道理，并在最后分别就两个弟弟来信的文风，甚至是书法，做出了评论，当然是褒奖为主，顺带提出了如何进一步提高的意见。

人们都说"长兄为父"，曾国藩这封信果然是一副敦厚长兄的风范，据说两个弟弟在看到他的信后，也心悦诚服，不再闹了。在曾国藩春风化雨式的沟通与劝服下，这场因为分钱所导致的家庭危机终于得以顺利化解。

八本堂与八宝饭

曾国藩作为朱熹之后儒家最有名的理学传人，极为提倡家与族的重要性，特别重视家作为小环境在个人成长中的作用，说绝大的学问就是家庭日用之间。

曾国藩的家庭观主要有三个方面。

第一，家庭是每个人人生的根据地。

曾国藩看得明白，他认为那个最重要的生活小环境就是家庭环境。所以，他发迹之后，给他们曾家在湖南新建的大宅院起了个名字，叫做“八本堂”。

为什么叫“八本堂”呢？曾国藩跟他的儿子说，人生当有八件根本，分别是“读书以训诂为本，作诗文以声调为本，事亲以得欢心为本，养生以少恼怒为本，立身以不妄语为本，居家以不晏起为本，作官以不要钱为本，行军以不扰民为本”。(《曾国藩全集·家书》)而这八件根本的“八本”，之所以要题在他们曾家大宅的门匾上，也就意味着家才是八件根本的根本。所以说家是人生的根据地，是人生最重要的一个根本。

第二，也是曾国藩家庭观中最重要的一点，就是要“和以治家”。

曾国藩既然认为家是所有根本的根本，那么这个环境本身的营造就至关重要了，塑造成什么样才是达标的，才是最理想的呢？答案很简单，一个字——“和”。

中国人常说家和万事兴，曾国藩一生对这句话笃信不疑。他在家训中有关“和以治家”的论述很多，比如“家和福自生”，比如“和可消人怨，忍足退灾星”，比如“肥家之道，上逊下顺。不和不可以接物，不严不可以驭下”等等（《曾国藩全集 · 家书》），都是浅白通俗的名言。

曾国藩认为最重要的，就是要在家庭成员中人人遵守孝悌的原则。

孝容易理解，就是对父母、对长辈的感恩、尊敬与赡养。一个人如果对父母都不能尽孝，你还能指望他对社会做出贡献吗？中国特别注重孝道，那是很有道理的。

悌是指兄弟之间和睦友爱，也就是同辈之间的融洽与和谐。这一点特别重要，因为对父母孝容易做到，但同辈之间，大家都是个性鲜明的，就难免产生摩擦，而这种摩擦对家庭氛围的影响是非常大的。儒家提倡“孝悌忠信”，忠信是对国，孝悌是对家，可见在家庭环境里，除了孝，悌是最重要的。为了要和以治家，曾国藩特别注重兄弟之间友爱和睦，虽然他年轻的时候脾气很大，但后来有了修身养性的功夫之后，连两个弟弟写信指责他，他也能和颜悦色地忍下来。

在曾国藩的家书里，一般我们都以为他写给孩子的信是最多的，事实上有人仔细统计过，他写给弟弟的信才是最多的，可见他对兄弟关系的重视。

不过，曾国藩也不是一直做得很好，他本性里也还是有些急躁的。

咸丰七年（1857 年）的时候，曾国藩有段时间运气特别背，不仅仗打不赢，官运也特别差，以至于亲手组建的湘军也交了出去，朝廷让他以为父亲守丧的名义在家赋闲。这一下曾国藩心里烦透了，火气也特别大，在家里跟几个弟弟经常闹矛盾。

第二年，他重新出山，兵进安徽，他的弟弟曾国华带兵冒险轻进，最后死在合肥附近的三河镇。为此，曾国藩大为后悔，认为之所以遭此不幸，就是因为去年他在家的时候，没能维持家中的一团和气。所以他后悔万分地说去年自己和兄弟之间“因小事而生嫌衅，实吾度量不闳，辞气不平，有以致之，实有愧于为长兄之道。千愧万悔，夫复何言！”（《曾国藩全集·家书》）并对其他几个弟弟说，以后我们曾家兄弟要以此为戒，“力求和睦”，再也不要有纷争、有矛盾了。然后总结曾国华丧命之灾，又对曾家所有人提出了一个“力挽家运”之法，第一条就是“贵兄弟和睦”。并说以后我没做到这一条，你们所有的兄弟姊妹都可以当面来骂我、来批评我。

为此，曾国藩有段著名的评论，说家族兴旺的规律是，天下官宦之家，也就是当官的人家，一般只传一代，就萧条了，因为大多是纨绔子弟；商贾之家，也就是企业家的家族，一般可传三代，因为多少还有点创业的精神；耕读之家，也就是以治农与读书为根本的家族，一般可兴旺五六代；而孝友之家，就是讲究孝悌的、以和治家的家族，往往可以绵延十代八代。他说，我只愿我们曾家是耕读孝友之家，千万不要成为仕宦人家！

所谓耕读孝友，就是勤俭持家，就是知书达礼，就是求一个“和”字。

曾国藩的大女婿叫袁榆生，这个人性情浮躁，放荡不羁，曾国藩把女儿嫁给他之后后悔得要命，没想到这个女婿这么不成材。因为袁家败落了，袁榆生就住到了曾家。这时候在曾家老家，主持家务的是曾国藩的长子曾纪泽。曾国藩虽然对这个女婿恨铁不成钢，但还是在家书里反复叮嘱曾纪泽，要他管束全家大大小小，不可对这个女婿轻视、鄙夷或者无礼。

曾国藩解释说，一个人在融洽的环境里才能有向善之心，如果家庭环境很恶劣，所有人都对他表现出不尊敬，甚至是鄙夷、嘲讽，这个人很快就会自暴自弃，这就等于大家把他推向了恶的一边，这种家庭环境对个人的成长就是大害而非大利了。

后来，曾国藩还把这个不成材的女婿接到了军营里，可问题是这个袁榆生还是不成器，不仅蒙骗他的老丈人，后来还敢贪污军饷，把曾国藩实在气个半死。曾国藩自己的几个孩子都教得很好，为什么不能教好这个女婿呢？是不是他的这个和以治家、和以成材的家庭教育理念错了呢？

其实，曾国藩的教育理念并没有错，袁榆生不学好，实在是本性难移。他从小在一个不好的环境里成长，已经养成了游手好闲的毛病。后来虽然到了曾家，到了一个良好的环境，但有的人恶习一成，终身难改，也是正常现象。而曾家的孩子，像曾纪泽兄弟，那是从小就在曾家良好的家庭氛围中成长的，从小就养成了良好的行为习惯，也从小就树立了良好的道德情操，跟这个袁榆生的情况根本不一样。通过曾国藩教女婿失败的这个反例，我们更可以看到，培养一个人，在小时候就要给他良好的家庭环境，在小时候就要让他养成良好的行为习惯、高尚的道德情操，这一点有多么的重要！

第三，曾国藩在“和以治家”的宗旨下还特别强调“勤以持家”。

这个勤以持家在曾国藩那儿有两层意思，一是家庭成员都要克勤克俭，二是做家长的要勤以言传身教。

关于生活上要克勤克俭，这一点我们上一讲就反复提到过。曾国藩认为“和”能为每个人提供良好的家庭发展环境，而“勤”则能使每个人融入这种良好的家庭环境，所以他在曾家“八本堂”里又刻上了一个著名的“八宝饭”的家训。

这个八宝饭可不是我们江南吃的那种甜米饭，而是治家的八字格言。哪八个字呢？分别是“书蔬鱼猪，早扫考宝”。

书，就是要勤读书；蔬，就是要种菜；鱼，就是要养鱼，湖南是水乡，鱼塘很多；猪，就是家里要养猪；早，就是早晨要早起，不要睡懒觉，上一讲我们就说过，他培养李鸿章，就是在这一点上做文章的；扫，就是扫地，扫屋子，一屋不扫何以扫天下？曾家子弟再金贵，都要亲自打扫卫生；考，是祭祀祖先，心怀敬意；宝，就是不仅要和家里人和睦相处，还要和邻居、族人、乡邻都能和睦相处，人爱人才是无价宝。这八个字曾国藩要求曾家每一个子弟，不论是谁，都要身体力行，坚持不辍，这份实践、这份坚持，曾国藩认为就当得起一个“勤”字了。

第 08 讲

好汉

是如何养成的

我们一般人生活中都遇到过不顺心的事，甚至是憋屈的事，但大多数时候，我们的忍，往往只是一般意义上的忍气吞声。忍多了，忍习惯了，最后竟成了逆来顺受。这种忍，是没有价值的。而曾国藩所强调的忍，是要能使它成为一个人，甚至一个团队、一个国家发愤图强的契机，这种忍才是有价值的，才是男子汉大丈夫的忍，才是杜牧说的“包羞忍耻是男儿”的忍。

长沙之辱

曾国藩说过一句名言——“是好汉，打脱牙，和血吞！”

我们明显可以感受到他这话里除了说要忍，还透着一股刻骨铭心的狠劲儿。这说话的风格可不像他，他是一代大儒，平常就喜欢拽文诹字的。这“打脱牙，和血吞”说到底就是句大白话，但他一生却对这句大白话十分钟情，还把它当作家训中的名言，这到底跟他作为一个湖南人的性格又有怎样的关系呢？

这些都要从曾国藩一手组建了中国近代史上第一支地方武装——湘军说起。

1851年，也就是咸丰元年，太平天国起义爆发。

本来，太平天国闹得再凶，也跟曾国藩没有太大的关系。一来，他在北京当京官，而太平天国起义当时主要在南方，曾国藩再忧国忧民，他也只是个文官，发发议论、发发牢骚可以，朝廷怎么也不可能让他到南方来带兵打仗的。二来，曾国藩个人的理想一直是想当个儒学大师，常以理学传人自命，从来也没有干武行的志愿和本事，怎么样也轮不到他去面对太平军。

可历史就这么巧，曾国藩于咸丰二年（1852年）被任命为江西乡试的主考官，到江西去主持当地的科举考试。

按规定，他这个主考官的差事也是临时的，那边科举考试一考完，他就得回京复职。可更巧的是，曾国藩还没到江西，才走到安徽，就接到了母亲突然去世的消息。这一下他只好紧急改道回家奔丧，这叫丁忧，在古代是定制，也就是法律硬性规定的守孝行为，朝廷也就立刻批准了这个京官中的文官回湖南老家奔丧的请求。

曾国藩就这样被命运送到了那个谁也想不到的、与太平天国联系在一起的节点上。

曾国藩千辛万苦地越过太平军和清政府军的交战区，好不容易回到了湖南老家。当时太平军已经越过湖南，打到湖北去了。而清政府军，也就是绿营，面对太平军节节溃散，根本无丝毫还手之力。在这个情势下，那个苦命的咸丰皇帝也急眼了，政府军都不行，该怎么办呢？

咸丰居然很有创意——既然政府军打不过，那就请雇佣军好了。于是，近代史上最早的具有雇佣军性质的地方武装就出现了。他紧急下诏，命令当时所有在老家或者丁忧，或者赋闲的这些朝廷大臣，一定要凭借个人的影响力，在当地招募兵勇，办团练。因为曾国藩是以朝廷大臣身份在湖南老家丁忧的，所以他也被任命为湖南当地的团练大臣。

事实上，曾国藩对于这个任命一开始非常抵触。为什么呢？其中有两个原因。

一则，他回家是为他母亲奔丧的。曾国藩跟母亲的感情很深，他后来一直说他们兄弟几个的个性都不像父亲，而是都像母亲，他父亲本性比较懦弱，而他母亲性格十分坚强，所以打心底说，曾国藩小时候是崇拜他的母亲的。现在母亲刚刚去世，他就出来带兵打仗，他觉得感情上说不过去。

二来，他毕竟只是个儒生，是个只会舞文弄墨、不会舞枪弄棒的知识分子，曾国藩说我自己手无缚鸡之力，对打仗一窍不通，怎么能来负责办这个全省的团练呢？所以一开始，他坚决不肯。

后来也是有两个原因，最终促使曾国藩改变了决定，出山当了这个湖南的团练大臣。

一是好朋友的规劝。当时很多好朋友了解到曾国藩不愿出山，都纷纷写信来劝他。比如左宗棠，当时就以一个乡村教师的身份，加入了湖南巡抚张亮基的幕僚，成了张省长重要的参谋。他就反复向张亮基推荐曾国藩，说要想抵抗太平军，就一定得请曾国藩出山，并亲自代张亮基写信给曾国藩，苦劝他一定要出山。

除了左宗棠，也还有很多人劝曾国藩一定要出山，其中对曾国藩影响最大的就是郭嵩焘。

郭嵩焘也是晚清名臣，后来成为中国历史上第一位驻外外交官，和曾国藩的大儿子曾纪泽是晚清历史上最有名的两位外交家。他跟曾国藩是同学，当年两个人一起就读于著名的岳麓书院，意气相投，年轻时就成了好朋友。郭嵩焘开始是写信规劝，后来看曾国藩不出山，就亲自跑到曾国藩的老家湖南湘乡，当面来劝。郭嵩焘的口才真不一般，要不也当不了外交家，当面一席话，居然就打动了曾国藩。

郭嵩焘说太平天国创立拜上帝教，与中国传承了数千年的儒家文化为敌，所到之处毁学官，砸孔庙；与同样传承了上千年的民间传统文化为敌，所到之处，关帝庙、岳王庙都一一毁坏，让底层的百姓同样也很难接受他们。所谓拜上帝教，不论跟传统民间文化还是跟社会主流文化，都肯定是格格不入的，长远看肯定会失败。

此外，郭嵩焘又告诉了曾国藩另外一个小道消息。

郭嵩焘说，你别看皇上只是让你当湖南的团练大臣，看上去好像跟其他省的团练大臣没什么两样，但其实是不一样的。你这个团练大臣，是你的老师唐鉴亲自向咸丰皇帝保荐的。

当时唐鉴已经退休了，但因为名望特别大，咸丰皇帝面对太平军束手无策，就把唐鉴请去，请教这位大儒有什么救国的良策。结果唐鉴只向咸丰详细介绍了曾国藩的学问、人品、出身、才干，并说“曾涤生才堪大用，为忠诚谋国之臣”。(《清史稿》) 并以自己一生的名望作担保，建议咸丰一定要请曾国藩出山。

曾国藩一听自己的老师不惜以一生名望来保荐自己，当然是感恩戴德，再加上他特别认同郭嵩焘的那个文化逻辑论，也就下了出山的决心。

但这时候，曾国藩还有一个顾忌，他是个儒生，儒家讲究为父母守孝要满三年。他平常以大儒自命，现在母亲刚去世，自己就出山带兵，这岂不让天下的知识分子笑话，这个理怎么说得通呢?

你看，他既然下决心要出山了，但还顾忌着面子上说不过去，说明曾国藩这个人有时也挺好面子、挺迂腐的。

郭嵩焘一听这好办，你不是怕天下人说你吗?虽然你母亲去世了，但你爹活着啊。就让你爹出面，来个正式的仪式，命你出山。上有皇命，下有父命，你这就名正言顺了，不用怕天下人说了。

有郭嵩焘在，曾国藩心里没有过不去的坎，他居然觉得这也是个可以行得通的办法。于是，曾国藩在皇帝的诏书命令下，也在他爹的亲口命令下，终于墨出山。

墨，就是穿着孝服的意思。曾国藩的意思是我戴着孝，为国尽忠，这样既对得起人生的信仰，也对得住人生的志向了。于是，横下一条心的曾国藩终于走出湖南湘乡老家，踏上了拯救乱世之路。

对于曾国藩肯出山，最高兴的就是湖南巡抚张亮基，从左宗棠到郭嵩焘，大家都说曾国藩是不世出的奇才，现在他肯出来办团练，张亮基高兴得不得了，对曾国藩大开绿灯，有求必应。再加上曾国藩是横下一条心来认真地做这个事儿的，他这个团练居然办得有声有色。

事实上，团练严格说来根本不算标准的军队，当时各省各地办的团练，一般也就几百人，就数曾国藩这个团练人数最多，达到上千人。可曾国藩还不满足，他也不知道自己这个团练头子到底应该是个什么位置，他只想不干则已，干就要把它干出个样子来。于是，他像带一支军队一样带他的那一千团练。

他不仅按照兵书上写的那样训练他的团练，还要求长沙当地的绿营兵，也就是朝廷的正规军，要跟他的团练一起，接受他曾国藩的严格操练。

说起来，曾国藩确实有点越俎代庖了。要知道绿营虽然打不过太平军，但平常都以老大自居，他们是朝廷的正规军，有自己独立的带兵系统，本来就特别瞧不起团练，现在那个团练头子曾国藩居然要求他们跟那帮民兵一起操练，要求还极其严格，这一下绿营各级将领从上到下十有八九都老大不高兴。

曾国藩读的兵法主要是明朝名将戚继光的兵书，治军思想也秉承了戚继光的治军思想，尤其重视严格训练和超负荷训练，甚至盛夏酷暑也不许稍停，而长沙的夏天特别热，这一下就有人受不了了。刚巧，向来支持曾国藩的张亮基这时候因为湖北吃紧，被调到湖北去当巡抚了，而接替张亮基的新任湖南巡抚是骆秉章。骆秉章上任后一改张亮基的做法，根本不把曾国藩和他的团练当回事。

绿营兵将一看曾国藩没后台了，立刻就开始发难。

这一天，曾国藩正常带着团练到演武场跟绿营会操训练，结果等了半天，就只有塔齐步一支部队来会操，其他几支绿营部队都没来。这一下曾国藩气坏了，他正用重典治乱世，气头上想也不想，立刻向掌管军务的提督衙门弹劾了那几支部队的将领，并要求有处分决定，还要明文记录。那几营的将领立刻就不干了，到提督衙门那儿反诬曾国藩借炎热天气故意虐待士兵，并鼓动手下趁机闹事。因为塔齐步跟曾国藩走得最近，那几营的兵就找塔齐步的兵寻衅闹事。因为纯属蓄意，很快就打起来了。塔齐步这边毫无准备，一下给人家一直打到营房里。

塔齐步被打得很惨，赶快跑到曾国藩这儿来报信，也是找曾国藩的团练求支援。曾国藩在衙门里猝不及防，没想到绿营兵会动家伙，现在不仅绿营跟绿营之间打起来了，而且绿营跟团练之间也打起来了。更麻烦的是，曾国藩这边才刚得到信，那边一帮绿营兵已经打到他衙门口了。门口的团练想也想不到，拦也拦不住，已经有好些团练受了伤。曾国藩一看大事不妙，危急关头，求生的本能立刻发挥了作用，掉头就往后门跑。

跑出后门，跑到哪儿呢？曾国藩的团练衙门旁边就是巡抚衙门，当年张亮基为了表示对曾国藩的尊重，特意在巡抚衙门旁边为曾国藩设了办公地点，看来他还是很有远见的。曾国藩后门一出来，掉头就跑进了巡抚衙门。干什么呢？找人救命。

找谁救命呢？当然是找湖南巡抚，也就是当时的省长大人救命。

可问题是这时候的省长大人已经不是对曾国藩无条件支持的张亮基了。新省长骆秉章就在曾国藩的院子旁边，要是帮着曾国藩，他早就出来制止兵乱了。他毕竟是一省之长，再加上跟绿营也没什么矛盾，他出来肯定管用。可问题是曾国藩那边闹翻了天，他这边根本就无动于衷，说明他根本就是看热闹的。

现在曾国藩逃到巡抚衙门里来了，骆秉章看看，也不好意思不出面了。问题是他的出面，却让曾国藩更加无地自容。

骆秉章带着衙门里的人出来后，面对这帮闹事的士兵，根本不追究他们伤人的责任，反而代曾国藩向大家道歉，说是某些领导不负责任，才导致大家生这么大的气！好言安抚了半天，才把大家劝回了营。而他转回头，面对曾国藩，连一句安慰的话都没有，就掉头回自己的巡抚衙门了。那意思是我眼不见心不烦，你曾国藩以后自觉点，少惹这烂摊子的事儿！

满长沙上上下下的官吏，一日之间，就把这事儿传得沸沸扬扬，大家都说曾国藩越俎代庖干涉绿营，纯属自取其辱。这一下，曾国藩立刻成了湖南官场的笑柄。

曾国藩自己呢？窝囊透了，可没辙啊，骆省长不支持他，绿营又拿他不吃劲，他的地位和影响可以说是一落千丈。

曾国藩狠狠心，咬咬牙，当时做了一个惊人的决定——

走人！

“忍”字上的非凡功夫

那么，走到哪里去呢?

要说曾国藩也确实有过人之处，虽然虎落平阳，但眼光还是非常精准，他看在长沙再无自己的立足之地，于是当机立断，在众人的嘲笑声中，带着他那一千团练，离开了长沙，来到了当时湖南的第二大城市——衡阳。

当时的衡阳还叫衡州，之所以叫衡阳，是因为它北临南岳衡山。衡阳成了曾国藩笑傲江湖的发轫之地。

曾国藩到衡阳，一是因为它是仅次于长沙的一个大城市，二是因为衡阳既是他们曾家的祖籍，又是他老婆欧阳氏的娘家，还是他少年时读过书、上过学的地方，他在衡阳还是有不少亲戚朋友的。所谓强龙不压地头蛇，他曾国藩在长沙虽然是个强龙，但结果还是斗不过那帮地头蛇，在衡阳，他多少算是地头蛇。他到了衡阳之后，因为地头熟，很快就站住了脚跟。

但要知道，曾国藩实在是出于被逼无奈、忍辱负重，才离开长沙来到衡阳的，虽然在衡阳立住了脚跟，但心里那股怨气却无从发泄。而他手下那帮团练的将领也个个是怒火中烧，觉得应该跟省城的那帮绿营没完。这时候曾国藩最小的弟弟曾国葆也在跟着他一起办团练，他跟哥哥说，咱们吃这么大一个亏，被人逼出了长沙，逼到了衡阳，不能这么忍忍就算完了，哥哥你是湖南团练大臣，可以直接向皇帝上书，把长沙那帮只知道窝里斗的家伙好好告上一状。

曾国藩窝着一肚子的火，也觉得是应该参那帮家伙一本，于是奋笔疾书，把满腔的怒火和怨气都发泄在了这篇精彩的“小报告”里。可写完之后，曾国藩沉默了半晌，又突然拿起这篇刚写完的奏折，慢慢地把它撕了个粉碎。

曾国葆不明白大哥为什么把刚写完的奏折撕掉，急着要拦，结果曾国藩面色凝重地对曾国葆说出了一句名言，也就是我们开篇提到的那句——“是好汉，打脱牙，和血吞！”

曾国藩的意思很简单，我都退出了长沙，忍都忍了，还告这个状，有什么用呢？

但这句“打脱牙，和血吞”，在曾国藩的嘴巴里说出来，并不只是一个简单的忍字。

那么除了忍，还有什么呢？

除了忍，还有狠！

这就要说到曾国藩对这个“忍”字的认识了。

曾国藩在他的家训里，曾有句名言：“和可消人怨，忍足退灾星。”（《曾国藩全集·家书》）是说只有“和”这个字可以消解人与人之间的怨恨，所以“家和”才“万事兴”；而就个人的人生而言，只有“忍”这个字可以消解命运中的不幸和灾难，从而为人生的幸福与成就奠定基础。

如此一来，这个“忍”就不是简单的忍让了，因为简单的忍让只是躲避，甚至只是逃避，怎么可能为成就人生打下基础呢？

曾国藩所说的“忍”，首先是有价值的“忍”。

就拿他长沙受辱、退居衡阳来说吧。虽然皇帝亲自下旨命曾国藩为湖南团练大臣，但这个团练说到底，并不是一个正规军，充其量也就相当于民兵组织，主要的作用也不是打仗，而是维护地方治安，所以后来曾国藩在长沙的时候，他和他的团练干的事，也确实就是维护地方治安。

事实上，在曾国藩组建湘军之前，虽然当时全国各地都有办团练的，但谁也没有认识到这个团练最终可以办成一支军队，可以办成一个强大的地方武装。

曾国藩开始也没意识到这一点。他开始办团练有一千人，这在全国就已经是人数最多的团练了，人数上不能再扩大了，也只能干维护治安的事儿。但他含羞忍耻退到衡阳之后，尤其是在愤然写了告状的折子又默默撕掉之后，他突然开窍了，他要办个不一样的团练给那帮官僚看看，看看他曾国藩办的团练到底在天下大乱的局势里可以怎样脱颖而出。

曾国藩撕掉了告状的奏折，说了句“打脱牙，和血吞”，然后调头干的第一件事，就是扩兵。他给咸丰皇帝另起一道奏折，丝毫不提长沙受辱的事儿，只说两湖危急，恳请皇上让他把湖南团练扩大，这样太平军再打过来的时候，他就可以保境安民了。

咸丰这时候给洪秀全已经逼得像热锅上的蚂蚁了，当然毫无意见。这样，曾国藩立足衡阳，利用个人的影响力，广招他的学生旧部，用儒生达则兼济天下、用知识分子捍卫中华传统文化的旗帜为号召，一下子就使得各方豪杰，纷纷归到他的旗下。

由于曾国藩是被逼走的，湖南的官员只顾着看他笑话，谁也不管他在衡阳做些什么。没过多久，曾国藩在衡阳就建立了一支人数多达一万七千人、含有水陆两军的庞大的军队，这就是后来威震天下的湘军的雏形。

后来曾国藩跟幕僚谈起这段往事时，曾说自己能建立起不同于一般团练的湘军，是被人反激出来的，也就是被人逼出来的。他说："起兵亦有激而成。初得旨为团练大臣，借居抚署，欲诛梗令数卒，全军鼓噪入署，几为所戕。因是发愤募勇万人，浸以成军，其时亦好胜而已。不意遂成今日，可为一笑。"（赵烈文《能静居日记》）

这段话是说，我当初办团练的时候，没想那么多，也只是办团练而已，后来长沙的那帮地头蛇逼我，甚至冲到我的衙门里，差点儿要了我的老命。我以此为奇耻大辱，因此刻苦练兵，才建立了后来的这支铁军。说起来都是因为当时忍下了一口气，而当时的忍让反而成了我发愤图强的契机，所以这种忍真是太有价值了。

我们一般人生活中都遇到过不顺心的事儿，甚至是憋屈的事儿，但大多数时候，我们的忍往往只是一般意义上的忍气吞声。等忍多了，忍习惯了，最后就成了逆来顺受。这种忍是没有价值的忍。

而曾国藩所强调的忍，是要能使它成为一个人，甚至一个团队、一个国家发愤图强的契机，这种忍才是有价值的忍，才是男子汉大丈夫的忍，才是杜牧说的"包羞忍耻是男儿"的忍。

其次，对于这种有价值的忍，曾国藩还认为要能忍得彻底，忍得够狠。对于生活中的挫折和逆境，大多数人也能忍一时之痛，但常犯的一个错误是等忍过了那一阵，等心理麻木了，也就"好了伤疤忘了疼"。

曾国藩在衡阳把小小的一千人的团练办成了一支将近两万人的

庞大的地方武装，开始还没人关注他，但时间一长，朝廷也知道他手上有货了。当太平军在湖北连续获胜的时候，先是两湖的官员急了，眼看着正规军顶不住，就不停地请求曾国藩派他新练的湘军支援。这时候长沙的那帮官员看曾国藩悄无声息地就发展壮大到了这种地步，也对他刮目相看了。当太平军从湖北再向湖南打的时候，骆秉章也一改原来蔑视曾国藩的态度，一个劲儿地请他出兵，请他回长沙，后来不只是请，几乎是求他出兵了。

换了其他人，这下总算扬眉吐气了；所谓时来运转，到这份儿上，也就不用忍了。

可曾国藩呢，还继续忍着。虽然人家对他的态度已经有了一百八十度的逆转，但他自己还处在忍的精神状态中——坚决耗在衡阳，坚决不派一兵一卒。

两湖的地方官实在急了，就向咸丰汇报，咸丰亲自下圣旨让曾国藩出兵，曾国藩居然还要忍，虽然有圣旨，他也还是不动。

虽然他兵多，但他毕竟还只是团练，所以开始的时候，他违背圣旨不出山，别人也不太当回事儿，连咸丰也以为他怕了，不敢出来打。后来武昌被攻克，两湖告急，绿营已经溃不成军了，咸丰实在没有可以用的兵了，连下了三道圣旨催促曾国藩出兵，曾国藩居然还是沉得住气，竟然面对前后四道圣旨，就是不出兵。

这时候，别人又都开始嘲笑曾国藩，连咸丰在圣旨里也直接嘲笑他是胆小鬼。可他呢，仍然无动于衷。

可以看出来，曾国藩这种忍，已经不是一般的忍了。那是发了狠劲在忍。曾国藩后来回忆说，就是因为他忍得够狠，忍得够彻底，所以才为湘军的组建与训练赢得了宝贵的时间。后来，太平军一直打到他家门口了，他才忍无可忍、无须再忍，终于带他强忍下来的湘军出山了，一战取得湘潭战役的胜利，二战反攻湖北，取得武汉大捷。一时间不鸣则已，一鸣则名震天下，使得湘军终于在近代史上占据了一席之地。

事实上，不仅曾国藩，古来英雄豪杰，但凡能成就番事业的，在“忍”字上，都有非凡的功夫。从韩信胯下受辱，到曾国藩长沙被逐，你越是英雄，越想成就一番事业，越要有肯低头忍辱的勇气。

第 09 讲

做一个有趣味的人

如果曾国藩真是一个“苦行僧”，一定有人会说，这样活着又有什么意思呢？事实上，完全不是这样。曾国藩的一生，要说最重要的关键词，可能是自省或自律，但除了自省、自律之外，一定还有一个关键词，那就是：趣味。

志趣与情趣

我们评点曾国藩的家训，看曾国藩的人生，一个善于修身养性的曾国藩形象已经有了大概的轮廓。但这样一来，我反倒有了另一种担心。

担心什么呢？担心大家会误解曾国藩。

我们讲他有生死不渝的坚定信仰，讲他无一日不读书，讲他清廉自守，讲他克勤克俭，讲他和以治家，讲他静以修身，讲他忍以成事，这些虽然勾勒了一个努力勤勉的曾国藩形象，但恐怕也已经造就了一个“苦行僧”的曾国藩形象。

如果曾国藩真是一个“苦行僧”，我想，一定有人会说，这样活着又有什么意思呢？

《古诗十九首》里说：“人生不满百，常怀千岁忧。昼短苦夜长，何不秉烛游？”就是说人生不过百年，要活得那么辛苦干什么？白天那么短，夜晚那么长，既然白天未有充足的时间来享受生活，何不在夜晚也点上通明的灯火，享受这短暂的人生呢？

既然应该及时行乐，那么活得像曾国藩那么辛苦，那么没有乐趣，这样的人生，就算有再多的成就，在许多人看来，恐怕也没太大的意思。这就是我说的那个误解：我们常会误解那些取得了巨大成就的人，认为他们只有疲惫，没有轻松；只有辛苦，没有愉悦。

事实上，完全不是这样。尤其在曾国藩身上，更不是这样。

曾国藩的一生，要说最重要的关键词，可能是自省或自律，但除了自省、自律之外，一定也还有一个关键词，那就是：趣味。

再简单些，一个字："趣"。

这个评价并不是我们后人总结出来的，而是曾国藩身边的那些幕僚、同事、学生在曾国藩生前就有的一个共识。比如常年跟在曾国藩身边的李鸿章就曾对手下回忆说："我老师最是有趣。"

他为什么这么说呢？李鸿章接着就说了一个有名的例证。他说，有一天曾国藩跟所有的幕僚一起吃过晚饭后，照例由曾国藩打头，开始每日的聊天盛会。曾国藩其实特别喜欢跟幕僚们在一起聊天，而且一聊天就会说一些非常有趣的事。

李鸿章记得那一天曾国藩讲的是自己的一件家事。

曾国藩说大儿子曾纪泽新婚后不久，曾国藩就把老家的家眷都接到了自己的府里来住，儿子、儿媳也一起接了过来。因为曾国藩家教很严，讲究克勤克俭，曾家的女眷一直都有自己纺纱织布的习惯。事实上，曾国藩虽然贵为一品大员，但他和他家人的衣服鞋袜，基本上是由家人自己纺纱织布做出来的。

曾纪泽的老婆，也就是曾国藩的这个新儿媳，虽然出自名门，但并不养尊处优，到了曾家之后，在曾家的家庭氛围熏陶下，非常本分，也非常勤勉，不仅孝敬公婆、遵守礼节，而且每天都纺织到深夜，非常勤劳。

但这样一来，有个人就不干了。

谁呢？新郎官曾纪泽。

曾纪泽可是新郎官啊，刚结婚，初尝人世间美丽的爱情，恨不得跟新娘子每天如胶似漆地泡在一块儿。可哪知道这个新娘子自觉得过了头了，每天到了深夜，还不睡觉，还在那儿特别勤劳地织布。

有一天，曾纪泽终于忍无可忍。新娘子不上床睡觉也就算了，问题是新娘子在外面不停地织布，织布机的声音吱吱嘎嘎，弄得曾纪泽怎么也睡不着。曾纪泽的卧室离曾国藩夫妻俩的卧室不远，于是年轻的曾纪泽，突然躺在床上大喊了一声。

喊谁呢？不喊他老婆，喊他妈！

曾纪泽大喊："妈，你那个不懂事的儿媳妇，吱吱嘎嘎，纺个不停，闹得我根本睡不着！你去把你儿媳那纺车给砸了吧！"

你看，曾纪泽这个年轻人还是很有几分童真的。他表示抗议的方式，不找老婆而是找老妈，让老妈去帮他把自己老婆的纺车给砸了。这虽然只是个玩笑话，但深更半夜地这么一喊，确实也非常惊人。

还有更惊人的。因为曾国藩夫妻俩的卧室就在旁边，要不曾纪泽也不会直接喊妈叫爹的，所以曾纪泽这一嗓子，曾国藩也听见了。那么，曾国藩听了儿子的喊叫会有什么反应呢？

我们都说严父慈母，曾国藩向来家教严格，又向来讲究既严于律己也严于律人，更别提是对自己的儿子了，所以按理曾国藩完全可能起来训儿子一顿。

可事实证明，这只是一般人印象中刻板的曾国藩，并不是生活中那个鲜活的曾国藩。

曾国藩听见儿子的喊声，他立刻从床上支起身子，想也不想，也对着外面大喊："夫人，如果要砸，就把你那部纺车先砸了吧！我也睡不着呢！"

原来，儿媳深夜纺织不止，是因为婆婆以身作则，带头在纺纱织布。所以，曾国藩竟然也跟着他儿子学，对外面在纺织的老婆表达了同样的抗议。

据说，曾国藩这个笑话说出来之后，当时所有的幕僚都笑疯了，有的人眼泪都笑出来了，可据李鸿章描述，现场唯有一人不笑。这个唯一不笑的人，就是那个讲笑话的人，也就是曾国藩自己。李鸿章说曾老师一边用手捋着胡须，一边轻松地说着家事，自己却一点也不笑。

后来，不光是李鸿章的回忆，像清代的野史笔记《水窗春呓》里也记载了这件事。

事实上，吃完饭跟幕僚们在一起聊天说笑话，是曾国藩治军时特意形成的一个规矩。据曾国藩的幕僚们后来回忆说，在曾国藩的幕府工作，虽然很辛苦，但也确实很有趣。比如他主张饭后大家要一起聊天，每个人都可以说个有趣的段子，有什么好玩的事儿，都可以拿出来跟大家伙儿一起分享。每次聊天，又总是曾国藩自己说得最多，也说得最有趣、最好玩，确实，从曾国藩自述的父子婆媳的生活小片段我们也可以看出来，曾国藩还真不是个只知道板着面孔的家长。事实上，不论是对于同事，还是对于家人而言，曾国藩都是一个蛮有趣的人。

曾国藩家训里有一句名言，“养活一团春意思，撑起两根穷骨头”。所谓“撑起两根穷骨头”，是讲人要有骨气。而“养活一团春意思”是说什么呢？是说人的心中要有一种生机，要有一种向上的、积极的、愉悦的快感。如果人生只有苦难，没有趣味和生趣，又哪能有这种“春意思”呢？

团队的智趣

曾国藩之所以如此强调这个“趣”字，是因为“趣”并不只是讲个笑话、逗个乐，“趣”对人生而言，其实意义重大。

我们常说一个人当有志趣，这个志趣我们通常理解为志向与兴趣，主要侧重在志向上。也就是说，一个人应当有远大的人生目标与志向。但我也常想，既然主要说是有志向，那就叫志向好了，为什么非要叫志趣呢？说明这个“趣”字虽然在这个词里是辅助的作用，但它起到的辅助作用，并不是那种无关紧要的辅助作用，而应该是那种牵一发而动全身的辅助作用。

其实，孩子身上有这种天真烂漫，是天性，很正常。难得的是，一个人能始终保持这种天真烂漫的本性，虽然在尘世的污浊中，也能偶尔羚羊挂角、有迹可循地表现一下。这种人，才可以算得上是真正的有志趣。曾国藩虽然后来南征北战，不论在战场还是官场，按他自己的话，都是战战兢兢，如临深渊，如履薄冰，但他身上始终会表现出少年时候就有的天真烂漫来，就尤其难能可贵了。

最为难能可贵的是，曾国藩不仅在自我修身的过程中注意培养自己的志趣，在家庭生活中也注重以情趣来滋养亲情，来提升家庭教育，他还能在他的团队建设中，特别提倡一种智趣。

请注意，这个智趣的“智”是智慧的“智”，跟我们常说的志向的志趣并不一样。

很多人都玩过智力游戏，或者是脑筋急转弯，这些小游戏非常有意思，甚至现在很多搞笑的短信段子、微博段子，本质上都跟这种智慧小游戏有关。为什么大家都乐此不疲或者都乐于接受呢？这些智力小游戏、脑筋急转弯、精彩小段子里，最核心的内涵就是智趣。

曾国藩是湘军的领袖，是一个庞大团队的核心，他很有远见地发现，作为一个团队领袖、一个核心人物，适当地体现出一定的智趣来，会对整个团队起到一种良好的作用。

所以曾国藩特别注意，在日常工作中放下架子，随时表现出他作为一个有趣的人的趣味性来。比如，有一次一个叫李元的团练把总，写了份请求报告之类的公文，让人送到曾国藩的大营来。这个李元只是县里的团练把总，不过是个七品芝麻官，而曾国藩这时候是两江总督，总揽四省军政大权，那可以说是一方诸侯了。可李元递交上来的公文，居然用的是“移”体文。

移，是一种公文，而且是一种平行公文，也就是相同级别的部门之间互相交涉的公文文种。

李元一个小小的七品芝麻官，送到曾国藩这儿的公文，居然用这种平行公文，那要是故意的，岂不是想跟两江总督曾国藩平起平坐？曾国藩的手下一看都很紧张，这要是按行政工作处罚条令，李元立刻就要倒霉。

所有人都以为曾国藩一看这个公文就得生气。哪知道曾国藩心平气和地回复完公文后，再用公文袋把公文封起来。按道理公文封起来，就可以交给秘书去处理了，可曾国藩不，他拿起笔来，又在公文袋上写了两行字。什么字呢？曾国藩自题《十七字小令》一首。

词曰：

团练把总李，行个平等礼。云何用移封敌体？

意思是说，噫，你个李元，不简单啊，虽然只是个团练把总，但在公文里居然跟我曾国藩平起平坐！你怎么会想起来用“移”这种平行公文的呢？你太有才了！

然后，曾国藩就让人把公文送出去了。

你看，曾国藩很大度，另一方面也很幽默吧，他还为这种幽默自得了好半天。后来在日记里记录这件事的时候，曾国藩还说：“见者无不绝倒！”是说别人看到了他在公文袋上的那首《十七字小令》后，个个都笑喷了，都佩服他太有才、太有趣了。他自己这么说、这么记，分明对自己这种智趣的表现很是得意。

曾国藩平常跟友人写信，不论是公事还是私事，落款都特别有意思，往往在署完自己的名字后再加两个字。一般我们写信时也会在名字后加两个字，比如“顿首”啊，“稽首”啊，表示对对方尊敬的意思。但曾国藩跟一般人不一样，他最喜欢加的两个字，是“一笑”，或者是“一粲”。

这个“一粲”也还是“一笑”的意思。所以，他的落款往往是——“国藩一笑”。意即我曾国藩最后还要博你一笑的意思。

这说明什么？说明这个人很注重跟人交往时的趣味性、生动性和积极性。

这种智趣虽然小，虽然好像微不足道，但它不仅是团队管理中一种恰到好处的情感润滑剂，久而久之，它还可以给整个团队提供一种向上的生机与活力。

当然，既严肃又活泼也并不是曾国藩的创举，比如老夫子孔圣人，他在领导他的团队时，也是很讲究这种智趣的。

有人说，孔子说好听点儿叫周游列国，说难听点儿叫四处流浪，他领导什么团队了？

怎么没有？他弟子三千，其中最贤者七十二人，好些弟子跟着他周游列国，跟着他四处流浪，生死无悔，不离不弃，在文明史上书写下浓墨重彩的一笔。孔子和他的学生们，不就是个伟大的团队吗！

关于孔子带他的学生周游列国时，最有名也最有趣的一个段子就是“子见南子”。

《论语》里记载说：“子见南子，子路不说。夫子矢之曰：予所否者，天厌之，天厌之！”

南子是卫灵公的夫人，但也是一个生活作风有问题、名声极其不好的女人。孔子去见了南子，他的学生子路很不高兴。子路心直口快，把不高兴写在脸上，那意思是我敬爱的孔老师，你怎么能去见那种女人呢？

孔子急了，指天发誓，说我真没干什么，我要做了什么错事、糗事、不应该的事，我就天打五雷轰，老天都舍弃了我！

你没听过孔圣人也有急眼、赌咒、发誓的时候吧？《论语》里写得清清楚楚。后来，很多人不明白，《论语》是孔子的弟子辑录老师的话与事，他们肯定要维护孔老师的声誉啊，他们怎么会如此记下他们敬爱的孔老师的糗事呢？

事实上，提出这种疑问，就说明我们心中已经不那么质朴，不那么智趣了。

孔子的学生们记下孔老师赌咒发誓的样子，正说明孔子是真实的，是在生活中充满趣味、充满人性的。一个道貌岸然的人，不可能成为一个民族的文化标识；只有一个充满盎然生机和生活趣味的人，才能真正代表我们这种充满了生机的文明与文化。

孔子对子路赌咒发誓，本身也是种智趣，本身也是种生机。正是因为孔老师身上有这种生机与活力，他的团队，他传承的儒家文化，也才充满了生机与活力。

曾国藩自命孔门儒学的标准传人，这个道理他怎么会不懂呢？

所以他一生修身养性，始终不忘一个趣字，正说明他儒学功底深厚，深谙其道，不愧一代大儒的称号。

有趣才有生机，有趣才有活力，有趣更生智慧。这个道理，在己，在家，在国，在团队，都是一个很有用的规律。前人注意得不多，但其实是曾国藩家训中一个重要的内容。

第 **10** 讲

我与我周旋

把希望寄托在别人的监督上，根本不是解决问题之道。解决问题的根本之道，是要把希望寄托在自己身上，只有这样，你的决心、毅力、智慧、潜能才能真正发挥出来。魏晋名士殷浩曾经说过，自己原来努力奋斗，总觉得是在“与世周旋”；后来才发现，其实人生要解决的根本问题，不是“我与世周旋”，而是“我与我周旋”。“我与我周旋”的结果怎样，也就决定了会有怎样的人生价值。

为戒烟而改名

曾子，也就是曾参，孔子的学生，儒家学说重要的传承者，也是孔子到孟子之间最重要的一个桥梁。四书五经中的《大学》，据说就是他写的。

曾子一生最有名的一句话就是“吾日三省吾身”，而他提出的最重要的儒家学说，就是自省论。一个人只有反复地自省，才能最终超越自我。而在后世两千多年的时光里，能体现这种自省论的人固然很多，但最突出、最典型的无疑是曾子那位两千多年后的曾家后代曾国藩。所以说，这大概也是冥冥中注定的，或者就是两千年的遗传基因决定的。

曾国藩的一生虽然有这样那样的光环，有这样那样的遗憾，但概括他的人生，最重要的关键词，首推“自省”，这几乎也是曾国藩研究者的一个共识。

说到曾国藩的自省，不得不说到他一个有名的生活习惯——写日记。

曾国藩的日记写得非常有意思，而且自他二十九岁养成写日记的习惯以来，以惊人的毅力把这个好习惯坚持了下来。我们所有人几乎都写过日记，只要上过学，小学老师就会让我们写日记。虽然大家都写过，但很少有人可以坚持一辈子。这个很少能坚持一生写日记的人里，就有一个叫曾国藩。他甚至到临终的前一天，还在写；甚至到眼瞎了，手抖了，笔也握不住了，还能坚持写下去。就这份毅力，已让人叹为观止。

当然，曾国藩自己可能并不认为写日记很难坚持，事实上他认为最难坚持的，是他在日记里反复提到的一件事。这件让曾国藩苦恼了小半辈子，甚至让他也觉得是很难坚持的事，其实也是很多男人的一个苦恼，那就是——戒烟。

曾国藩的父亲曾麟书虽然是曾家第一个读书人，但也是曾家最不得志的一个读书人。因为不得志，曾麟书心里时常烦闷，就养成了一个宣泄的习惯——抽土烟。

请注意，是“抽土烟”，不是“抽大烟”。晚清时候说的抽大烟，是指抽鸦片，而曾麟书抽的这种烟不是鸦片，是当地老百姓自制的土烟。

这种湖南人自种的烟草，就其种植来说，还是非常讲究的。一般要选择地地道道的沙土种植，平常还要不停地加肥料。肥料通常是陶末灰、土砖灰，而且是放了很久的淘末灰和土砖灰，还有就是鸡粪灰。这些肥灰种出来的烟草，可以称为烟草之王，劲头十足，吸上一口，刚学吸烟的能呛个半死，抽上瘾的那就快活似神仙了。

因为老爹有这爱好，曾国藩在十七岁的时候受其影响，染上烟瘾，从此，成了一个标准的烟民。

曾国藩开始学抽烟的时候，因为他爹也抽，也没多管他，他也并没觉得抽烟有什么不好。二十一岁的时候，他到了一个叫涟滨书院的地方读书。当时涟滨书院的山长，也就是校长，叫刘元堂。刘老师很擅长赏识教育，对并不出众的曾国藩欣赏有加，曾国藩就是在这时候立下了一生的远大志向。所以说，赏识教育对青少年真是非常重要的。

刘元堂虽然欣赏曾国藩，曾国藩也确实进步非凡，但他最不喜欢曾国藩的地方，就是他的烟瘾。有一次，向来对曾国藩和颜悦色的刘老师借题发挥，居然就因为曾国藩抽烟，把他狠狠训斥了一通，说他并无大志，一个年轻人居然喜欢抽烟这种有百害而无一利的事儿，那将来能有什么出息呢？

刘老师这时在曾国藩心目中的地位可不一般，要是另外一个老师就抽烟训他一顿，可能也不会让年轻的曾国藩产生那么大的震动。但刘老师不一样，他最欣赏曾国藩，曾国藩当时也最佩服他，越是这样的老师，他的批评对学生产生的影响就越大。

曾国藩受了他敬爱的刘老师一顿骂，有如当头棒喝、醍醐灌顶，仿佛听了佛门狮子吼，一下子幡然醒悟，认识到抽烟确实是个恶习。于是他平生第一次发誓戒烟，而且为了表决心，甚至做了一件对他来说可以算是惊天动地的事——改名励志。

曾国藩原来不叫曾国藩，他祖父给他起的名字叫曾子城，字伯涵，号居武，曾国藩考中科举之前，一直都叫曾子城。曾国藩曾经跟人回忆过，说他这个曾子城的名字，原意是说孔子的学生曾参，也就是曾子，他们曾家的那位老祖宗，曾经居住在武城，所以“曾子居武城”，拆一下，就成了曾子城，号居武。而“国藩”这个名字则是他考中科举之后，他的另一位老师帮他取的。

那么，这个科举前就立志戒烟的曾国藩又改的什么名字呢？

其实，他当时改的是那个“居武”的号，后来一般人都不知道曾国藩曾经有个“居武”的号，但一般都知道他号“涤生”。这个“涤生”的号后来大大有名，一般都称曾国藩为曾涤生。这个“涤生”，就是曾国藩为了戒烟而专门起的一个号。

那“涤生”两字是什么意思呢？

望文可生义，很简单，曾国藩自己解释说：“涤者，取涤其旧染之污也；生者，取明袁了凡之言：从前种种，譬如昨日死；以后种种，譬如今日生。”（《曾国藩全集·日记》）

“涤”就是洗涤污垢的意思，“生”就是获得新生的意思。曾国藩说“从前种种，譬如昨日死”，就是说以前那个喜欢抽烟、没有志向的曾国藩，打今儿起，就算死了；说“以后种种，譬如今日生”，就是说我曾国藩洗心革面，重新做人，戒了烟，那就宛如新生！

刚开始，曾国藩还坚持了一两个月，但问题是他那帮同学也有不少抽烟的，虽然很多人没他烟瘾大，但人家正因为烟瘾不大，也没想着要戒烟。这下曾国藩可就苦了。你想，同宿舍的同学、同班的同学、同校的同学，有事没事就拿着你原来最爱好的东西在你眼前晃悠，对刚戒烟的曾国藩来说，这就叫“致命的诱惑”。

曾国藩苦恼至极，他后来回忆刚开始戒烟这段日子的时候说：“初戒吃烟，如失乳彷徨。”（《曾国藩全集·日记》）是说刚开始戒烟，就像是婴儿刚断奶。别人都有奶吃，就他没奶吃。原来吃惯了奶，现在改什么口味都别扭，都吃不下。吃不下就饿，饿就难受。曾国藩说这个仿佛断了奶的做婴儿的日子，那可是相当难熬。

曾国藩心里难受，什么事也做不了，连书都读不下去。在坚持了仅一两个月后，曾国藩终于败下阵来，前功尽弃了。

过不了多久，曾国藩想想还得戒，要不然怎么对得起刘老师？怎么对得起自己的理想，和刚改的那个涤生的号呢？于是他又戒，但戒不了多久，就又犯戒。这样倒腾了两回之后，曾国藩觉得自己都不好意思见人了。这时，他转学到了著名的岳麓书院。

到了新学校之后，总该有新面貌吧。曾国藩借此机会，动了真格，下定决心要戒掉烟瘾。

这次决心下得比上次还要大，还要坚决。曾国藩叫来自己的好朋友，当着大家的面，把自己平常最珍爱的一把水烟壶给砸了，再把所有其他的烟具也都给砸了。剩下的肥灰种出来的烟叶，他平常很珍惜的，也一把火给烧了。

但是过不了多久，曾国藩又故态复萌。砸掉了旧烟壶，又找来了新烟壶；烧掉了旧烟叶，又买来了新烟叶。再加上过不了多久，他又考中了举人，春风得意了，自然要吸上几口。后来考进士一连两次考不上，心里郁闷了，自然也要吸上几口。这一下，他的烟瘾就像按下去的葫芦弹起来的瓢，总是反弹得更加厉害。后来考中进士，当了翰林以后，有一段日子，他很浮躁，每天跟一帮狐朋狗友混在一起，不是谈女人，就是聊绯闻，那烟助火势、火助烟瘾的，烟瘾就更不得了了。

那么，到了这种地步，曾国藩还提不提戒烟的事呢？

搁着一般人，早就放弃了。可曾国藩不一样，在十年漫长的戒烟生涯中，他虽然戒得很辛苦，也戒得很失败，但他从来没有放弃过自己戒烟的决定，也从来没有放弃过戒烟的想法。

为了帮助自己戒烟，他还经常在日记里反思自己戒烟失败的经验和教训，比如总是给自己找理由，总是跟喜欢抽烟的朋友混在一起。

不仅如此，他还反复总结吸烟的坏处，比如别人都说吸烟至少可以提神，他却说事实上吸烟百无一利，不仅不能帮助提神，而且就是因为吸烟的时候精神好像旺了，这才导致其他的时候没精打采的。他在日记里反复说："说话太多，吃烟太多，故致困乏。"也就是说，就是因为烟吸多了，人才变得没精神的——也不知道他这话，这么深刻的认识，是不是吸完烟之后才写出来的！

终于到了三十一岁这一年，曾国藩拜唐鉴与倭仁这两位理学大师为师，为的是要改掉自己一身浮夸不实的毛病。过了一年，曾国藩修身养性的功夫已经不一般了，但这时他的烟瘾还没有戒掉。别人都知道他喜欢吃水烟，有朋友给他送礼，还专门送给他一套精美的银制的水烟壶，曾国藩很钟爱这套烟具。

第二年，经过一年多修身养性的锻炼，三十二岁的曾国藩不谈女人了，也不聊绯闻了，渐渐有了些理学宗师的范儿。就在这一年一个深秋的夜晚，曾国藩在书房里，没请朋友在场，也没让家人作证，独自在书房里端着自己那套银制的水烟壶，端详了好半天，然后一个人默默地起身，拿起一把锤子，悄无声息地、极其冷静地把这套珍贵的烟壶和烟具给砸了。

有人会说，这管什么用啊，上次他不也砸过吗？不仅砸了，还把名字都改了，动静那么大，决心那么大，唯独收效不大。这方法不能用两回啊，一回都不灵，更不用说第二回了。

这质疑也算有理，但我觉得还应该看到其中有一个关键的区别。关键的区别在哪儿了呢？就在"动静"两个字上。

上几次决心当然也很大，但比决心还大的是动静，搞得人尽皆知，好像把自己逼到了绝路，非戒不可了，但那是把希望寄托在别人的监督上，这根本就不是解决问题的根本之道。解决问题的根本之道，是要把希望寄托在自己的身上，这样才说明，你的决心、毅力、智慧、潜能能够真正地发挥出来。

虽然，曾国藩这次砸烟具的形式跟上次差不多，但就如此一个人默默执行的过程，就可以看出他这次戒烟，跟前面几次已经有着本质的区别了。

曾国藩一个人砸完烟具、烧掉珍藏的烟叶之后，又很平静地坐回书房，郑重地写下一篇文字。这篇文字并不能算是一篇文章，但这篇小东西后来非常有名，它的题目叫“日课十二条”。

我们先来看一下这十二条的具体内容：

第一，主敬：整齐严束，无时不惧；无事时心在腔子里，应事时专一不杂，如日之升。

第二，静坐：每日不拘何时，静坐半时，体验静极生阳来复之仁心，正位凝命，如鼎之镇。

第三，早起：黎明即起，醒后不沾恋。

第四，读书不二：一书未点完，断不看他书。东看西阅，徒循外为人。每日以十页为率。

第五，读史：二十三史每日十页，虽有事亦不间断。

第六，日知其所亡：每日记茶余偶谈一则，分为德行门、学问门、经济门、艺术门。写日记，须端楷，凡日间过恶——身过、心过、口过——皆需一一记出。

第七，月无忘所能：每月作诗文数首。

第八，谨言：刻刻留心，是工夫第一。

第九，养气：气藏丹田，无不可对人言之事。

第十，保身：谨遵大人手谕，节欲、节劳、节饮食。

第十一，作字：早饭后作字，凡笔墨应酬，皆当作功课。不可待明日，愈积愈难清。

第十二，夜不出门：旷功疲神，切戒切戒。

这十二条军规，就是曾国藩著名的修身养性、每天必做的十二条功课，所以叫“日课十二条”。

你看曾国藩对自己做出的这十二条要求，细读一下，还真是很有意思。我个人最感兴趣的反倒是他的最后一条——“夜不出门”。看来，曾国藩也是坚决杜绝过灯红酒绿的夜生活的。我们现在的很多人，至少可以在这一条上多学学曾国藩。

但有人可能会说，写计划谁不会啊？别说写十二条，就这种东西，我写二十条也不难。

这话倒不假，随便整出几条对自己的要求来，这种事儿，我们大多数人都干过，只是后来都没怎么兑现，所以渐渐地也就忘了，也就不当真了。曾国藩如果只是写写而已，他就是再写一百二十条，我们也没有必要来说它。问题是曾国藩这十二条对自己的要求，自打他在这个戒烟的深秋之夜写下来之后，终其余生，他几乎是极其完美地做到了。

这就是曾国藩最惊人的地方，也是曾国藩一生修身养性最大的能耐，他自己总结为一个字——恒！

恒心的恒，恒常的恒。

最大的修身要诀

曾国藩说过一句名言，“人但有恒，事无不成。”（《曾国藩全集·诗文》）就是“世上无难事，只怕有心人”的意思。什么事最难？戒烟瘾，戒毒瘾，这类事儿最难。对于曾国藩来说，戒烟瘾也确实难，不然他也不会为此反复了十几年。

但让我们奇怪的是，他这个“日课十二条”里有戒乱说话，有戒夜生活，却为何独独没有戒烟呢？

我以为，原因有三。

一是此时的曾国藩认识到了只要守得住一个“恒”字，烟自然能戒掉。而他就是在这样一个夜晚，对“恒”字的认识上升到了一种境界。这时候他是真的“涤生”了，也就是真的彻底告别了过去，在人生境界上开始了崭新的篇章。他整个戒烟过程的安静与冷静，就可以看出他心态上的升华，所以他在内心深处对这次平静的戒烟充满了绝对的自信。果然，这一夜之后，曾国藩真的彻底戒掉了烟瘾，一生再不吸烟。

二来，曾国藩戒烟这事对他自己来说也实在是太过艰难，光表态就不知道有多少次，所谓“于无声处听惊雷”，估计他自己也不想再通过写下来的形式来表达戒烟的决心了。这时候反而是越不需要写下来，越不需要明说，才越能表现他内心难以比拟的决心。

第三，就是这时的曾国藩大概已经从单纯的戒烟痛苦里摆脱出来了，或者说超越了。他开始思考的不是如何戒烟，而是如何通过一个“恒”字，来真正达到人生的自省与超越。如果一个“恒”字能做到，戒烟自然也就不是问题。

事实上，通过曾国藩的例子，我们也可以看到，一个人在成长的过程中，在建功立业的过程中，在实现人生理想的过程中，最大的敌人，不是别人，就是自己。

所以，魏晋时有位大名士叫殷浩，他就曾经说过，说自己原来努力奋斗，总觉得是在“与世周旋”，后来才发现，其实人生要解决的根本问题，不是“我与世周旋”，而是——“我与我周旋”。

“我与我周旋”的结果怎样，也就决定了会有怎样的人生价值。

曾国藩一生最大的修身要诀是自省，而自省的最大成效是实践了这个“恒”字。

后来，曾国藩教子的时候，曾经对大儿子曾纪泽谈到教育后代的方法，说过一个最简单明白的道理。他说：“教之有常，自然有效。”(《曾国藩全集·家书》)就是说，不管什么事，只要能有恒心，有实践恒心的行动力，那一定能成事，这是最大的一个原则。

根据曾国藩的日记，我们可以知道，他在戒烟的同时还有一件苦恼的事儿，那就是戒棋。戒烟最后成功戒掉了，而戒棋，曾国藩终其一生，也没能戒掉。

曾国藩不仅是个烟民，还是个标准的棋迷。他喜欢下围棋，虽然不是什么绝顶高手，可棋瘾却是湘军里最大的。大到什么地步呢？人家都说“观棋不语真君子，落子无悔大丈夫”。可曾国藩如此人物，就一个“观棋不语”，他也做不到。他看别人下棋，总比那下棋的还要激动，经常是“观人围棋，几欲攘臂代谋”。(《曾国藩全集·日记》）急起来恨不得把人家推开，自己直接上场。可等他真上场了，还真不一定能赢。

幸好，曾国藩喜欢自省，喜欢“吾日三省吾身”，他反思抽烟有百害而无一利，所以坚决要戒烟。同样，他也反思自己的棋瘾太大，虽然觉得下棋不像抽烟那样一点好处没有，但他觉得对于自己而言，下围棋这种习惯，太耗精力，太耗时间，也太耗心血。而他总觉得还有更多、更重要、更有意义的事要去做，所以跟决心戒烟一样，他在日记里也反复表决心，决心戒棋。

可是他的戒棋比起戒烟来，那要失败得多了。

一般情况，他下决心戒烟的时候，就算最后破戒了，最短也能坚持个把月。可从他日记里的记载来看，他好几次信誓旦旦、立字为据地发誓戒棋，往往是第二天就破戒了。破完戒，他又忏悔；忏悔完，第三天，他还接着下。所以戒烟路上的曾国藩，多少还像个行动的巨人；而戒棋路上的曾国藩，基本上终其一生，都是行动的矮子。

当然，我们不能凭此就说他在“我与我周旋”的人生修炼历程上是失败的。虽然曾国藩这样对自己要求，但下围棋和抽烟毕竟还不一样。尤其对于曾国藩而言，他身逢乱世，最终崛起，其间从容布局应对，施展绝世才华，这个过程就像下围棋一样。对于他来说，人生就是一盘棋。所以，下围棋对他思考战局，对他缓解紧张情绪，都是一种很必要的帮助，这和烟瘾还是有着本质区别的。

所以我以为，他的棋瘾，幸好没戒掉。这样，才显得他是一个活生生的人，才有真实人生的情趣。他要是棋瘾也轻松戒掉，那么这个人就太完美了，也就太不真实了。

第 **11** 讲

可以不识字，不能不识人

曾国藩在长沙被搞得灰头土脸，就是因为他太把自己当英雄、当好汉了。幸好，曾国藩在修身上最大的本领就是善于反省。痛定思痛，反思自己在长沙办团练的得失成败，曾国藩发现败就败在没有伙伴，没有帮衬，没有属于自己的团队。因为认识到了这一点，所以在他的人生中，将如何识人，如何用人，如何择友交友，如何进行人才管理始终放在十分重要的位置。

好汉的误区

俗话说，“一个好汉三个帮”，就是要告诉我们，即便你是好汉，也不能孤军奋战，你需要有朋友，有团队，有知心朋友，这样，你才是一个真正意义上的社会人。

这句话中的道理浅显易懂，但生活中真实的情况却是——越是好汉，越不容易在生活中实践这个简单而质朴的道理。

曾国藩年轻时虽然有浮夸不实的毛病，但至少朋友还挺多，虽然一开始都是些狐朋狗友。后来他拜理学大师唐鉴、倭仁为师，另外交了些长于修身养性的朋友，自己修身养性的功夫也日渐深厚。他在北京当翰林的那段时间，还真可以说是非常擅于结交朋友的。后来就是因为朋友多，有人在官场上跟他相互扶持，他的仕途也非常顺，三十七岁的时候就当上了内阁学士、礼部右侍郎。

有人说，你不是说“越是好汉，越不知道‘一个好汉三个帮’的道理吗？”你说曾国藩靠朋友飞黄腾达，这跟你说的搭边吗？他不正是“一个好汉三个帮”的典型吗？

别急，我说的不是反例，其实曾国藩还就是个不了解“一个好汉三个帮”的典型，他之所以前面知道要朋友帮忙，是因为他还没把自个儿当好汉呢。一个人心理没膨胀的时候，谦虚谨慎、虚怀若谷的时候，都知道要靠朋友帮忙，等他真把自己当成了人物，心理越来越膨胀，越来越目空一切，也就是越来越把自个儿当好汉的时候，他就会忘了“一个好汉三个帮”“一根篱笆三个桩”的简单道理。

曾国藩是什么时候忘记这个道理的呢？就是他开始把自个当好汉的时候。曾国藩是什么时候把自个儿当英雄、当好汉的呢？就是他出山办团练，开始雄心万丈地要去迎战太平军的时候。因为众望所归，再加上他有必胜的信心，就是从这个时候开始，一向谨慎小心的曾国藩，开始把自个儿当英雄、当好汉了。

打这儿开始，就因为他把自个儿当好汉了，他就忘了一个好汉要有三个帮的道理。

曾国藩离开老家湘乡到长沙办团练，本来他那几个如狼似虎的弟弟都要跟着他出山的，结果他说不用，不就是办团练嘛，大哥我一人搞得定，虽说“打虎亲兄弟，上阵父子兵”，但现在不到那份儿上。后来，在几个弟弟反复要求下，他才带了最小的一个弟弟曾国葆一起到长沙办团练。

到了长沙，在巡抚张亮基和湖南众名士的推崇之下，虽然只是办团练，曾国藩却感觉像是在负责全省的军务。

虽然团练当时只相当于民兵组织，曾国藩却对当地有起义倾向的堂会、帮会展开了频繁的军事行动。他雷厉风行，到处围剿。曾国藩认为要成大事就要用非常手段，要当好汉就要勇于担当，虽然千夫所指，甚至张亮基之后新继任的湖南巡抚骆秉章都劝他不要搞得这么过火，他也置若罔闻，根本不听。

当时，不论是官场还是民间，有很多人纷纷指责曾国藩办团练办得太过了。更有人指责他不仅杀了好多人，还越权管理绿营的军务，让绿营士兵跟他的团练一起训练。这下，反对曾国藩的声浪，在长沙、在湖南，一浪高过一浪。

可曾国藩不管这些，这一阵可以说是曾国藩一生最反常的时期，原因就是这一阵他有点儿把自己当作救世的英雄、当世的好汉了。

因为他是好汉，所以他很悲情，所以他孤军奋战。他还专门给咸丰皇帝上了表，指责湖南当地的官员阻挠他办团练，最后请了圣谕，可以按他的方式独断专行。这下曾国藩众叛亲离，终于要吃苦头了。于是，就发生了我们在前文提到过的绿营暴乱。

曾国藩终于在长沙待不下去了，离开了长沙，迁到了衡阳。

曾国藩曾以为这是他平生第一大羞辱，而导致这个羞辱的原因，他开始认为是湖南官场的黑暗。但后来当他和朋友谈起这段羞辱的往事的时候，他也提到了另外一个更重要的原因，就是当时他太“好汉”、太孤单！

中国人有句俗话，叫“可以不读书，不可不识人”。最典型地反映了这句话的精神的，就是汉高祖刘邦。

刘邦原来基本上算是个文盲，大字不识几个，还游手好闲，不务正业，连他爹都不待见他，认为他这个儿子最没出息。但刘邦后来居然成了皇帝，开了大汉四百年天下，凭什么？刘邦自己说，就凭一条，凭他会识人，会用人。

韩信说单依刘邦的能力，带不了多少兵。刘邦便问：“那你怎么成我手下了呢？”韩信说：“大王不善带兵，但善带将，就是说你会识人、用人啊，我这么有才的人，项羽不用我，你用我，所以你能成事啊！”

刘邦听完哈哈大笑，这一笑就是对自己能用人的自诩，这一笑就开了大汉四百年天下。

刘邦会识人才，会用人才，就凭这一点，就最终战胜了项羽!

所以说，越是英雄，越是好汉，越应该时刻警惕，要识人，要用人，要有自己的人才团队，要懂得“一个好汉三个帮”的道理!

曾国藩在长沙被搞得灰头土脸，就是因为他太把自己当英雄、当好汉了。自视英雄本身并没错，错的是，他居然搞起了个人英雄主义，一个人与整个湖南官场为敌，最后当然没什么好下场。

幸好，曾国藩在修身上最大的本领就是善于反省。他先是忍气吞声地退出了长沙，来到了衡阳，然后痛定思痛，反思自己在长沙办团练的得失成败。曾国藩一旦静下心反思、反省，立刻想出了问题的关键，就是自己这条好汉，没有伙伴，没有帮衬，没有属于自己的团队。

至此，曾国藩吃一堑，长一智，从此以后，他最为关注的事情，就是建设一支属于他自己的团队，选择他的团队伙伴，并形成属于他曾国藩的团队风格。而他真的做到了，这个团队，就是后来名闻天下的湘军。

果然，只要有用人之心、识人之能，人才自然就会聚集过来。曾国藩先后找到了他的黄金搭档胡林翼、罗泽南，他的五虎上将彭玉麟、杨福载、塔齐步、鲍超、李续宾，他的接班人李鸿章，甚至还有后来与他齐名一时的左宗棠，以及洋务运动的一大批干将。

当时有人评论说，曾国藩后半生虚怀若谷，广纳贤才，以至于“天下人才，尽归曾幕”（王闿运《湘军志》）。就是说天下的人才，后来都到了曾国藩手下。

择人为第一要义

在家书中，曾国藩曾对自己的大儿子说过一句感慨："择友为人生第一要义。"(《曾国藩全集 · 家书》) 后来又有一次，他更精炼地直接说："择人为第一要义。"(《曾国藩全集 · 家书》) 就是强调识人、用人、择友、交友是人生最重要的事。

我们觉得曾国藩应该会说修身养性才是人生最重要的事，其次才轮到识人、择友，他怎么会说识人、择友是最重要的呢？

事实上，就成就人生的事业而言，尤其是要想建立一番功业而言，识人与识己其实一样重要，修身与择友本质上并行不悖。司马迁在《史记》里就说过一句名言，他说要想了解一个人，"不知其人，视其友"。那意思是要看这个人修身的水平怎么样，只要看他的朋友都是些什么人就可以看得出来了。

曾国藩算是深刻地认识到了这一点，所以在他的人生中，在他的家训中，如何识人，如何用人，如何择友交友，如何进行人才管理，也成了自我修身之外，最为核心的一块内容。

所以他不仅教育儿子"择友为人生第一要义"，还这样教育他的几个弟弟，并介绍自己的经验说："一生之成败，皆关乎朋友之贤否，故不可不慎也。"(《曾国藩全集 · 家书》) 意思是说我一生的成败，都在择人与择友上，所以在识人上，最应该加强修炼。

他自己这么说，也是这么做的。因为特别看重识人与用人，所以在如何识人与用人上，曾国藩花了很多心血，还写过一本专著，这本专著就是被后世传得神乎其神的《冰鉴》。为什么说是传得神乎其神的呢？是因为这本识人心得的专著，后来被当成一本专业的相面的书，而曾国藩也因此被传为晚清鼎鼎大名的相面大师。

不过，也有人认为这本相学名著《冰鉴》可能并非曾国藩所作，大概只是有人伪托其名而已。但即使这样，曾国藩作为晚清相面大师的名头还是从未有人质疑过。其实，也不怪后人这样认识曾国藩，曾国藩强调要成就事业必先识人，他对此潜心研究，后来也颇为自诩，他自称相人无数，而且颇为灵验。尤其是在日记里，以及和朋友的交往中，经常表现他的相人之术，也记下来不少。他自己都说是相人之术，自然别人也就把他当成是相术大师了。

但仔细研究一下他的日记，以及那本著名的《冰鉴》，我觉得应该把曾国藩的相人之术跟江湖术士的所谓相术区别开来。他的相人之术，本质上还是站在公共关系角度做出的人才学研究。

那么，曾国藩相人到底有多准呢？

举个例子。他任两江总督的时候，有人给他推荐了一个人才，叫刘锡鸿，说这个人下笔千言，非常有才，对国家大事往往有独到的见解。曾国藩求贤若渴，当即就在总督府接见刘锡鸿。

他一句话不说把这个刘锡鸿足足看了有半个时辰，也就是一个小时左右，看得刘锡鸿浑身直起鸡皮疙瘩。曾国藩回到书房，当即写下了对刘锡鸿的评价。总的就是刘锡鸿这个人虽然有点小才，但一脸的抑郁不平、自命不凡之气，将来恐怕要众叛亲离、不得善终。

虽然曾国藩不看好刘锡鸿，但他还是主张要用人之长，还是用了刘锡鸿。没多久，曾国藩就去世了。后来，刘锡鸿跟郭嵩焘出使英国，当外交副使。结果他跟郭嵩焘意见不合，气量又比较小，就偷偷地写信回国，向总理衙门打小报告，揭发郭嵩焘带妾出国，还跟英国人交往密切，实在有损大清的形象。

当时，主政的是曾国藩的学生李鸿章，郭嵩焘也是湘军阵营的核心成员，李鸿章跟郭嵩焘算是同门，自然不会向着刘锡鸿。

郭嵩焘知道了这个事，极为恼火，坚决让国内把刘锡鸿撤了职，然后把他赶回了国内。

刘锡鸿回国之后，猜测是李鸿章帮着郭嵩焘陷害他，转而攻击李鸿章，列了李鸿章十几条大罪，专门写了一篇上表，建议朝廷立刻杀了李鸿章。

李鸿章此时正是权倾朝野的时候，不论是洋务运动还是外交事务，大清朝都要依赖李鸿章，朝廷动谁也不会动李鸿章啊。

可这个刘锡鸿就这么不开眼，竟然直接向李鸿章开炮。

李鸿章表面上还表现得很大度，也不搭理他。但没过多久，谁也不跟刘锡鸿来往了，包括他的亲戚朋友也不跟他来往了。有一次，刘锡鸿过生日，摆下酒宴请客吃饭，结果到了点，没一个人肯来赴宴。刘锡鸿这下真的是众叛亲离，成了孤家寡人，没多久，就抑郁而终，活活地自己把自己给气死了。

这时候，大家想起曾国藩当年的评语来，都说曾国藩相人之术，实在是太神了。虽然曾国藩早就死了，但刘锡鸿后来的命运，跟曾国藩当年的断语几乎是一模一样。读过这个故事后，我也特别感慨。事实上我们每个人都渴望能拥有一双慧眼，能看透人心，能一眼就看出身边的人到底是个怎样的人。

第 **12** 讲

神奇的相面术

我们一般要了解什么人，都特别有自信，都觉得自己阅人无数，见一面，聊一聊，很快就会下个断语，而且自我感觉良好，觉得对人的判断八九不离十。事实上，这样往往似是而非。曾国藩不一样。他在接触一个人之前，就很克制，总是先要进行无声的观察，决不会入局太快，而是始终保持一个旁观者的清醒。

慧眼识得刘铭传

我们一般教育孩子，往往是要教导孩子如何养成良好的个人习惯，如何培养优良的个人品格。这是什么？这在传统儒家教育中属于修身养性的内容。

曾国藩难能可贵的地方是，他在对家人的家训教育中，不仅很注重对个人修养、个人素质的培养，同时，还特别注重教育家人在公共关系中、在社会活动中与人的交往、沟通能力的培养。

这一点很不简单，可以说，多少有着现代公共关系学的视角与眼光。

不过，这也不是曾国藩的独创。儒家虽然特别讲究修身，但儒家学说的核心是一个“仁”字。“仁”是什么？顾名思义，仁者“二人”也，是两个人在一起，是讲究人与人的关系的，所以孔子解释儒家的核心理念是“仁者，爱人”。只有人与人的关系相处融洽，社会才可能进入一种良性发展，而个人的社会理想才可能实现。

这是什么？这就是构建和谐社会。

要构建和谐社会，按曾国藩的家训思想，不仅要在识己上下功夫，更要在识人上下功夫，这样才可以构建良性的社会关系。没有良性的社会关系，所谓的“达则兼济天下”的理想，根本无从谈起。

这就是曾国藩在“识己”之外，特别注重“识人”的关键所在。

曾国藩除了“中兴名臣”“一代大儒”的头衔外，还有一个实实在在的名头，那就是教育家。他是地地道道的教育家。之所以说他地道，不仅因为他有很丰富、颇具有前瞻性的教育理念，更重要的是他会全力以赴地亲自去实践他的那些观点与想法。所以真正的教育家，一定不只是个理论家，还要是一个实践家。

在识人这一点上，曾国藩自己的亲身实践最为后人津津乐道。比如他特别重视人才的选拔与培养，为此他常常亲自下场来甄别人才的优劣，做法非常独特，以至于在当时就被世人传为奇谈。

我们说，《清史稿》里明确记载曾国藩每次甄别人才的时候，会一直盯着对方看，不把人家看出一身鸡皮疙瘩不算完。那么，曾国藩这种神奇的相面术到底是什么？它为什么跟一般迷信中的相面不是一回事呢？

我们还是通过李鸿章回忆录中的一个故事，来看看曾国藩相面术的本质。

咸丰十一年（1861年），李鸿章想要自立门户。作为李鸿章的老师，曾国藩不仅没拦着他，还特别支持他。于是，李鸿章在安徽合肥老家开始招募自己的人马。

当时合肥有几股著名的团练人马，号称“西乡三杰”。说起来他们是团练，但其实也就是土匪，太平军来了，他们打太平军，太平军走了，他们就占山为王，自相残杀。由于这些人特别彪悍，所以不仅太平军，连当地的清政府也拿他们没办法。而这当中有一股人马，他们的团练头子就是刘铭传。

李鸿章利用乡谊的关系，把西乡的三股团练纳入了自己的麾下，这就是他后来仗以成名的淮军的最早家底。

李鸿章虽然招安了西乡团练，可心里对这些土匪出身的家伙也还是没底儿。于是他想，他的老师曾国藩善于识人，目光如炬，那是有名的“相术大师”，不如请老师法眼鉴别一下，看这些家伙可不可用。于是，他就带着三人来见曾国藩，这当中就有刘铭传。

到了曾国藩的两江总督府，家人虽然把他们几个带到了客厅前的花园里，却推说曾大人正在处理公务，让他们几个就在客厅门口等一下。

其实，曾国藩这会儿根本没在处理什么公务，他听李鸿章说新纳了一支队伍，很高兴。现在李鸿章让他来品鉴一下他新招的人，看看是不是人才，他就更高兴了。事实上，曾国藩的一大爱好就是品鉴人才。

刘铭传三人一来，他早早地就准备好了。

他让家人把三个人领到花园里，自己呢，早早地坐在花园后面小山的亭子上，一个人端着杯茶，自得其乐地在那儿远远地边品茶，边品人。

你看有意思吧，他要品鉴人才，人家来了，他还不见。你说他不见，他又远远地在那儿偷窥。所以，我们前面也讲到，曾国藩这个人，其实是一个非常有趣的人。

他存心如此，一个人坐在远处的亭子上看，就是不下来。他看李鸿章身边的这三位，最貌不惊人的就是一个满脸麻子的小个子，而这个外号叫“麻子六”的小个子，就是刘铭传。

曾国藩老不出来，这一下刘铭传他们越等越光火。按理说，人家曾国藩是两江总督，是朝廷大员，在当时就相当于东南诸侯，一般人能被他接见一下肯定感觉非常荣耀，而刘铭传他们三个，虽然也算小小的团练头子，但一点功名没有，所以曾大人让他们等，再等多少时间也得等，也不能有怨气啊。

人家那两位脾气还真不错，站在那儿，恭恭敬敬，垂手肃立，一声都没言语。可刘铭传就不，他一会儿看看天，一会儿瞅瞅云，等了一会儿，实在不耐烦了。他突然膀子一甩，掉头就要走。

李鸿章还在旁边陪着呢，他知道曾老师是在试这三人，所以赶紧拦着，说曾大人还没来，你怎么要走呢?

刘铭传虽然给李鸿章面子不走了，却扯开嗓门喊了声："见就见，不见就不见。摆什么谱啊！"那意思可是直指曾国藩，说你虽然是个大官，我刘铭传也是不卑躬屈膝的人，你摆什么臭架子啊！

曾国藩在远处看得真真切切，也听得清清楚楚。刘铭传这么一喊，他倒是一愣。想了想，他还是没下来，让家人悄悄地吩咐李鸿章，就说自己公务没处理完，改日再见，让李鸿章把这三个人带走了。

也就是说，曾国藩第一次"品鉴"刘铭传，他见着了刘铭传，而刘铭传根本就没见着他。

当晚，李鸿章来问曾老师的意见，曾国藩笑而不答，只说明日他再亲自来接见这西乡三杰。

第二天，李鸿章又把刘铭传他们带到了曾国藩的总督府。这一次曾国藩不再躲得远远地看了。他很热情地把他们迎进了大厅，然后还解释说自己昨天实在太忙，错过了与几位英雄的聚会，实在遗憾。

他一个总督，一方诸侯，一放下身段来，弄得刘铭传他们也不好意思了，看着名满天下的曾大人这么客气，都不知道该说什么好。

这时候，曾国藩眼见午饭时间将近，他也不大摆酒宴，因为他一向很讲究勤俭节约，于是就让下人端了几碗汤圆，来跟这几位用。

刘铭传这些人，原本都是占山为王的土匪头子，所以平常都是大碗喝酒，大碗吃肉的，尤其是刘铭传，平常几乎是无饭不酒，一看曾大人、曾总督招待午饭，就一人一碗汤圆，这眉头一下就皱起来了。

可问题是曾国藩请吃汤圆，别人想吃还吃不着呢。所以，每个人都认认真真地埋头在那儿吃汤圆。

等吃完了汤圆，下人上了茶，漱了口，擦了嘴，抹了手，大家都正准备继续聊。曾大人突然很出人意料地问："你们各位，谁知道刚才碗里有多少个汤圆啊？"

这一问，大家立刻愣住了，包括在座的李鸿章。就那一碗汤圆，大家本来就不愿吃，陪着您曾大人吃也就得了，谁还顾着数数啊？结果，这几个人面面相觑，谁也答不出来。

看其他人都不回话，那个貌不惊人的刘铭传欠了欠身，很平静地答了个数。

至于到底是多少个汤圆，李鸿章也没记下来，问题是刘铭传回答的这个数，它并不是个瞎报的数，而是个准数，即正确答案。

曾国藩听了，哈哈一笑。也不接着聊了，立刻端茶送客。

事后，曾国藩对李鸿章说，刘铭传此人"不循定法，常可出奇制胜，当一世将才"。（李鸿章《李文忠公全集》）

后来中法战争，清军节节败退，眼看朝中无大将，慈禧只得亲自下诏让兵部起用已经闲居家中很久的淮军老将刘铭传。刘铭传老骥伏枥、壮心未已，立刻抛下个人的政治恩怨，飞奔抗法前线。

法国海军以为清军不堪一击，大胆地在基隆登陆，结果遭到清军顽强抵抗。但法军毕竟船坚炮利，武器上占了很大的优势，攻势很猛。这时刘铭传下令各部主动后撤，这一下各部将领立刻蒙了。

当时清军军事条令有规定，哪支部队率先后退，就斩哪支部队的首领，全军后退，就斩主帅。当时刘铭传是清军主帅，他居然下令让全军后撤，还要炸掉基隆的煤矿，不给法国战舰留燃料。当时手下将领都力劝他不可，况且我们也没战败呢！为什么撤?

可刘铭传说，你们听我的，如果朝廷追究，我刘铭传一人担当，绝不牵连你们。

结果法军顺利登陆，却并没有得到他们需要的补养。在他们以为登陆已经大功告成的时候，刘铭传突然率军从左中右三路返身杀回，把登陆法军顺利地包了“饺子”。

后来，不仅在基隆，在淡水，刘铭传又出奇兵大败法军，致使法军想攻占台湾地区的计划全部落空。

一场中法战争，台湾地区作为最主要的战场，刘铭传率军大获全胜，他也因此被清廷任命为第一任台湾巡抚，成为近代史上著名的爱国将领。

回头再看曾国藩那句对刘铭传的评价——“不循定法，常可出奇制胜，当一世将才”！这话可是二十三年前的断语！

曾国藩当年一语中的！

相面术的真谛

其实，通过曾国藩智鉴刘铭传的例子就可以看出来，他所谓的相面术其实是一种细致的观察、科学的分析和缜密的判断，其本质是一整套逻辑推理的过程。

所谓“当局者迷，旁观者清”，曾国藩察人、识人一个很聪明的地方就是，一开始的时候，他总把自己放在一个旁观者的位置上，默默地、安静地去观察这个人物，而不是一上来就急着跟他接触，急着去获得一个感性的第一印象。

这一点，曾国藩确实跟绝大多数人都不一样。一般我们要了解什么人，都特别有自信，都觉得自己阅人无数，来吧，见一面，聊一聊，很快就会下个断语，而且自我感觉良好，觉得对人的判断八九不离十。事实上，这样往往似是而非，相差甚远。这就是纯粹的感性判断，科学性不强。

曾国藩不一样，他在接触一个人之前，就很克制。

一般我们想了解一个人，当然越早接触他越好，而且一开始大多是通过语言交流来接触一个人的。可曾国藩知道这样会太过感性，入局太快，不能保持一个旁观者的清醒，他一开始总是先要进行无声的观察。包括《清史稿》本传里说曾国藩“每对客，注视移时不语”，其实也是这种习惯的表现。

这背后的内涵是什么？我以为，其内涵是保证理性的、冷静的分析与判断。心理学告诉我们，人一旦开口说话、表达观点，立刻就带有了很强的主观因素，而无声的观察与思考，则往往客观得多。

从曾国藩在与人接触之前所做的这种观察准备，我们就可以看出，他的品鉴人才其实带有很大的理性分析成分。甚至在这种无声的观察之前，他可能还做过更多的调查工作，只是我们不知道，而他自己也为了显得神秘，不说罢了。因为，就他的这种品鉴人才的风格来看，他一定是一个不打无准备之仗、不做无准备之事的人。

他不仅有观察，还有考察、考核和分析。请人家吃饭，就一碗汤圆，还下了个“套”，这不是实践考核是什么？

曾国藩的所谓相面术，其实就是一套观察、考察和分析的本领。这一点还可以从曾国藩的儿子曾纪泽身上得到印证，因为曾国藩据说把自己一身的本领主要传给了两个人，一个是他最得意的门生李鸿章，一个就是他最得意的儿子曾纪泽。

曾纪泽是晚清最出色的外交家之一，他在外交事务上的智慧和勇气可以说在那个时代是无人可比的。曾纪泽最让人称道的外交功绩，是他只身深入虎穴，凭三寸不烂舌、两行伶俐齿，凭“不入虎穴，焉得虎子”的超人胆识，硬是从俄国人手里要回了新疆伊犁。

一般人认为曾纪泽建此丰功伟绩是因为他过人的胆识与口才，其实，我在仔细研读了曾纪泽在沙俄谈判的过程之后发现，他之所以能创造这个奇迹的一个基础，是缘于他特别善于观察的本领，而这一点正是他爹曾国藩教给他的。

当时，因为阿古柏在新疆叛乱，李鸿章想要弃新疆保海防，但左宗棠坚决不同意。后来，左宗棠以将近七十岁的高龄带兵入疆，一举平定了阿古柏叛乱，收复了整个新疆。就是在左宗棠的建议下，清朝才建立了新疆行省。

令左宗棠头疼的是，沙俄一直想染指新疆，所以在阿古柏叛乱的时候，俄国人浑水摸鱼占领了北疆重镇伊犁。左宗棠平了阿古柏叛乱，但因为伊犁的驻军是俄国人，所以暂时不好开战。这时候清政府就派了一个叫崇厚的满族大臣到俄国去谈判，想把伊犁要回来。

可这个崇厚根本就是个胆小鬼，就是个彻头彻尾的卖国贼。他一到圣彼得堡，当时俄国人就把两样东西摆在他面前，一个是俄国人自己拟定的清政府答应割让伊犁的《里瓦几亚条约》，另一个是一把火枪。然后告诉崇厚两个选择，一个是签字，签这份卖国条约，另一个是挨枪子。

崇厚怕得要命，他居然还自作聪明，说："签条约没问题，但我一来就签了，显得我们工作不认真，这样吧，我在你们这住一阵子再签。"结果，他在俄国人那儿好吃好喝好玩了将近一年，最后就签了这个割让伊犁的条约。

消息传到国内，举国震惊。曾纪泽当时是驻英法公使，听了这个消息，当场昏倒在地。后来，曾纪泽了解到崇厚在签约之前没有向清政府汇报，也就是说他签约前没得到朝廷的授意，从国际法的角度看，这份条约应该无效。于是，曾纪泽主动请缨到俄国去重新谈判。

当时慈禧看国内群情汹涌，人人都恨不得杀了这个崇厚，就答应让曾纪泽去试试。但事实上，谁也没对要回伊犁抱多大希望。

可曾纪泽不一样，他虽然匆匆赴任，却已经是下足了功夫，对沙俄当时的内忧外患了解得一清二楚。当时沙俄刚结束了一场旷日持久的土耳其战争，国力消耗殆尽，根本无力再战，而沙皇亚历山大二世这个人性情虽然暴躁，却是典型的欺软怕硬者。

这一下，曾纪泽心里有底了。

到了圣彼得堡之后，他一接触当时俄国的外交大臣格尔斯和俄国驻华公使布策之后，对这些人的特长、背景、个性就摸得一清二楚。谈判虽然艰难，甚至所有人都认为希望非常渺茫，可曾纪泽却信心十足。

俄国人说崇厚已经签订条约，伊犁就是俄国的了。曾纪泽则根据国际法据理力争，并使得英法等国公使都认可了他的国际法见解。

俄国人一开始非常傲慢，曾纪泽就总是用绅士文化与文明礼节的这些小节来批评俄国的外交人员，以致格尔斯后来不得不客客气气地坐下来跟他谈。

后来，谈来谈去谈不拢，有一次俄驻华公使布策一拍桌子，说不行就开战。

曾纪泽很了解这个布策，知道他就是个扯虎皮做大旗的空壳子，于是先微笑着说："我们中国人从来都不喜欢打仗……"可突然，曾纪泽一拍桌子猛然站起来说："但我们中国人从来都不怕打仗！"

这一下把布策吓了一大跳。布策憋红了脸，大叫说："我们的海军元帅明天就会带二十艘铁甲战舰打到你们的北京去。"

曾纪泽又笑笑说："好啊，我们刚跟法国人买了很多鱼雷，正好看看管不管用。"

其实，李鸿章是找过法国人想买鱼雷，但慈禧只舍得花钱过大寿，却舍不得花钱买鱼雷。曾纪泽不是不知道，但他摸透了俄国人色厉内荏的底子，几句话就把这帮家伙给撂倒了。后来，曾纪泽在俄国经历了漫长而艰苦的谈判，在极其被动的情况下，却凭着知己知彼的谋略和外交功夫，终于把伊犁从俄国人手中要了回来。

中俄重签有关伊犁的条约后，全世界为之震动。

当时英法美各大报纸都纷纷报道这个奇迹，甚至有评价说曾纪泽是那个时代世界上最优秀的外交官之一。就连俄国外交大臣格尔斯也说："我办外国事务四十二年，所见人才甚多，今与贵爵共事，始知中国非无人才。"就是说，我们都知道当时的中国好欺负，都认为当时的中国没什么真正的人才，现在才知道，中国藏龙卧虎，曾纪泽这样的人才真是举世罕见。

晚清大学者，也是乾嘉学派重要的代表人物俞樾，在他的一篇论时事的文章里说曾纪泽勇夺伊犁的过程是——"折冲樽俎，夺肉虎口。"就是说这简直就是从老虎嘴里把老虎已经吞下去的肉再夺了回来，不能说不是一个奇迹。而蔡东藩先生在《清史演义》里也说："俄许改约，全恃曾袭侯口舌之力。"

事实上，我们在曾纪泽的口才背后，完全还可以看到他观察、识人、分析的功底。所谓子承父业，从曾纪泽身上，我们就可以看出曾国藩所谓的相面术、识人术，其实本质上是一种观察、一种分析。曾国藩虽然说得神乎其神，但其本质还是着眼于一个人的气质、性格和素质，而这些其实就是曾国藩识人时的重心所在。

第 **13** 讲

不要轻易

拒绝帮助

在曾国藩的人事哲学里有一条关键的内容，就是在遵守人生大原则的前提下,不要轻易拒绝帮助，更不能拒绝人生发展的机会！况且他认为，世界上没有绝对的好人和坏人。

拜师穆彰阿

一般人知道穆彰阿，是因为林则徐。

林则徐作为民族英雄，在鸦片战争之前，坚决抵抗英法列强对中国的鸦片倾销，坚决主张禁烟，领导了一场声势浩大的禁烟运动，最有名的就是虎门销烟。但作为当时的首席军机大臣，也就相当于主持政务的大臣，穆彰阿却是个彻彻底底的主和派、消极派，他坚决反对林则徐对鸦片走私进行严厉打击。后来英国挑起鸦片战争，林则徐自然是主战派的代表，而穆彰阿就是主和派的代表。

本来鸦片战争一开始，英国人在两广、福建一带并没讨到什么便宜。后来英军绕道江浙进兵，这里的清军武备松弛，不堪一击，一直被英军打到了镇江，兵锋直指南京，而且切断了京杭大运河的南北运输通道。

这一下，清廷大为震恐。而作为首席军机大臣的穆彰阿却十分得意，他是主和派的首领，每次战败的战报一来，他就在朝堂里“相顾曰：‘如何！’”（《清史稿》）那意思是说，我说不要打，你们看怎么样，不听我的吧？又败了吧？

当时的道光皇帝本来性格就比较懦弱，再加上穆彰阿这么一撺掇，立刻弃车保帅，也就是弃林则徐这个“车”来保他自己江山那个“帅”。于是把林则徐撤职查办，流放新疆伊犁，又让穆彰阿全权处理跟英国人的和谈事宜。就是在穆彰阿这个投降派的主持之下，中英才签订了丧权辱国的《南京条约》。从此，中国进入了半殖民地半封建社会，中国人屈辱的近代史就此开始。

不过，作为道光一朝最重要的政坛人物之一，穆彰阿并不是在鸦片战争的时候才登上政治舞台的。

道光皇帝三十八岁登基，上台执政三十年，前后最信任两个执政大臣，前十五年是曹振镛，后十五年是穆彰阿。曹振镛是个老实人，一生最大的本事就是小心谨慎，一切按道光的意思去办事。他的学生问他做官的诀窍，他的回答竟然是："无他，但多磕头，少说话耳。"（徐珂《清稗类钞》）就是皇上让你干什么你就干什么，多磕头，少说话，做一个彻彻底底的奴才就是他当官的诀窍。这种人当政，他能干事吗？他能治理好国家吗？

后来曹振镛退休了，穆彰阿就接了曹振镛的班。穆彰阿向曹振镛学习，甚至青出于蓝胜于蓝，他比他前任还会揣摩道光的心思，当奴才的水平更胜一筹，以至于史书评价他跟道光的关系是"有水乳之合"。是说道光最信任穆彰阿，两个人的关系简直是水乳交融。

穆彰阿凭着道光对他的信任，大力发展自己的政治势力，把持朝政十几年，一直到道光死后咸丰登台，才彻底罢免了他，并且表示永不叙用。

穆彰阿这个人虽然没有政治眼光，是个十足的奴才，但他执政十几年不倒，一方面是因为他摸透了皇帝的心思，把道光伺候得到位；另一方面是因为他特别注重发展个人的势力，官场上到处都是他的党羽、他的亲信。《清史稿》说，道光朝的后期，穆彰阿"门生故吏遍于中外，知名之士多被援引，一时号曰穆党"。是说他居然形成了一个政治团伙，就叫穆党。而穆彰阿在扩充队伍的时候，特别喜欢提携他门下的学生。有一次，他就看中了一个姓曾的学生。这个姓曾的学生，就是后来的曾国藩。

之所以这么说，是因为当时的曾国藩还不叫曾国藩，而曾国藩这个名动天下的名字，居然也是拜穆彰阿这个大奸臣所赐，这也真算是历史开的一个玩笑了。

曾国藩当年参加会试，两次落榜，到第三次，他发了狠心，志在必得。结果，道光十八年，也就是 1838 年的这一次会试，终于考中了。而这一次会试的总考官就是穆彰阿。会试之后是殿试，考中了也就是进士了。曾国藩再接再厉，又考中了，这一次考了个三甲第四十二名，被赐同进士出身。

按理说曾国藩考中了进士，应该非常高兴，因为在封建科举时代，那就算是鲤鱼跳龙门了。可曾国藩一反常态，发榜之后反而闷闷不乐。

原来曾国藩向有大志，认为凭自己才学，无论如何能考在二甲之前，二甲之前的就不叫赐同进士出身了，就是标准的进士了。二甲之前的进士可以进入翰林院，事实上朝廷的高官也向来要有翰林院任职的经历，而三甲只能到各部委当主事，或者到地方上当县令，仕途的发展也就没那么顺利了。曾国藩一看只中了个三甲同进士出身，心就凉了半截。

可历史总是不按常理发展。按理说曾国藩只中了三甲，是没有资格进翰林院的，可后来他还是进了翰林院，而其中起到关键作用的一个人物就是穆彰阿。

因为这一届考试的总考官是穆彰阿，考中的人按规矩都得去主考官穆彰阿家里谢师。穆彰阿在那么多年轻人中，独独对曾国藩特别留意。据说穆彰阿发现曾国藩虽然貌不惊人，但步履稳重、姿态得体，觉得这人将来有可能是个人才。

殿试过后，虽然各甲进士的名次定了下来，可为了选拔进翰林院的人才，按常规，还有个专门考诗文的朝考，也就是文学水平的考试。当然，一般情况下这个朝考也就只是个形式，进入翰林院主要还是凭进士的名次，曾国藩也没抱太大的希望。

可是朝考一考完，穆彰阿就示意曾国藩，可以把他写的诗拿给自己看看。穆彰阿一边看曾国藩的诗，一边跟曾国藩闲聊。这时候的曾国藩只不过是个什么都不是的小伙子，而穆彰阿已经是当朝一品大员了，两个人的身份天差地别，可穆彰阿对曾国藩很亲切，这让曾国藩实在是感激莫名。

穆彰阿聊来聊去，发现这个年轻人是可以培养的，他对曾国藩的诗大加赞赏。曾国藩当即磕头表忠心，正式拜穆彰阿为师。这一下就不是宽泛意义上的师生关系了，那曾国藩就算是穆彰阿的弟子了。穆彰阿也非常高兴，一高兴就对曾国藩说："我看你这个名字不够大气，不如我帮你改个名字吧！"

原来，这时候的曾国藩还不叫曾国藩，他原名叫曾子城，字伯涵，号居武。他后来戒烟的时候，把那个居武的号改成了涤生，但曾子城这个名字并没有改。

穆彰阿说你将来可以做国家重臣的，"子城"这个名字就稍显弱了点，不如改名叫"国藩"吧，国之藩篱，也就是国家的屏障的意思，这名字多大气啊。

当然，有关曾国藩的改名，历来也有不同的说法。但不管怎么说，就算穆彰阿只是曾国藩改名的候选人之一，他此时对曾国藩的影响也已经是无人可比了。

第二天，穆彰阿就拿着曾国藩的诗向道光皇帝重点推荐。穆彰阿本来还只是把曾国藩列为朝考的一等第三名，而道光大笔一挥，把曾国藩又往上提了一名，就变成了一等第二名。这一下曾国藩虽然只是赐同进士出身，但因为朝考成绩极其出色，也就顺理成章、出人意料地进了翰林院。

曾国藩在翰林院任了两三年闲职之后，穆彰阿开始运用手上的权力为自己这位门生疏通门路了。

有一次，朝廷选拔翰林侍讲，这是一个从五品官阶的重要职位。事实上，曾国藩考得并不怎么样，可穆彰阿向道光介绍一些备选人才的才能时，介绍别人，都说诗写得怎么样，文章写得怎么样，介绍到曾国藩，却绝口不提他的文章才能，而是说曾国藩是一个有福气的人，说他们曾家四世同堂。说曾国藩的祖父母依然健在，父母就更不用说了，然后兄弟、姐妹、妻子、儿女，曾家那是人丁兴旺，绝对是难得一见的有福之家！

这要是换一个皇帝，扯这些无关紧要的话，可就要把曾国藩给坑了。但穆彰阿对道光皇帝，那可是摸得通通透透的。因为道光开始连生了三个儿子都夭折了，吓得他生到老四，也就是后来的咸丰皇帝时，连祖宗定下的规矩都不遵守了。原来前面三个儿子按乾隆留下来的意思，取名时名字里都得带个“糸”旁，道光就觉得这有命悬一线的意思，所以到老四名字就都改“言”字旁了，取“延年益寿”的“延”的谐音。你别说，还挺灵，这一改，后面的几个都活下来了。

所以道光这个人特别讲究家庭人伦之福，他就怕儿子少，就爱听人家多福多寿子孙兴旺的事儿。

现在穆彰阿说曾家就是这么一个人家，曾国藩在道光的眼里一下就不一样了。道光心想，这个曾国藩要是一员福将的话，我这江山多员福将那不就多福了嘛。所以，道光立刻对曾国藩另眼看待了。后来的事实也证明，对大清王朝而言，曾国藩还真就是道光留给子孙的最大的一员福将。

接下来的几年里，曾国藩在清朝满人主政的朝廷里，连升十级。到道光朝的末年，他已经在朝廷六部中，做过五个部的副部长了！从一个小小的从七品的小京官，一直做到了从二品的朝廷大员。这在整个清代官僚史上，都是极为罕见的。

大树的作用

客观来说，要是没有这段京官发迹的历程，也就不会有后来创建湘军的曾国藩。

道理很简单，他是在二品大员的位置上回老家为母亲丁忧守孝的，所以才有资格在湖南办团练。如果他没有这个身份和地位，一来朝廷不可能让他负责办团练，二来他也不可能有那么大的影响力和号召力。

所以说，没有在官场上飞黄腾达、身居高位的曾国藩，也就没有创办湘军的曾国藩。

但更客观的一个事实是，如果没有穆彰阿的提携，也就没有在官场上飞黄腾达、身居高位的曾国藩，这样，曾国藩后来的功业也就无从谈起。可这样，我们又不得不面对一个问题：难道曾国藩不知道穆彰阿是个奸臣吗？还是他甘愿同流合污，愿意跟一个奸臣狼狈为奸呢？

这就要说到曾国藩在识人上，尤其是在面对上级时，所遵循的人事原则了。

第一，曾国藩是一个非常讲究实用的人，他很少做简单的是非判断，更不会因为简单的是非标准而拒绝帮助、拒绝机会。

我们一般只知道曾国藩是晚清理学大师，想想理学大师一般可能比较迂腐，心中的道德观念非常强，很容易在生活里做简单的是非判断。但许多人可能不知道，曾国藩除了是晚清著名的理学大师，他同时还是晚清实学的代表人物。

实学，就是经世致用之学。实学在清代的先驱是王夫之，后来的代表人物是魏源和林则徐，再后来最有名的就是曾国藩。而王夫之和曾国藩都是湖南人，他们又被称为实学中的湘学学派。正因为有极强的实用主义精神，曾国藩后来才会开启中国近代史上的洋务运动。也正是因为有极强的实用主义精神，他才不会轻易地拒绝来自穆彰阿这样手握重权的朝廷重臣的接纳与帮助。

虽然当时天下士大夫对穆彰阿也确实颇有微词，但曾国藩看中的是穆彰阿可以为他的人生提供重要的发展平台。尤其是曾国藩本身虽然进入了官场，但他一无背景，二无路数，可以说是一穷二白起家，如果没有一个发展的平台，以他的资历，就算再努力，也干不到什么重要的位置上。

有的人可能会说，说白了，不就是向上爬嘛！曾国藩依附穆彰阿，肯定也是为了往上爬，这不就是个官迷吗？

其实，在曾国藩看来，他可以借助穆彰阿的地位迅速在仕途上发迹，只要他不跟所谓的穆党同流合污，只要他不为虎作伥，那就不违背他的人生原则。事实上，他在这一点上跟明代的张居正倒很像，都是把人事关系与政治抱负分得很清楚的人。

张居正是明代历史上最伟大的改革家，他在他的位置上干的绝对是利国利民的事儿，但他年轻时在官场上，也曾经依附过明代的大奸臣严嵩。也正是因为有严嵩的帮助和照顾，张居正这个来自湖北平民家庭的普通官员才能有机会在复杂的官场里崭露头角。

事实上，人事关系决定着做事的平台，而做事的平台又决定着一个人人生抱负的施展。所以，这就是曾国藩们、张居正们所奉行的实用主义的人事原则：绝不轻易地拒绝帮助！更不能简单地拒绝机会！

第二，只要自己内心够强大，近朱者可以赤，但近墨者则未必黑。

我们常说"近朱者赤，近墨者黑"，这只是一个一般性的道理。就个人的情况来看，有时近朱者未必赤，近墨者未必黑。只要你自己内心够强大，只要你自己信仰够明确，只要你自己理想够坚定，就不会被你所处的环境所轻易地左右。

曾国藩虽然拜穆彰阿为师，在官场上也算是标准的穆党了，但奇怪的是，后来咸丰皇帝即位，扳倒了穆彰阿之后，开始对穆党成员进行政治上的清算，大量跟着穆彰阿为非作歹的官员都被查办了，而曾国藩却独独没有事。所以，甚至有人说，曾国藩不能算是穆党。

这说明了什么？

说明曾国藩虽然利用了穆彰阿的人事平台，但他的政治品格并没有降低，并没有跟着穆党同流合污。这说明他还是坚守着自己的理想和抱负的，并没有被自己所处的政治环境所改变。

一个很有意思的现象，虽然晚清政坛动荡，但不论是谁做主政大臣，哪怕这些主政大臣之间矛盾重重，甚至斗得你死我活，但奇怪的是，他们对曾国藩都非常不错。

穆彰阿对曾国藩自不待言。后来咸丰继位，肃顺主政，飞扬跋扈之极，却独独对曾国藩青眼有加。咸丰死后，慈禧发动政变，同治帝登基，主政的恭亲王奕䜣还是特别器重曾国藩。

要知道穆彰阿、肃顺、奕䜣这些人都是政敌，像后来的肃顺和奕䜣更是斗到你死我活的地步，可他们偏偏都对曾国藩特别好。这中间当然有各种各样的时代背景和其他的因素，但曾国藩自己的政治品性无疑也是一个重要的原因。

那么，这种政治品性是什么？说白了，就是政治上保持良好的人事关系，但行动上坚守个人的政治理想。

第三，人是有情感的动物。政治是一回事，交情是另外一回事。大丈夫不仅要恩怨分明，更要公私分明。

曾国藩作为穆彰阿的学生，在穆彰阿主政期间，尤其是在穆彰阿阻挠林则徐的禁烟运动的期间，我们说他没有随波逐流、为虎作伥。但他也没有拒绝穆彰阿的提携与帮助，尤其是在仕途上，正是因为有穆彰阿的提携，才迅速发迹。对此，曾国藩一生对他的穆老师都非常感激。

后来，穆彰阿下台了，天下人都骂他是个奸臣，这时候所谓“树倒猢狲散，落井下石多”，谁也不敢再跟穆彰阿套近乎了，因为谁都怕惹来一身膻。可曾国藩不怕，跟穆家一直都保持着很紧密的关系，甚至穆彰阿死后，他还一直让自己的孩子去看望穆家的后人。

这叫什么？这就叫恩怨分明、公私分明。

在这一点上，曾国藩跟张居正也特别像。张居正在政治上最终选择与严嵩分道扬镳，可跟严嵩的私交还是很好，而严嵩也不会因为张居正到了自己的对立阵营一面而在政治上打压他。后来严嵩倒台，儿子被杀，自己也被抄家，在世人的鄙夷声中孤独而终。这时候连下葬都困难了，因为没人想在这时候跟这样的大奸臣扯上关系。还是张居正出面，一点都不避嫌疑，拜请朋友体面地安葬了严嵩。

当穆彰阿、严嵩权势熏天的时候，曾国藩、张居正跟他们凑近乎，看上去像是拍马奉迎、毫无立场。等到穆彰阿、严嵩都落难了，而且还都是被定了性的奸臣，这时曾国藩、张居正还能一如既往，甚至雪中送炭，那就是真英雄、真豪杰了。

曾国藩、张居正这样的人，之所以能不卑不亢，既不避拍马奉迎的议论，也不怕殃及池鱼的风险，一是因为他们自己内心强大，二是因为他们能把政治立场与私人情感做很好的区分，而这一点，对于像他们这样最终能成就一番大事业的人来说，显得尤其必要，也难能可贵。

曾国藩在他的家训中曾经谈到他一生的官场经验，在说到面对一些“道不同不相为谋”的上级的时候，他说他能做到“近其人，远其事”（《曾国藩全集·诗文》），也就是与其人保持良好的私人关系，但如果政治立场不同，则一定不同流合污。

说实话，这的确是一种政治智慧。正是因为有这种政治智慧，曾国藩才从默默无闻的曾子城变成了曾国藩，也最终成为改变近代历史的那个曾国藩。

当然，我们若真的仔细对比曾国藩跟张居正，我感觉曾国藩还是不像张居正的内心那么强大。虽然说都是“近其人，远其事”，但张居正在政治上与严嵩是完全分道扬镳的，可曾国藩多少还是受到穆彰阿的影响。

比如在外交策略上，因为穆彰阿是晚清主和派，甚至是投降派的代表，曾国藩后来的外交精神也主要是以主和为主，这一点甚至影响到他的学生李鸿章。他在给李鸿章的信里曾经说：“自宋以来，君子好痛诋和局，而轻言战争，至今清议未改此态。有识者虽知战不可恃，然不敢一意主和。”（《曾国藩全集·书信》）是说宋代以来，主和的好像都是奸臣，而主战的好像就能赢得忠臣的好名声，以至于现在谁主和谁就不是好人一样，这肯定是不对的。

显然，曾国藩的思想就是明显受了他老师穆彰阿的影响。后来他作为直隶总督、钦差大臣全权处理天津教案的时候，才会“拼却声名以保大局”，以主和的思路处理案件，最终落了个卖国贼的骂名。

所以说“成也萧何，败也萧何”，可以说穆彰阿成就了年轻的曾国藩，使他走上人生的光辉历程，但也隐性地影响了曾国藩，使他晚年因为天津教案的错误而抱憾终身。

第 **14** 讲

曾员工和他的老板

性格决定命运，曾国藩的性格决定了他是个最好的员工。因为坚持忠诚的人生原则，曾国藩成就了“第一中兴名臣”的美名。在曾国藩那里，忠君即忠于国家。这样，一个知识分子，一个士大夫，才有人生的信念与动力。而一个团队，一个组织，甚至一个国家，也因此才有凝聚力和战斗力。

跟皇上叫板

曾国藩家训中有一个很独特的地方，就是他的教育对象并不只是他的孩子们。像他的家书，其中有很多信都是写给他那几个飞扬跋扈的弟弟的。也就是说，他有很多家训内容都是针对他的弟弟的。曾国藩教育他这些飞扬跋扈的弟弟，一个重要的内容就是让他们要学会收敛，不要太张扬。其中一个方面，就是反复告诫他们，进入官场后，要想干一番事业，首先就要处理好人事的关系，尤其是要处理好与上级的关系。

这一点，他在家书里对他的弟弟说："居官以坚忍为第一要义，带勇亦然。与官场交接，吾兄弟患在略识世态，而又怀一肚皮不合时宜，既不能硬，又不能软，所以到处寡合。"（《曾国藩全集·家书》）意思很明确，是说咱们兄弟要想在官场上混，首先就要学会坚忍，不要太傲气，不要太张狂，否则一定没好果子吃。

那么，曾国藩自己是如何面对上级、面对领导的呢？还是来看两件最有说服力的事。

曾国藩起兵治湘军跟太平军打仗，主要是在咸丰一朝。所以他跟咸丰皇帝的关系，尤其具有典型性。而他如何处理跟咸丰皇帝的关系，尤其可以看出他这位人际关系大师是如何处理与上级、与领导的关系的。

可以说，咸丰向来都不喜欢曾国藩。但清军跟太平军作战，也就只有曾国藩的湘军能打，别人实在指望不上，咸丰没办法，对曾国藩不得不依赖着。要是有人能取代曾国藩，他绝对不会像他爹道光皇帝那样，那么看好曾国藩。

咸丰之所以看曾国藩不顺眼，有两起关键的事件。

一是咸丰皇帝登基不久，向来谨慎的曾国藩居然敢摸老虎屁股，一下就惹毛了咸丰。

事情是这样的。1850 年，道光皇帝在内忧外患之中病死了。外患是鸦片战争，是英法列强的入侵；内忧是官僚腐败，民不聊生，天下眼看着就要大乱了。果然，这一年的农历年还没过，广西金田村就爆发了太平天国起义。此时的咸丰在内忧外患中登基，算是跳进了苦海，被称为“苦命皇帝”。

虽然苦命，但咸丰刚上台的时候还是挺自信的。这时候他才二十岁，正是血气方刚的时候，面对内忧外患，还是想励精图治的。于是，他一上台就表现出一个很谦虚的姿态，让大臣们对朝政大事提建议，甚至对他个人提意见也没关系。

当然，咸丰想听批评、听建议的姿态，也不能就说是装出来的。可他毕竟年轻，做起事来三分钟热度，刚开始热情挺足，但真等看到一大堆大臣的上表，看看也就烦了。开始还有批复的意见，后来一般只签三个字“知道了”，相当于有些领导签“已阅”一样。再后来，咸丰甚至连这三个字都懒得签，就当没看见。

大家一看，皇帝开展批评与自我批评的劲头过去了，就都自觉点儿吧，当初怎么顺杆儿爬上来的就再怎么顺杆儿爬下去。可还真就有一位不开眼的，这就是当时已经官居礼部右侍郎的曾国藩。

咸丰元年五月，也就是太平天国农民起义爆发后的第五个月，曾国藩上了一篇名叫“敬陈圣德三端预防流弊”的奏折，批判锋芒直指咸丰皇帝本人。

光写一道批判性很强的奏折，还不算是曾国藩的惊人之举。惊人的是，他怕这道奏折湮没在众多的奏折中而被忽视，甚至咸丰可能根本就看不到，便用了个更绝的做法。第二天上朝的时候，就在朝堂之上，他出班奏事，当着满朝文武，把这个奏折背了出来。

我们早就提过，曾国藩背书的本事不行，小时候背篇课文就费很大劲了。他后来在家训里教育两个儿子的时候就说，书要是背不下来就别硬背，反复涵咏，也就是反复读就行了。现在，他为了能当堂把这篇批判性的文章呈现出来，不惜提前花时间把这篇奏折硬是给背了下来。

曾国藩虽然背熟了文章，但又怕自己一口湖南话，皇帝和大臣们听不懂。他在朝堂上背他那篇批判文章时，特意放慢语速，还声若洪钟，也就是加了很多重音，以至于当时满朝文武听到曾国藩的这篇直接批判咸丰的奏折内容时，所有人都感觉意外，全场立刻鸦雀无声，谁也不敢发出一点动静。咸丰帝也出乎意料，但征求意见毕竟是自己挑起来的，只好一声不响地听下去。

这一下，曾国藩这篇奇文的朗诵，立刻获得了出奇震撼的演讲效果。

曾国藩批评咸丰帝主要有三条内容。

第一条，曾国藩批评咸丰苛求小节，疏于大计，应“防琐碎之风”。

就是说你上台之后，尽盯着细芝麻、烂谷子的那些琐碎小事，结果导致广西前线的人事安排非常混乱，以至于广西前线屡战屡败。

第二条，曾国藩批评咸丰文过饰非，不求实际，应“杜文饰之风”。

曾国藩举了个很有说服力，也是很有杀伤力的例子。他说你一上台，就摆出一副低姿态，表面上是广开言路，让大家都提意见和建议。可等大家提了很多合理化建议之后，你的表现又怎样呢？“大抵以‘知道了’三字了之。”（《曾国藩全集·奏稿》）

听了这条，咸丰差点就蹦起来了，可他毕竟年轻，不知道这时候适不适合发作。曾国藩不管这个，他继续专心致志地背文章。

第三条，曾国藩批评咸丰刚愎自用、骄傲自满，应“防骄矜之风”。

这是说咸丰什么功业还没建呢，居然就很骄傲了。曾国藩就此举了个更具杀伤力的例子。他说咸丰登基不久就刊印了一部个人诗集，这简直就是不知天高地厚。你这就是虚荣，就是浮夸啊！

曾国藩好不容易把这篇文章背完了，咸丰忍了半天实在忍不住了，居然连他出个人诗集也被曾国藩拿来嘲讽。他心想，我印出来又没要求你看，我自我欣赏不行啊！你曾国藩居然拿这事在朝堂之上，在满朝文武面前埋汰我！这时候，年轻的咸丰再也忍不住了，拍着龙书案大喊：“狂悖！狂悖！”

一连骂了好几声“狂悖”之后，咸丰立刻让军机大臣拟旨，看看给曾国藩定个什么罪，那意思你让我难看，我也立刻要你好看！

幸亏大学士祁隽藻、左都御史季芝昌出班跪求，说曾国藩虽然言语冒犯，但一片忠心可鉴。尤其是祁隽藻说了句关键的话，他说

“主圣臣直”，就是说有贤明的君主，才有忠直的臣下。曾国藩这么耿直，说明皇上您是个贤明的君主。你要是治他的罪，你不就不是贤明的君主了吗？

这一绕，总算把咸丰给绕进去了，最后为了保证这个“主圣臣直”的逻辑关系可以确立，他倒算是饶了曾国藩，没有治他的罪。

还有一件事，更能说明曾国藩跟咸丰的关系。

曾国藩在江西带兵的时候，有一段时间久攻长江重镇九江不下，又被石达开打得到处逃窜，紧接着他手下最重要的心腹大将塔齐步和罗泽南又先后战死，曾国藩在江西是惶惶不可终日。王闿运在《湘军志》里甚至说“其在江西时实悲苦，令人泣下”，就是说旁人看了曾国藩这时的惨样，都忍不住要替他落泪。

可是，就这样惨，仗这么难打，咸丰还是一直不太信任曾国藩，朝廷还是让他以“故兵部右侍郎兼湖南团练大臣”的身份带湘军在江西苦战。说起来，这是个钦差大臣，可曾国藩这个钦差大臣没有一点实权。但他虽然没有一点实权，可他又得为整个战局负责。所以，曾国藩一直觉得自己的身份很尴尬。

就在这个时候，他的父亲在湖南老家去世了。曾国藩在江西战场一听到这个消息，立刻上了一道说明情况的奏折，也不管皇帝批不批，也不履行请假奔丧的手续，立刻卷铺盖走人，撂下江西的烂摊子，回老家奔丧去了。

曾国藩这明摆着是要挟咸丰——你给我位置，我才干活！

可事情也巧，刚好这之前太平天国内部发生了著名的天京内乱，在江西作战的石达开率部回南京了，江西战场的压力一下子小了很多。咸丰一看，这还真是多你一个不多，少你一个不少。于是他很强硬地回复曾国藩，说想要官啊，我不给！不过你要是想辞官，我倒是可以批。

结果，曾国藩接到咸丰的回复后，立刻又上了一道奏折，明确说江西的事儿，以后我不管了。

这道奏折再送上去，咸丰平平淡淡只批了三个字——“知道了”。正是几年前曾国藩批评咸丰批奏折“大抵以‘知道了’三字了之”的那三个字，这也真够有讽刺意味的了。

这一下，曾国藩就被晾在了湖南老家。而他一手建立起来的湘军，在别人的领导下，开始在江西战场扭转败局，开始节节胜利。曾国藩哑巴吃黄连，有苦说不出，要挟不成，反而搬起石头砸了自己的脚，整整一年，他在湖南老家就像热锅上的蚂蚁。

一年之后，风水轮流转，该他的老对头咸丰咸老板当热锅上的蚂蚁了。这时候，石达开率二十万太平军负气出走，从江苏直攻浙江、江西，局势一下十分危急。而清政府又指挥不动湘军，咸丰急了，下诏让曾国藩出山，带湘军入浙跟石达开作战。

这一次，曾国藩再不讨价还价了，一点要求都不提了，立刻出山。

我们通过这两件事可以看出来，曾国藩跟咸丰的关系并不是很融洽，甚至是很不融洽的。曾国藩在处理这种上下级关系的时候，有时表现得也很强硬，甚至很过火。难道这就是他与领导间关系的处理艺术吗？难道他在家训中教他的弟弟时，也会让他们这样跟领导对着干吗？

事实上，这两件事还真的能看出曾国藩在处理与领导关系时的工作原则与艺术，只是其内涵不像表面上看到的那么简单而已。

首先，这两件事上，曾国藩之所以如此强硬，其背后都是有苦衷的。

第一件，也就是曾国藩写意见，还当着满朝文武当堂大背意见书，差点惹毛了咸丰，让他自己吃不了兜着走。

这事儿上曾国藩表现得如此慷慨激昂，熟悉他的人，说实话都大感意外。因为大家都知道曾国藩平常是个非常谨慎的人，不至于这么极端。不要说别人了，连曾国藩他爹都没想到。曾国藩上书之前，曾把这篇骂皇上的表章亲手抄了一份，让人送回湖南老家给他爹看。他爹一看，就说坏了，说新皇帝才上台，你就这么直不笼统地批评他，你这是要给我们曾家惹祸啊！

可真正奇怪的是，曾国藩要上表，要给皇帝提意见，为什么还把这意见书抄一份送回湖南老家呢？他这不是搞得尽人皆知吗？事实上，曾国藩还偏偏要搞得尽人皆知，尤其是要让他那帮湖南老乡都知道。

原来，曾国藩之所以冒死上谏，是因为他有一帮湖南老乡，也就是湖南籍的一帮读书人，像后来追随他的罗泽南、郭嵩焘这些人，这时候都在指责他。指责他什么呢？指责他尸位素餐、明哲保身，没能体现湖南忠臣的血性。

曾国藩向来以理学传人自命，平生最喜欢说的就是“忠”“诚”二字，这被人指责为尸位素餐，不就是假道学了吗？所以曾国藩一不做，二不休，你们说我什么？说我不忠不诚？我岂止是忠诚，我曾国藩讲的是“血诚”，我就“死谏”一回给你们看！

果然，曾国藩这一招轰动天下，人人称赞他是敢于直谏的忠臣，而湖南那帮知识分子也对他佩服得五体投地，从此唯曾国藩马首是瞻。

当然，曾国藩这事做得虽然有作秀的味道，但归根结底，也不全是作秀。他在日记里也反思过，即使不为赌气，他只要意识到咸丰的问题，作为一个负责任的大臣，最终也是会把意见提出来的。因为他曾国藩自命是一个忠诚到“血诚”的人，这也是他一生信奉的信仰所在。

第二件，他在江西战场撂挑子，借此要挟咸丰，要江西的地方行政大权。这看上去有伸手要权，有玩弄权术之嫌，但实际上曾国藩也确实有不得已的苦衷。

终咸丰一生，其实时刻都提防着曾国藩。曾国藩在江西打仗，咸丰却不给他实职，以至于曾国藩因为没有地方上的行政权，经常断粮断饷，湘军差点维持不下去。曾国藩也真不容易，一方面自己想方设法筹款筹饷，另一方面还得竭尽心力跟石达开鏖战，偏偏他又打不过石达开，内忧外患，可以说到了焦头烂额的地步。

虽然这样，曾国藩开始还是在苦苦支撑。刚好回家奔丧，借此跟咸丰伸手要权，本来也就是个权宜之计。没想到咸丰也是个牛人，还就跟这位不可或缺的曾员工耗上了，导致曾国藩骑虎难下，最后只得在家憋了一年。

这一年，通过曾国藩的日记可以看出来，他反思自己不该跟咸丰伸手要地方的行政权，以至于自己差点儿落到了不忠不孝的败臣的地步。所以一年后，当浙江战事吃紧，咸丰又需要他回来的时候，他二话不说，也不要权了，甚至连旧事一句不提，立刻走马上任了。

忠诚的打工仔

其实，这两件事因为特别典型、特别突出，还确实特别能体现曾国藩在处理与领导关系时的工作艺术。这中间有三点重要的内涵。

第一，曾国藩虽然有时会跟领导闹别扭，但他不论怎么做，在工作中，都是以忠诚为第一原则的。

你看他主动去批评咸丰皇帝，而且是在咸丰刚登基不久，这简直就是摸老虎屁股。虽然多少有点被他那帮湖南小兄弟激将的成分，但曾国藩也不是个傻子，别人一激将，他就这么做，说明他的人生信条就是一个“忠”字当头。冒死上谏这种行为本身在古代就是一种忠义的象征。像比干，像魏徵，这些古代最有名的忠臣，他们得以青史留名，根本之道就是敢于冒死上谏。

曾国藩在江西因为父丧的契机而伸手要权，看上去有点不仗义，但他实在也是出于忠心干事儿的考虑。要不然，他后来也不会那么后悔了。为什么呢？因为别人说他有不忠的嫌疑了，这一下动到了他人生信仰的根本，他也觉得这事可能要落个不忠之名，所以后悔万分，后来再出来干事的时候，就不讲任何条件了。

正是因为讲究这个“忠”字，曾国藩一生才特别讲究那个“诚”字。别人一般讲忠诚，他却强调要“血诚”，其实本质就是要绝对的忠诚。这个忠诚既是面对朋友、面对同事、面对手下的，但更是面对领导、面对上级、面对君王的，因为在封建社会所提倡的社会伦理观念里，忠于君臣之道，就是忠于国家。

第二，曾国藩心里有咬定青山不放松的忠诚原则，但在现实工作中，他也并不是只讲原则性，他同时还很看重原则性与灵活性的结合。

还是从这两件事来看。

曾国藩冒死上谏，看上去是风险很大，但他也有他聪明的地方。咸丰刚上台，而且是主动做了个要听意见的姿态，别人都不敢捋新皇帝的胡须，他曾国藩敢，这样一来标新立异，可速得忠臣之名；二来小皇帝即使生气，也不至于有杀头之祸；三来虽然看上去容易惹恼领导，但同时也可以给领导留下一个深刻的印象。后来唐鉴推荐曾国藩的时候，咸丰一下就想起那个敢于直谏的曾国藩来了，觉得曾国藩可以试试，也就下诏让曾国藩做湖南团练大臣，由此成就了曾国藩的一世英名。

曾国藩江西奔丧、伸手要权这事就更不用说了，这本身就有点滑头。虽然曾国藩有苦衷，但也说明他在官场也还是颇有心机的。事实上，民间大家都说“做官要学曾国藩”，什么事民俗化之后，都多少有夸张之嫌，但也不全是空穴来风。所谓“做官要学曾国藩”，民间很多人说是学他做官的四平八稳，学他官运亨通的心机与眼力，这多少也是有点道理的。

曾国藩在晚清官场，开始极为不顺，后来飞黄腾达，并最终成就了一番事业，这固然跟他的人生信仰、信念有关，也跟他的官场智慧有关。从晚清官场实际来看，可以说他是把原则性跟灵活性结合得最好的一个人了。

当然，就算要讲究灵活性，曾国藩也还认为原则性和灵活性的主次关系千万不能搞错。他晚年就劝弟弟说：“弟当以我为戒，无惯习机械变诈，恐愈久而愈薄耳。”（《曾国藩全集·家书》）意思是说，官场待久了，讲究明哲保身，讲究权谋机变，日子久了，一个人的德行就差了，这一点弟弟当以兄长我为戒，我就觉得自己在灵活性上太讲究了，反而导致德行有损。

当然这只是曾国藩的自谦，但也可以看出他的警觉和反省来。

第三，作为臣子，作为下级，坚守忠君爱国的原则性固然重要，但同时还要摆正思想、摆正位置、摆正心态。

曾国藩可以说是在咸丰皇帝的猜忌和提防下，完成了挽救一个王朝的重任。事实上咸丰对这位太能干的曾员工到死也没放心过，说起来这还是清廷根深蒂固的满汉之防在作怪。但就算这样，咸丰也曾多次被曾国藩感动过。

曾国藩出战太平军，有一段时间打得很辛苦，对手很强大，战事很胶着，像石达开、李秀成、陈玉成都是太平军能征惯战的统帅，曾国藩在他们手上都吃过大亏。有一段时间曾国藩面对石达开，怎么打怎么输，弄得他给朝廷汇报战况的奏折都不好写。但再不好写你也得实话实说啊，曾国藩在奏折里说我在南方战场是“屡战屡败”。后来，想了想，这个“屡战屡败”改了个顺序，改成了“屡败屡战”，这也是一个著名的典故，结果咸丰看了之后，也为曾国藩的一片忠心而大为感动。

反过来，曾国藩后来渐打渐顺，打胜仗的时候也总是把功劳让给别人，从来不为自己争功，这一点也博得朝廷上下交口称赞。

这是什么？这就是曾国藩作为一个下级，作为一个臣子的“胜不骄，败不馁”的良好心态。只有端正思想，才能有一个好的心态；

只有有了好的心态，才能摆正自己的位置。这样上下级之间才能形成紧密的、高效的、良好的工作氛围。

这一点在曾国藩和慈禧的关系上也能看得特别清楚。

因为清廷对湘军一直采取防范的措施，所以曾国藩作为一个臣子表忠心，在攻下天京、扑灭太平天国之后，主动要求裁撤湘军。这时候慈禧已经垂帘听政了，她和恭亲王奕䜣叔嫂联手发动了政变，杀了肃顺等八个顾命大臣，一下就完全掌控了绝对权力。当时曾国藩还在江南，了解到情况之后，就觉得慈禧这个人可能是个很厉害的角色，从此以后，对慈禧就很小心。

不久，慈禧突然升曾国藩为直隶总督，让他到北京面见。

曾国藩直觉此事未必是好事。可圣旨下来了，又不能不去，所以曾国藩只好揣着十万个小心上路了。事实上，曾国藩出发前还做了一番详细的准备，以应付慈禧来考察他的工作。

可见到慈禧之后，据曾国藩的记载，前后三次接见，慈禧不过问他家里有几口人啊？曾国荃是不是你的亲弟弟啊？他离开北京多少年了？他这次来京一路上顺当吗？全是这一类无关痛痒的问题，而曾国藩准备好的军国大事，慈禧一件没问。而被垂帘听政的那个同治皇帝更是从头到尾，一句话也不说。那个恭亲王奕䜣也就干陪着，也不见有什么大的抱负。

曾国藩善于相面，他有鉴人的习惯，所以他事后在日记里说："两宫才地平常，见面无一要语；皇上冲默，亦无从测之……恭邸极聪明，而晃荡不能立足。"（《曾国藩全集·日记》）是说慈禧看来才智非常平常，根本没有治国的才能；小皇帝太小，又完全被架空了；

至于恭亲王奕䜣虽然有才，但在慈禧这种无治国之才而有弄权之好的女人手里，终究也长不了。

曾国藩最后说，同治朝的情况是满朝“余更碌碌，甚可忧耳”。（《曾国藩全集·家书》）就是说这个朝廷，看来是没希望的。后来的发展，基本上印证了曾国藩的判断。

虽然曾国藩看得这么清楚，可他余生还是要近乎愚忠地恪守一个忠臣的职责。他晚年的时候爆发天津教案，这件事让曾国藩几乎身败名裂。而慈禧之所以让曾国藩去处理，也是因为曾国藩在汉人中的威望太高，想借这件事搞臭曾国藩。

曾国藩不是不知道慈禧的居心，也不是不知道天津教案的风险，别人都劝他以生病为由来推辞这件事，可他摇摇头，买了副棺材，说了句“大将不辞刀头死，岂因祸福而避趋”，然后就上路了。后来，果然一生英名，几乎败于天津教案。

曾国藩明知慈禧居心叵测，明知此去凶险，明知要留骂名，明知这个垂帘听政的太后才地平常，明知这样的朝廷没有希望，他还是要毅然决然！为什么？

所以说，成也萧何败也萧何，忠诚成就了曾国藩，但最终也让曾国藩背上了人生的遗憾。

可不管怎么说，因为有忠诚，在曾国藩那里，忠君即忠于国家。这样，一个知识分子，一个士大夫，才有人生的信念与动力。而一个团队，一个组织，甚至一个国家，也因此才有凝聚力和战斗力。曾国藩的这个认识本身应该是有着很丰富的借鉴意义的。

第 **15** 讲

黄金搭档

可以说，曾国藩刻意把左宗棠推上了湘军核心领导的位置。但这样一来，就又有了一个疑问，各种史料历来都说曾左不和，两个人别别扭扭斗了大半辈子，左宗棠甚至到了晚年逢人便说曾国藩的不是，曾国藩对此也特别有意见。两个人这种关系，怎么可能并驾齐驱、同为湘军的核心呢？答案其实就在曾国藩的识人之道、用人之道。

曾左不和

一般来说，较为通行的说法是曾国藩、胡林翼、左宗棠是湘军的三个核心人物。曾国藩、胡林翼作为湘军两大核心，一般人容易理解，因为曾国藩一直是湘军实际上的统帅，而胡林翼则一直任湖北巡抚，为湘军提供人力与物力的支持，是湘军后方大本营的主要负责人，这两人一文一武，也被当时的人称为“黄金搭档”。

可左宗棠很长时间内只不过是一个师爷，虽然他是一个很牛的师爷，但再牛，也不过就是一个师爷而已，怎么能跟曾国藩、胡林翼并驾齐驱，成为湘军三大核心之一呢？

当然，要解答这个疑问，还得先从左宗棠那个最牛师爷的身份说起。

左宗棠，字季高，自号湘上农人。他这个“湘上农人”的号比较有意思。他虽然中过举人，但考进士一直考不上，他也觉得很丢面子，所以后来索性连自己举人的身份也不好意思提，说我就是湖南的一个老农，所以叫湘上农人。你听他取这个号，好像还是挺谦虚的。但左宗棠根本就不是一个谦虚的人，他除了这个很自嘲的“湘上农人”的号，还给自己取过一个更有名的号——“今亮”。

这是什么意思呢？

左宗棠这个“今亮”的号说起来其实简单之极。他的意思是——我左宗棠，就是当今的诸葛亮！

傲到这份上，那个“湘上农人”肯定也不是谦虚了。越是有才的人，往往就越傲。傲到左宗棠这个份上，那他的才学就不得了。

果然，左宗棠的才学在当时足以称得上是惊世骇俗。

据说他二十多岁的时候就被一代名士、两江总督陶澍视为“国士”，就是可以担当国家大任的栋梁之材。当时陶澍六十多岁，而左宗棠只有二十多岁，陶澍是两江总督、二品大员，左宗棠只是一个落魄的举人，连个一官半职也没有。可陶澍非要与左宗棠结为忘年交，甚至临终时把自己年幼的儿子托付给左宗棠，既让儿子认左宗棠为老师，又主动请求要与左宗棠联姻，让儿子将来长大后娶左宗棠的女儿为妻。因为陶澍是晚年得子，死的时候儿子还很小。这样一来，陶澍的儿子既成了左宗棠的学生，又成了左宗棠的女婿。

如果说陶澍对左宗棠的赏识还只是个孤证，那另外一个人对左宗棠的器重就更能说明问题了。这个人就是睁开眼睛看世界的第一人——民族英雄林则徐。

有一次林则徐经过湖南，指名要见这时候正隐居乡间的左宗棠。结果林则徐一见左宗棠，一番彻夜长谈之后，已经六十多岁的林则徐对三十多岁的左宗棠一样惊为天人。林则徐把自己多年来整理的有关山川地理的资料与地图全都交给了左宗棠，说将来光复山河，抵御外侮，乃至维护国家的安定，就要靠你左宗棠了。而且因为有你左宗棠在，我林则徐老则老矣，也死而无憾了。

最后，林则徐临别之时，亲笔为左宗棠写了一副对联，就是那句尽人皆知的“苟利国家生死以，岂因祸福避趋之”。以林则徐的识人之明，也如此推崇左宗棠，说明左宗棠的才学真不是一般人所能想象的。

后来太平天国起义，石达开率部经过湖南的时候，也曾经约见过左宗棠。但道不同不相为谋，左宗棠后来悄悄地溜走了。石达开知道之后，大呼可惜，说左宗棠这样的人，要是不能为我所用，也应该杀了他，不能让他走。他这一下蛟龙入海，猛虎归山，将来肯定是我们太平军的心腹大患。

陶澍、林则徐、石达开，这几位都是参照系，从他们就可以看出左宗棠到底是一个什么样的人物。所以左宗棠才学很高，在当世是一个公认的事实。

咸丰二年，也就是1852年，太平军打到了湖南，湖南巡抚张亮基重礼聘请左宗棠出山，左宗棠入张亮基的幕府，成为张亮基最倚重的幕僚，由此开始了他史上最牛师爷的人生历程。

左宗棠成为张亮基的师爷后，殚精竭虑，大包大揽，把湖南的军政大事全扛在自己的肩上。连曾国藩不愿出来办团练，他也想办法让曾国藩出山。

要说，左宗棠就是有才，在他的筹划下，太平军围攻长沙三个月也没打下来，结果西王萧朝贵还在长沙城下战死了。可以说，就是因为有左宗棠在，张亮基才勉强保住了湖南。当时湖南军政大事，全是左宗棠说了算，所以说他是最牛师爷一点儿也不过分。

后来，张亮基调到湖北去了，骆秉章接任。张亮基交接的时候嘱咐骆秉章，说我别的都没什么好交代的，左宗棠是大才，一定要倚重他，这是唯一重要的事儿。骆秉章谨记在心，一上任，亲自接触之后，发现左宗棠果然不得了，于是也像张亮基一样什么事全听左宗棠的。

这一下左宗棠名义上只是一个师爷，但他当时在湖南的地位，仅次于巡抚。

左宗棠是有才，而且不是一般的有才，要不然也不会成为史上最牛的师爷。但才学大的人，也有一个毛病，就是恃才傲物。就是因为恃才傲物，左宗棠才自称“今亮”；就是因为恃才傲物，左宗棠才一直都不把曾国藩放在眼里。

民间流传着很多左宗棠与曾国藩之间不愉快的小插曲，最有名的是两个楹联故事。

一个是曾国藩曾经出了个上联，叫“看如夫人洗脚”，讽刺左宗棠。左宗棠也不客气，针锋相对地回了曾国藩一句“赐同进士出身”，揭了曾国藩的老底。

还有一次，曾国藩对于左宗棠经常跟他找别扭感到十分不爽，就出了个上联，说:“季子才高，与吾意见常相左。”左宗棠字季高，这个上联巧妙地嵌进了“左季高”三个字。

左宗棠才学惊人，当即出口成章，立刻又针锋相对地回了个下联:“藩侯当国，问他经济又何曾？”也把“曾国藩”三个字嵌了进去，而且意思更辛辣。

曾国藩说你不是才高吗，怎么老喜欢跟我找别扭呢？那意思是说真正有才的人不应该这样。左宗棠立刻给曾国藩找回了别扭，他回答说，你都封侯拜相了，按理说就像你的名字一样是国之藩篱了吧，可问你国家大事，所谓经济天下，振兴邦国，你曾国藩又懂什么呢?

这些还是生活小事，曾国藩肚量大，还可以容忍左宗棠，但有些事，就算曾国藩肚量大，也难免耿耿于怀。这主要有三件事。

第一件是曾国藩初次带湘军出征，结果他亲自带水师在靖港中了埋伏，当时被太平军杀得大败，曾国藩一时想不开，投水自杀，幸亏被手下救了起来。

结果左宗棠到了船上来看曾国藩，不但不安慰他，还把曾国藩臭骂了一顿。王闿运《湘军志》中记载，左宗棠“责公事尚可为，速死非义。公瞋目不语”。就说你败了这么一小仗就要死要活的，实在是没出息透了，算我左宗棠看错了你曾国藩。曾国藩听了，只有干瞪眼的份儿。

曾国藩也不是不知道左宗棠这是激将法，但别人都是安慰曾国藩，唯有左宗棠是骂他，所以他虽然并不忌恨左宗棠，也觉得这家伙嘴巴实在是太刁了。

当然，左宗棠是为了曾国藩好，这一点曾国藩是知道的，这件事也谈不上对左宗棠有意见。但第二件事他对左宗棠的意见就很大了。

咸丰七年（1857 年），曾国藩率湘军在江西苦战，虽然仗打得很苦，但江西的地方官还对湘军处处掣肘，处处刁难，湘军一度连军饷、物资都供不上。但曾国藩没办法，因为咸丰一直防着他，一直不给他实权，只让他以一个团练大臣的名义带兵。曾国藩没权调物资、调军饷，实在是巧妇难为无米之炊。

结果咸丰还没发火呢，左宗棠就跳起来大骂曾国藩。骂他什么呢？说他表面上是守父子之孝，其实无视君臣大义，是个真正的不忠不孝的人。道理很简单，因为国家正在危亡的关头，你作为战场上的统帅，因为父亲死了，也不经朝廷批准，就擅离职守，就撂挑子不干，你这不是不忠不孝是什么？你再有什么理由，也说不过去！

本来曾国藩回家奔丧，是情有可原的，但经左宗棠这么旗帜鲜明地一骂，天下士大夫都开始跟着左宗棠一起开骂，把曾国藩弄得十分狼狈，心里窝火坏了。

第三件事，左宗棠更是惹急了曾国藩，两个人因此公开交恶，从此断绝了私人关系。

这是到了1864年，湘军终于攻下了太平天国的首都天京，也就是现在的南京，太平天国起义最终被扑灭。攻下天京之后，曾国藩向朝廷报功，说太平军方面基本上没有漏网之鱼，洪秀全自己在城破之前几个月就死了，洪秀全唯一的儿子洪天贵福也在城破之日被杀死了。因为洪秀全的儿子也死了，这样就彻底没有心腹之患了。所以，这是非常重要的一个结果。

可就在这时候，身为湘军在浙江方面的统帅左宗棠，给朝廷上了一本，又揭了曾国藩的老底，说曾国藩撒谎，谎报军情，因为洪秀全的儿子洪天贵福根本没死，而是在城破之日趁乱逃跑了。

这一下，曾国藩可就有欺君罔上的嫌疑了，朝廷也因此狠狠痛责了曾国藩，不过是因为他剿灭太平天国有功，才没有治他的罪。

曾国藩格外气恼，湘军的很多将领也不理解左宗棠，说你这不是胳膊肘向外拐——自己人难为自己人吗？曾国藩由此跟左宗棠彻底闹翻，两个人甚至断绝私交，曾国藩在公开场合都不愿跟左宗棠说话，而左宗棠也逢人就说曾国藩的不是，以至曾左不和，成了晚清有目共睹的一段公案。

曾左双簧

不过，要说曾左不和是一段史有明证的公案，其实也还有问题。

最大的问题是，从左宗棠的发迹历程来看，如果没有曾国藩的大力帮助，他绝不会有后来的地位和成就。但要说两人不和，曾国藩为什么又要把左宗棠扶上那么高的地位呢？

先看一下曾国藩是如何帮助左宗棠的。

左宗棠作为史上最牛的师爷，一直是湖南政界的重量级人物。但不论他是如何的“重量级”，也不论历届湖南巡抚多么倚重这位最牛的师爷，他毕竟没有朝廷认可的功名和名分，他再牛也只是一个师爷，也就是当地行政长官私人聘请的幕僚而已。

可左宗棠不在乎，他只要有实权就行，所以他大包大揽，把巡抚的大小工作都一肩挑。湖南当地的大小官员也都知道左宗棠的重要性，也都对他敬而远之。可就有这么一个不开眼的，这个人的名字叫樊燮。

樊燮是永州镇总兵，是一个武官。这家伙是个典型的贪官，左宗棠早就代巡抚骆秉章拟过奏折，打算把樊燮撤职查办。可朝廷一直也没结果下来，但樊燮因此也就知道了左宗棠要对自己不利。

有一次樊燮到巡抚衙门办事，当时正好骆秉章和左宗棠都在，樊燮办完事冲骆秉章行大礼后就要离去，但对左宗棠视而不见。这一下左宗棠气坏了，当即发难，把樊燮臭骂一顿，说他不懂规矩。结果樊燮立刻反唇相讥，说你又不是朝廷命官，我为什么要拜你？

左宗棠火暴脾气，一听这话，大喝一声："滚出去！"

说完飞起一脚，就要踹将上来。骆秉章好不容易拦住左宗棠，樊燮才连滚带爬地跑了。

樊燮回去后立刻向湖广总督官文告发左宗棠，说左宗棠以一个师爷的身份挟制官衙，企图乱政。官文是个满族官员，其实就是朝廷放在两湖监督湘军的，一听抓住了左宗棠的把柄，立刻密报朝廷。结果咸丰皇帝也搞不清状况，当时下了道密旨，让湖北方面审讯左宗棠，并说："如左宗棠有不法情事，可就地正法。"（《清史稿》）

这一下左宗棠再狠也狠不过圣旨，只得连夜逃亡。

就在这个关键时刻，湘军两大主心骨曾国藩与胡林翼分别秘密上疏咸丰，说明左宗棠的才学和重要性。曾国藩、胡林翼更是积极运作，动用京城的各种关系来搭救左宗棠。

当时翰林院侍读学士潘祖荫向咸丰帝上了一道奏疏，其中有一句名言，让天下人一下都知道了左宗棠。这句名言就是："国家不可一日无湖南，湖南不可一日无左宗棠。"这句话分量十足，也彻底打动了咸丰的心，左宗棠因此逃过一劫。

紧接着第二年，曾国藩作为湘军统帅连上三道奏折保荐左宗棠，请求朝廷给予左宗棠军职，让他出来带兵。咸丰开始是让左宗棠到曾国藩手下参赞军务，也就是在幕府中当幕僚，后来在曾国藩反复推荐下，终于同意左宗棠自己招兵买马，成立"楚军"，成为湘军重要的辅助力量。其实，所谓的楚军也是湘军的一个组成部分。

左宗棠真是有才，带着自己的楚军能征善战，屡败太平军。因为他在军事上统一受曾国藩辖制，虽然他平常傲气得很，但曾国藩从来不吝惜对左宗棠的推崇。左宗棠每胜一次，他就向朝廷保荐，三年之内，把左宗棠由襄办军务一直推到浙江巡抚的位置上，再从浙江巡抚一推再推，推到闽浙总督的位置上，使得左宗棠终成一方诸侯，最后确立了自己在湘军中的核心位置。

可以说，是曾国藩亲手把总跟他闹别扭的左宗棠捧到了跟自己一样高的位置上。

但，这又是为什么呢?

先卖个关子，暂且不答。再来看看左宗棠对曾国藩又到底是怎样。

那是咸丰十年，也就是1860年，曾国藩做出了一个看上去是错误的决定，他把他的湘军老营，也就是他的总部安在安徽的祁门。

学生李鸿章反复苦劝他不可扎营于此，因为祁门这个地方四面环山，中间只有一条大道通过，按李鸿章的说法，这是一个兵家绝地。可曾国藩不听，一意孤行，还是扎营祁门。后来李鸿章的话果然应验，李秀成十几万大军把曾国藩牢牢困死在祁门，以至于曾国藩在祁门实在支撑不下去了，最危险的时候，他又写了篇遗嘱，准备自杀了。

这时候湘军各部都被牵扯在局部战场，没法来救主帅，而满族带兵的将帅都坐山观虎斗，恨不得曾国藩就战死祁门。这时候只有左宗棠带着五千楚军猛攻李秀成的侧翼，拼死来救曾国藩。

因为左宗棠打得太猛了，把李秀成打蒙了，以为湘军有主力包抄，所以主动撤围，曾国藩才得以捡回一条老命。可以说，没有左宗棠的拼死相救，曾国藩在祁门也只有死路一条了。

后来，到了曾国藩的弟弟曾国荃率湘军主力攻下了太平天国的都城天京，最终剿灭了太平天国起义，这时候已经是浙江巡抚、一方统帅的左宗棠派人秘密来见曾国藩，送来一封密信，密信上写着“鼎之轻重，似可问焉”。

意思是恢复汉家天下，只要你曾国藩愿意，我左宗棠唯你马首是瞻，我们趁势就反了清廷，夺了天下。

古代所谓逐鹿中原、问鼎天下，也就是劝曾国藩要改朝换代的意思。

可惜曾国藩毕竟是个极讲究所谓忠诚的人，虽然他手下的人都支持他造反，就连左宗棠、胡林翼也都全力支持他，他还是不愿反了朝廷。他最终还是拒绝了左宗棠的好意。

但不管怎么说，不论是从左宗棠拼死救曾国藩祁门之围，还是从他劝曾国藩造反，我们都可以看出来，他虽然恃才傲物，在内心深处却是唯曾国藩马首是瞻的。也就是说，虽然我们说左宗棠、胡林翼都是湘军的核心人物，但像左、胡这些人，都是把曾国藩看成湘军真正的领袖的。

那么，还是要回到那个疑问，就是曾国藩既然跟左宗棠内在如此一致，为什么两人又龃龉不断呢？要说两个人关系一直不好，甚至后来发展到断了私交的地步，两人内在又怎能如此相互呵护、步调一致呢？

答案就在曾国藩的识人之道、用人之道。

说到曾国藩的这种识人之道、用人之道，就要提到一个比较时髦的词——黄金搭档。

所谓黄金搭档，就是生活里、事业中，乃至一个团队中，最重要的乃至不可替代的合作者。

李嘉诚很厉害，把长江实业做得那么大。我们一般只知道李嘉诚，但事实上，帮李嘉诚打江山的主要是霍建宁和李泽钜这些“打工皇帝”。而李嘉诚也从来不把霍建宁、李泽钜当手下和当下属来看，而是把他们当成搭档来看，这种搭档就是“黄金搭档”。

同样，还有比尔·盖茨的例子，我们知道比尔·盖茨创办了微软帝国，但真正的商业运作并非比尔·盖茨所长，他之所以能把微软发展成一个帝国，他自己之所以能成为世界首富，是因为他也有他的黄金搭档，也就是鲍尔默。

曾国藩也是深谙此道。他组建湘军，一手打造了晚清乃至中国近代史上最具有战斗力的团队，他自己当然是这个团队的核心。但曾国藩高明之处在于他从来不以一个团队的核心自居，就算大家公认他是这个团队的领导人，他也要适时地把自己放到和某些人相同的位置上。他能以平等地位对待的这些人，就是他要找的黄金搭档。

事实上，曾国藩最先找的黄金搭档不是左宗棠，而是胡林翼。

胡林翼一开始的时候地位比曾国藩低很多，但曾国藩发现胡林翼为人既沉稳又灵活，所以非常推崇他。曾国藩以汉人的身份带湘军，备受朝廷的猜忌，所以咸丰皇帝活着的时候几乎时刻都提防着他，就是不给巡抚这样的实权。但胡林翼因为会做人，跟满族官员关系处理得好，很快就得到了朝廷实授的巡抚这样的实权。这样一来，曾国藩虽然没有行政方面的实权，但胡林翼有，就基本上可以保证湘军的物资和粮饷需求了。

最为难得的是胡林翼虽然地位越来越高，但他对曾国藩的知遇之恩却丝毫不忘，处处推曾国藩为湘军的第一，而自己甘居第二。这样曾国藩在前面带兵，胡林翼在后方统筹，湘军于内于外都有了保障。

按理说这样也就行了。可胡林翼有一次却高瞻远瞩地指出，要想保证湘军的发展，要想保证曾国藩这个湘军主帅身后的令名，必须还得依托一个人，这个人就是经常跟曾大帅闹别扭的左宗棠。

曾国藩多聪明的一个人，胡林翼一说，根本不用解释，曾国藩立刻心领神会，并对胡林翼的说法深以为然，也就是他还得再找一个黄金搭档，这个人就是左宗棠。随后，曾国藩就开始大力推荐左宗棠，最终也把他扶到了黄金搭档的地位。

既然胡、左都是曾国藩的黄金搭档，但曾、左之间的矛盾又为什么这么深呢?

这就要说到曾国藩高超的用人艺术了。

胡林翼作为曾国藩的黄金搭档，他的作用是与曾国藩紧密配合，内外分工，两个人的关系那是水乳交融。左宗棠如果也是这个作用那就显得多余了。左宗棠也是曾国藩的黄金搭档，但他的作用，或者说他的价值，出人意料，就表现在矛盾与抗衡上。

我们知道，曾国藩是极谨慎的一个人，朝廷向来就有满汉相防的政策，他自己又带着天下战斗力最强的军队，问题是这支军队它还不是政府军，几乎等于是曾国藩的私人武装，这一下曾国藩的处境就麻烦了。虽然朝廷不得不借助他的湘军来对付太平军，但同时也极为担心他的湘军会成为第二支太平军，所以咸丰当年会说“走了半个洪秀全，又来了一个曾国藩”，可见防备之心。

当初打下天京之前，胡林翼就写信给曾国藩说，眼见大功告成，却也未必是好事。你看看古来像你曾公这样创下如此大基业的人，会有好下场吗？你灭了太平军之后，眼见着只有两条路可以选，要么是继续造朝廷的反，要么就是解甲归田。朝廷会让你手握重兵成为心腹之患吗？但造反你不肯，解甲归田那就等于手无寸铁、任人宰割了，那到时恐怕不是你曾国藩要遭难，你这些湘军手下都得遭难。所谓“狡兔死，走狗烹；飞鸟尽，良弓藏”，那就是个颠扑不破的真理。

胡林翼这番话其实是旧话重提，曾国藩也不是想不到。事实上，他跟胡林翼早就考虑过这个问题了。当时胡林翼就提出了解决办法，那就是再扶植一个黄金搭档，那就是左宗棠。

因为胡、左两家是世交，胡林翼对左宗棠非常了解，曾国藩跟左宗棠也是神交已久，所以对于胡林翼这个建议，曾国藩是深以为然。

于是，当湘军攻下天京，终于大功告成的时候，左宗棠突然发难，揭露曾国藩放走了洪秀全的儿子。当时朝廷下旨责备曾国藩，而一向宽宏大度的曾国藩竟然像小孩儿一样也掉转枪头向左宗棠发难。他上了一道奏折，说当初他左宗棠攻下杭州的时候，不也让太平军的伪康王逃走了吗？而且我打天京只逃走了几百人，他打杭州被太平军逃走了十万人。他凭什么说我？

这一下曾左之间立刻狠掐起来，再加上曾、左之间向来有不和的传言，于是慈禧断定，湘军起了内讧。这时候御史也起来弹劾曾国藩和他手下的湘军，但唯独不弹劾左宗棠，也就是天下人都认为湘军内讧了。

湘军一内讧，慈禧放心了，看守湘军的几路人马都可以撤下来了。接下来，曾国藩主动要求裁撤湘军，慈禧对曾国藩算是彻底放心了。

于是曾国藩在扑灭太平天国之后，既没有选择造反，也没有选择解甲归田，他居然出人意料地又在仕途上官运亨通地走了下去。

对于这个让曾左不和公之于世的湘军内讧，其实还有几个细节更能说明问题。

第一，当初曾国藩上疏跟左宗棠争吵，争吵的架势固然跟没肚量的孩子一样，但奇怪的是他攻击左宗棠的上疏在递交朝廷之前，总是派人用密信先送给左宗棠看。要是真的是内讧，又怎么会这样做呢？

第二，左宗棠弹劾曾国藩放走了洪天贵福，最终责任人虽然是曾国藩，但直接责任人却是领兵攻下天京的曾国荃。曾国荃也因此受到朝廷的斥责。奇怪的是以曾国荃的火暴脾气，他并没有因此忌恨左宗棠，反而一直与左宗棠保持书信来往，也保持着很好的私人交情。如果曾国藩与左宗棠确已势同水火，一生都拼命为大哥的曾国荃，他的表现不是太不合常理了吗？

第三，虽然曾、左表面上关系交恶，但不论是曾国荃，还是曾国藩手下那帮忠心耿耿的将领，后来跟左宗棠的关系都很好，没人因为左宗棠跟主帅曾国藩闹别扭而攻击左宗棠，更没人在这件事上指责左宗棠是窝里斗。这不是很奇怪的表现吗？

所以胡林翼曾说过，他一生最敬佩的两个人，一是曾国藩，他说曾国藩是“吾楚一人”，就是我们湖南、湖北最杰出的人才，另一个就是左宗棠，说左宗棠是“忠肝义胆”。要是这两个人不是一路人，不是真正的黄金搭档，胡林翼又怎么会同时钦佩他们俩，并和他们俩成为湘军中鼎足而立的三大核心呢？

这些都说明，所谓的曾左不和、湘军内讧，本质上不过是政治需要的一出双簧。

而这出政治双簧戏，正是曾国藩煞费苦心的一种安排。

1872 年曾国藩病逝的时候，左宗棠也是封疆大吏了，天下人都认为两人关系这么不好，左宗棠对曾国藩肯定不会有什么好评价。但出乎所有人的意料，左宗棠不仅给曾国藩送来了挽联，而且挽联的内容是："知人之明，谋国之忠，自愧不如元辅；同心若金，攻错若石，相期无负平生。"

这一联也被称为是晚清名联。其内容我们此前分析过，就是说我左宗棠和你曾国藩其实一生都是同心同德的，这一点只有我俩自己知道，而世人全不知晓，所以你我此生，算是"相期无负平生"了。

当然，虽然我们说曾、左"貌离神合"，演了一出双簧，但毕竟也还有性格决定命运的成分。左宗棠脾气大，平常不愿把曾国藩放在眼里，这也是事实，也不排除曾、左不和中确实有假戏真做的成分。但左宗棠越是假戏真做，就越能体现出曾国藩的境界来。

左宗棠晚年曾问手下幕僚："世称曾左，而不称左曾，何也？"

有人回答说："曾公眼中有左宗棠，左公眼中无曾国藩也。"就是说人家曾国藩能容你左宗棠，而你左宗棠却不能容曾国藩。因此，连民国时期著名的爱国将领蔡锷都评价说："曾公之荐左宗棠，而劾李次青，不以恩怨而废举劾，名臣胸襟，自足千古。"（蔡锷《蔡松坡集》）

这些都说明，曾国藩识人、用人的过程中，在绝大的智慧之外，那种开阔的胸襟，也实在是他成就人生事业的一个重要因素。

第 16 讲

三顾茅庐

曾国藩心中有一种要齐家、治国、平天下的理想，但乱世中环境特别恶劣，有理想的人往往需具备更为极端的精神才能坚持下来。他希望不鸣则已，一鸣惊天下、展抱负、救危亡。这时候他想出来的办法就是，以儒家知识分子的理想和信仰来感召天下的知识分子，使他们聚拢到自己身边，形成属于自己的团队和力量。

极品男人

曾国藩说过这样一句话："办事不外用人，用人必先知人。知人之道，总须多见几次，亲加察看，方能得其大概。"（《曾国藩全集·家书》）就是说，对于准备要用的人，不仅要亲加察看，还总想多见几次。

有一个最典型的人，最能证明曾国藩这种用心鉴别人才的方法，这就是曾国藩三顾茅庐力请彭玉麟。

先说一下彭玉麟的历史地位，以便有个基本的印象。

我们说曾国藩是晚清中兴名臣之首，那么还有哪些中兴名臣呢？

一种说法是曾、胡、左、李，也就是曾国藩、胡林翼、左宗棠和李鸿章。还有一种说法是曾、胡、左、彭，也就是把李鸿章换成彭玉麟。而且当时人们还特别喜欢拿彭玉麟跟李鸿章比较，当时民间有句俗语，叫"李鸿章拼命想做官，彭玉麟拼命想辞官"！说这话倒不是贬低李鸿章，因为官场拼命想做官的人多了去了，这话重点要说的是彭玉麟的拼命辞官。

彭玉麟一生总共辞过六次官。

第一次是咸丰十一年（1861年）。当时彭玉麟是以安徽布政使衔统领湘军水师，而水师又是湘军战胜太平军的关键，彭玉麟可以算是湘军最核心的将领，也是曾国藩心腹中的心腹。这时候，曾国藩升任两江总督，立刻安排他的亲信任属下三个省的巡抚。因为曾国藩的推荐，朝廷就任命彭玉麟为安徽巡抚。

但彭玉麟接到朝廷的任命之后，却一连三次请辞，理由是自己熟悉军务但不熟悉民政。结果在他的坚持之下，朝廷没办法，最终给了他一个兵部右侍郎的名誉官衔，还是按彭玉麟自己的意思，让他在前线做水师统领。

第二次是在同治四年（1865 年）。慈禧虽然对湘军很提防，却给了彭玉麟一个人人都垂涎的肥缺——漕运总督。因为朝廷上下都知道彭玉麟是个“三不要”的英雄好汉。

哪三不要呢？“不要官，不要钱，不要命！”

漕运主管的就是所有经水路送往北京的物资，那是当时最有油水的水上运输业。漕运总督主管苏、浙、赣、皖、湘、鄂、鲁、豫八省漕政，那真是叫肥得流油了。可彭玉麟接到任命，在天下人羡慕的眼神里，又多次谢绝任命，还是做他那个兵部右侍郎。

第三次，在同治七年（1868 年）。彭玉麟连他那个兵部右侍郎的虚衔都不要了，说现在也不打仗了，我当年从军时，本来应该在家为母亲守丧的，才守了一年，因为天下大乱，所以出来从军报国，现在仗也打完了，我还有两年孝没守完呢，于是辞去一切官职，回家为母亲守孝去了。

第四次，彭玉麟回家为母亲守孝四年之后，这一年同治帝大婚，朝廷要准备婚庆大典。大典的时候要有一位德高望重的大臣当这个弹压大臣，这种角色一定得是功勋卓著且德高望重的人来担当。朝廷就让彭玉麟官复兵部右侍郎兼同治帝大婚的弹压大臣。

彭玉麟这下不好拒绝了，只好勉强出山来当这个弹压大臣。结果庆典一结束，他又立刻上疏请求辞去兵部右侍郎和弹压大臣的职位。既然工作完成了，那个虚名咱就不要了。

这一下连慈禧都感动了，后来朝廷专门为彭玉麟设了一个长江巡阅使的职位，只说你原来是水师统领，每年只要巡视长江水师一次就行了，其他时间你愿干什么就干什么！彭玉麟一看这位置还不错，适合自己淡泊名利、闲云野鹤的生活，所以也就接受了。

第五次，光绪七年（1881 年），朝廷任命彭玉麟为两江总督兼南洋通商大臣。

两江总督那是仅次于直隶总督的关键职位，像曾国藩、李鸿章这些人都任过这个职位。再加上南洋通商大臣更是晚清后期的要职，可见当时清政府对彭玉麟倚重到什么地步。但彭玉麟就是坚持不肯干，最后没办法，这个关键的位置给了左宗棠。

前五次，都是高官厚禄，彭玉麟却根本不为所动。但最后一次就有些独特了，依然还是高官厚禄，彭玉麟却在要与不要上有了一次惊人的反复。

那是光绪九年（1883 年），朝廷觉得彭玉麟出身行伍，推辞任命的时候总说自己是个军人，熟悉军务，不熟悉行政，所以再肥的缺，他也不要。既然这样，就给他一个适合军人去干的位置吧！什么位置呢？军人之首——兵部尚书。

结果哪知道，彭玉麟还是不答应，前后数月之内，上了几篇辞职报告。这么拖了好几个月之后，别人都以为这一次还是跟以前一样，彭玉麟还是肯定不会接受这个兵部尚书的位置的。

哪知道出乎所有人的意料，几个月之后，朝廷突然接到了彭玉麟的报告，报告的意思很简单——兵部尚书的位置呢？没给别人吧？

没给别人的话，赶快给我！

从来不要官的彭玉麟居然伸手要起官来了！是他变了吗？还是他想通了？还是他“三不要”的令名晚节不保？

都不是，他还是那个傲然独立、傲骨嶙峋、孤标傲世的彭玉麟，他之所以会有平生这唯一的一次伸手要官，是因为突然爆发了中法战争。真正的军人都有一种信仰，大丈夫保家卫国，当战死沙场，马革裹尸，这样才是死得其所！彭玉麟是一个军人，这时候，他虽然已经是六十九岁的高龄，却要亲自领军前往抗击法军的前线。

我们都知道老将冯子材在镇南关大捷，大胜法军，书写了中国近代军事史上少有的几次辉煌，那就是在彭玉麟的领导下完成的。

本来，在彭玉麟的领导下，中法战争在广西一线节节胜利。可是李鸿章主政，朝廷怕打仗，一味主和。彭玉麟在前线屡次上疏，主张有“五可战，五不可和”，说有五个必须一战的理由，五个千万不可和谈的理由，可见其勇战之心、决战之志。可是腐败的清政府最后还是和谈了事，白白丧失了中法战争的大好局面。

战后，彭玉麟彻底心灰意冷，上疏坚决要求辞职，这辈子就伸手要过一次兵部尚书，最后他还是坚决还给了清政府。他用他的一生印证了他的“三不要”的人生准则，也创造了一个中国历代官场上真正能做到不爱官、不爱钱的典范。

不爱官，不爱钱，甚至不爱惜自己的性命，但爱民！爱国！这样的一个彭玉麟到底是怎么出现在晚清的历史上的呢？

这就要说到曾国藩对彭玉麟的发现和培养，以及曾国藩独到的用人眼光和人才论的思想了。

曾国藩的人才观

曾国藩在组建属于自己的湘军时意识到，当务之急是要组建人才团队。所以他写信给自己曾经的学生、旧部、好友，让他们到军中效力，拉起了一个由书生，也就是知识分子组成的湘军人才骨干。

曾国藩不仅把自己了解的、熟悉的人才请到军中来，还特别注意四处访求人才。有一次，他听说了一个叫彭玉麟的人，立刻激起了兴趣。

那么，彭玉麟为什么让曾国藩这么感兴趣呢？

据说彭玉麟不过是一个落第的秀才，在湖南耒阳应聘到一个姓杨的富商家里。咸丰二年（1852 年）的时候，起义军要攻打耒阳县城，吓得城里的商户出城逃亡。商户全家都逃了，就留了彭玉麟一人帮他看家。此时，旁边的邻居也都准备逃亡了，看到彭玉麟还守着老屋子帮人家看家，就来劝他一起逃命。结果彭玉麟摇摇头，说“君子一诺千金，我既然答应了他，任是千难万险，我也要留下来！”

后来，起义军也没打进城来，但彭玉麟重义的声名一下子就传开了。

曾国藩在彭玉麟的老家衡阳练兵，听闻并求证过彭玉麟的事迹后，断定这个人是个人才，非常想请彭玉麟出山来帮助自己。

于是，曾国藩慎重考虑之后，决定亲自登门拜访，一顾茅庐。

曾国藩好不容易找到彭玉麟家，发现不仅屋子破旧，更是家徒四壁。但就在这么一个穷困潦倒的环境，曾国藩一见彭玉麟，不禁眼前一亮。只见眼前这个人长得太帅了，身高八尺，剑眉朗目，神情坚定，玉树临风。后来彭玉麟从军之后，因为他字雪琴，再加上他长得又帅，又是水军统帅，军中都称呼他为“雪帅”。

曾国藩说明了来意，没料到彭玉麟却一口回绝。要知道曾国藩在长沙虽然弄了个灰头土脸，但他毕竟是皇帝钦命的湖南团练大臣，又是前兵部侍郎，这身份，在衡阳那是首屈一指的。他肯自贬身价来请你，那该是多大的面子！

当然，彭玉麟之所以拒绝曾国藩，一是他天性淡泊名利，二是因为他母亲才去世不到一年，他正在家中为母亲守丧。他是儒生，为母亲要守丧三年，这在古代是定制，所以他坚决不肯出山。

第一次没把彭玉麟请出来，曾国藩虽然有些遗憾，但同时也有了一个重要的发现。

他发现彭玉麟那个仅可避风雨的屋子里，虽然简陋，却到处铺满了书画。让人惊奇的是，画的内容完全相同，都是画的梅树与梅花，各种各样的梅花图。

曾国藩十分纳闷，但当时也不好多问，回来后就用心寻访了一下。这一调查，曾国藩真正被打动了。

原来，这里面有一个极其凄美的故事，让彭玉麟这个男人，成为中国近代史上一个真正的极品男人！

彭玉麟从小在安徽外婆家长大。外婆心善，有一次救了一个被拐卖的女孩，女孩孤苦无依，家中已无亲人，于是外婆就把这个名字叫梅的女孩收为养女。但这个女孩其实年龄不大，刚好跟小玉麟同岁，两个人一起成长、生活，渐渐就有了很深的感情。可麻烦的是因为梅姑是外婆的养女，名分上她是彭玉麟的姨妈，是长辈，两个人虽然感情很深，却没办法捅破这层窗户纸。

刚巧，这时候彭玉麟的父亲在湖南老家得了重病，快不行了，彭玉麟得回湖南。临别前与梅姑洒泪相别，说定不负一生情意，定要回来迎娶梅姑。但彭玉麟父亲死后，他母亲坚决不同意这门亲事，还另外张罗给他招了亲，彭玉麟是个大孝子，不敢违拗母亲，只好另外娶妻生子。梅姑苦等玉麟不来，也相思成疾，染上了重病。这时，彭玉麟的舅舅做主，把梅姑另许了他人。这样一对苦命的鸳鸯，就被活活拆散了。

后来，没过几年，彭玉麟就收到了梅姑病逝的消息，彭玉麟为此大为后悔，后悔当初太软弱，辜负了梅姑的一片深情。从此，他发下宏愿，要用尽一生，画十万幅梅花来祭奠梅姑，来表达他一生不尽的追悔与思念。

后来，彭玉麟自己的妻子也因病去世，不论母亲如何催促，彭玉麟始终不肯再另娶他人。甚至母亲死后，甚至他出山创下无比功勋，成为当世中兴名臣之后，他也终生不再另娶。

曾国藩了解到彭玉麟是这样一个重情重义的奇男子、大丈夫之后，十分感动，也更加坚定了要请彭玉麟出山的决心，于是他二顾茅庐，力请彭玉麟。可彭玉麟还是拒绝，因为他已经心如死灰了，所以并不是寻常言语能够打动他的。

但曾国藩也不是一个容易灰心的人，他回来细细琢磨了一番之后，终于想到了可以说服彭玉麟的法子，也由此确立了他曾国藩用人观的一个标准条件。

那么，这个能够说服彭玉麟的法子到底是什么呢？

曾国藩论人才，有段有名的论述。他说我要用的人，“第一要才堪治民，第二要不怕死，第三要不汲汲名利，第四要耐受辛苦”。（《曾国藩全集·家书》）然后他逐条详细解释了什么叫才堪治民，怎么样算不怕死，如何可以说是不计名利，怎么才叫耐受辛苦。在说了一大通具体标准之后，他突然话锋一转，说了一句比这四点更重要的一个核心，一个中心。

他说：“大抵有忠义血性，则四者相从以俱至，无忠义血性，则貌似四者，终不可恃。”（《曾国藩全集·家书》）也就是说，我前面说了这么多，但还有一个最高的标准，就是最好的人才、最理想的人才、最高境界的人才，一定是有“忠义血性”的人。有“忠义血性”这四字内涵的，那这人不用问，四条基本原则肯定具备。否则的话，就算貌似具备了这四个条件的人，也终究是靠不住的。

这就可以看出曾国藩识人、用人最根本的一条原则了，这也是他用人的出发点，也可以说是用人的最高境界，那就是要用“忠义血性”之人，说白了是要用有信仰的人，而且要用有共同信仰的人！

一般人评价曾国藩的“忠义血性”论，往往都从德才兼备的角度去评价，说他强调所谓人才不仅要有才，更关键的还要有德，说有德有才，是极品；有德无才，是次品；有才无德，那就是危险品了。这么说当然没错，但我个人感觉把曾国藩的“忠义血性”论只放在“德才兼备”的角度来考量，可能还是没吃透曾国藩人才观的精髓。

他身处乱世，心中有齐家治国平天下的理想，在乱世中的这种理想和在一个和平世道中有这种理想是不一样的。因为乱世中环境特别恶劣，所以能坚持理想的人往往对于追求更为极端。曾国藩在当时希望能不鸣则已，一鸣则可惊天下、展抱负、救危亡。他当时几乎可以说是被困在衡阳，这时候他想出来的办法就是以儒家知识分子的理想和信仰来感召天下的知识分子，使他们聚拢到自己身边，以形成属于自己的团队和力量。他这时候看重的根本不是什么“德”与“才”的问题，他看重的应该是什么样的人，才能成为自己团队中最坚实的核心。

那么，什么样的人才能成为曾氏团队中最理想的中坚与核心呢？

答案很简单，就是跟曾国藩一样坚守传统儒家知识分子理想与信仰的人，而这种人的现世标准，曾国藩总结为“忠义血性”。

曾国藩曾经评价湘军初期的几位核心成员，像江忠源、罗泽南、彭玉麟，甚至后来跟他闹翻了的王鑫，他评价这些人，要么说“忠勇”，要么说“血性”，要么就是“忠义血性”，说白了，这些人不论有什么样的优缺点，也不论有什么样的独特个性，但都有一个共同点，就是在人生信仰上都与曾国藩有着强烈的共鸣。所以，曾国藩也特别喜欢用这一点来感召他们。

这就是曾国藩三顾茅庐最终请出彭玉麟的法子了。他真的像刘备请诸葛亮一样，第三次亲自拜访，对彭玉麟披肝沥胆，把自己也在为母亲守丧期间甘愿夺情出山的初衷，也就是他作为一个儒家知识分子对信仰的忠诚跟彭玉麟大谈一番。

彭玉麟这样的人，我们从其一生的表现就知道，正是最符合曾国藩所说的“忠义血性”的一个人。所谓“交人交心，浇花浇根”，在曾国藩的信仰感召下，他终于放下包袱，应允出山。

曾国藩看彭玉麟平常最喜欢的一本书叫《公瑾水战法》，传说是三国名将周瑜周公瑾专门训练水军的兵书，就全权委托彭玉麟组建湘军水师。后来彭玉麟和湘军另一位名将杨载福就成为湘军水师的最核心人物。

事实上，湘军的步兵战斗力是远逊于太平军的，但就是因为彭玉麟训练的水师力量超强，远胜过太平军的水师，所以双方在长江中游到中下游一带长期鏖战，湘军才能获取最终的压倒性优势。基本上可以说，正是彭玉麟的水师为湘军战胜太平军奠定了最重要的军事基础。

后来，平定太平天国起义之后，曾国藩开创洋务运动，首先希望能从水军改革开始，彭玉麟忠肝义胆，不计个人得失，为此呕心沥血，打造了中国最初意义上的海军。因此，彭玉麟也被公认为是中国近代海军的缔造者、创始人。

这样一个功勋卓著的奇才、高官，最难能可贵的是一生品行高洁，深情重义，简直就是一个完人。晚清大学者俞樾，也就是俞平伯先生的曾祖父，章太炎和吴昌硕的老师，自言一生谁都不服，独服彭玉麟。他说彭玉麟是“咸丰、同治以来诸勋臣中始终餍服人心，无贤不肖交口称之而无毫发遗憾者”中唯一一人。（俞樾《春在堂集》）

他一生重情重义，画尽十万幅梅花以纪念梅姑。

他从军数十年，作为水军将领，带兵期间，哪怕身受重伤，也要住在船上，从来不移住到岸上。

他屡次被授高官厚禄，却从不为之心动。

他一生节俭朴素，从不追求个人享受，到晚年却把一生上百万两白银的官俸捐出来修建学校，补充海军军费。

他追随曾国藩，就因为一个共同的信仰，不论多么艰难困苦，也从不抱怨，从不半途而废，永远都是那么坚定。

这样一个人，这样一个男人，这样一个奇男子、大丈夫，就算称之为完人也不为过。

所以，曾国藩用“忠义血性”四字来称彭玉麟，真是再贴切不过；曾国藩用“忠义血性”四字来感召彭玉麟，真是再聪明不过。也可以说，正因为有了曾国藩选择信仰的人才观，才最终有了这个近乎完人的彭玉麟。

第 **17** 讲

用人四部曲

综合塔齐布、罗泽南、王鑫的例子，我们不难发现，曾国藩固然很会用人，但他用人之法的奥妙却是我们很难参透的。他为什么从一双草鞋就看出了塔齐布的独特？为什么能让罗泽南这样资历比他还老的人甘心唯他马首是瞻？为什么又眼睁睁看着王鑫这样的人才与自己分道扬镳？这难道都是因为他的唯才是举果然大异于常人吗？

穿草鞋的塔齐步

一代枭雄曹操有一句名言，四个字，很简单——“唯才是举”。

这句话现在已经成了一句世人耳熟能详的成语了，意思很简单，曹操是说，只要是个人才，我就用他！

事实上，曾国藩不仅在“唯才是举”上做得卓有成效，他还把这一点当成家训中的重要内容，把与之相关的经验和心得体会，都毫无保留地传授给弟弟、孩子。

那么，曾国藩是如何做到唯才是举的呢？

我们来看看塔齐步的例子。

当初曾国藩到湖南长沙任湖南团练大臣，第一次出山办团练，雄心勃勃，可一到长沙，他就傻眼了，因为这时候清政府已经是吏治腐败、兵备松弛，不论是绿营还是团营，根本就是一盘散沙，要做事根本就无从做起。

曾国藩是个有大志向的人，他虽然出来是当团练大臣的，但眼光十分长远，根本不以办团练为最终目标。当然，刚开始他也没想到要练湘军，按起初的想法，他是想把作为民兵性质的团练和作为政府军性质的绿营进行整合，所以，在取得了湖南巡抚张亮基的支持后，就越权行事，把绿营的整军训练和团练的训练一起来抓。

但这样一来，立刻就有了阻力。虽然巡抚大人支持他，但曾国藩的名分毕竟是湖南团练大臣，也就是说按道理他只能管团练，不能管绿营。现在他伸手要管绿营，那些绿营的将士就阳奉阴违，谁也不把曾国藩当回事儿。

曾国藩很聪明，他想，我若在绿营里没亲信，没朋友，这事儿终究也干不成。所以他就琢磨着怎么在绿营里发展自己的力量。

当时官场比较腐败，你要发展自己的力量，你得拉帮结派，你得请客吃饭，你得花天酒地地处关系，这样才可能在官场上混得开。曾国藩不是这样的人，他不请客吃饭，也不跟这些绿营的将官公关交际，那么他怎么能知道绿营里哪些人可交，哪些人不可交呢？

曾国藩自有他的办法。他天天到绿营附近去转悠，就是在绿营的营房驻地转悠。

一天，曾国藩又在绿营附近的一条街上转悠，这条街上可以碰到很多绿营的官兵，曾国藩便服出门，也没人认得他。他在这条街上转悠好几天了，每次转完，都是浓眉紧锁地回衙门。可这一天，他正转悠着呢，突然看到前面出现一个长相很剽悍的军人，曾国藩一看，立刻眼睛亮了——这个明明穿着将官军服的剽悍军人，脚上居然穿着一双草鞋！

曾国藩立刻上前搭话，那个军人看他一副老成持重的样子，也不敢怠慢，就停下来应曾国藩的话。曾国藩一问，这位军人就自报家门，说他叫塔齐步，任绿营守备一职，也算是个中高级将官。

曾国藩一听塔齐步这个名字，脑子里一激灵，因为他刚巧对这个名字还有印象。原来，就在几天前，他正好在湖南巡抚张亮基那儿，碰到张亮基拿着一封信在看。张亮基拿着这信扫了两眼，有些轻蔑地笑了笑后，就把信扔到一边，还说了句“文理不通”。

曾国藩顺口问了下，张亮基就说，有个绿营守备给他上书，说现在太平天国起义，湖南危在旦夕，建议他如何如何。只是这个武将实在不太有文化，这信里文句写得佶屈聱牙，读都读不下去，所以张亮基就没理他。结果这个武将还不死心，这不，又写了第二封上书来，还是文理不通，一点长进都没有。

说完，张亮基就把信拿给曾国藩看。曾国藩一看，果不其然，这信写得确实没文采，甚至还有不少病句。但曾国藩作为一个大文豪，却没像张亮基那样只是扫两眼，而是一字一句慢慢读了下去，读到最后，觉得确实也没什么惊人的思想与看法。只是信最后的署名，给他留下了印象。这封信的署名就是"塔齐步"。因为这个名字，一看就知道是满人的名字，也就是说这个人一定是个满族将官。

这时候，曾国藩心中忽然一动，就建议张亮基，可以亲自约见一下塔齐步，万一这个人只是没有文采、不会写文章呢？

后来，张亮基还真听曾国藩的劝，把塔齐步叫去谈了谈。结果，张亮基事后对曾国藩说，这个塔齐步见面说话还不如写文章呢，写文章只是文理不通，但意思你字里行间还猜得到，说话则是三棍子打不出个闷屁来，根本不善言谈，看来无甚可取。

听张亮基这么说，曾国藩也不好再说什么，就把这事儿置之脑后了。现在听说这位让自己眼前一亮的人就是塔齐步，曾国藩立刻来了兴趣，把自己的身份也坦然相告，还把塔齐步约到自己的住处彻夜详谈。一番详谈之后，曾国藩终于对塔齐步有了全面的了解，他发现塔齐步确实不善言谈，但就冲着他作为绿营高级将领能在平常穿双草鞋，就一定是个人才。

那塔齐步为什么要穿双草鞋呢？

塔齐步说自己最看不起的就是那些手无缚鸡之力、只知道穿绫罗绸缎的所谓武将。而且塔齐步说自己是满族将领，最看不惯八旗子弟变成纨绔子弟，所以平常生活、训练他都穿草鞋，以示自己的军人本色。

从此以后，曾国藩深交塔齐步，并依仗塔齐步开始进行团营与绿营的整军训练。后来骆秉章上台，替代张亮基成了湖南巡抚，湖南绿营兵变闹事，差点要了曾国藩的命。曾国藩羞愤之下，离开长沙，去衡阳练自己的湘军了。从此他对湖南官场深恶痛绝，对长沙城里的官员也再没有好感。

之后，咸丰皇帝给曾国藩特旨，让他办湘军，曾国藩对骆秉章的唯一要求，就是要调塔齐步来。而塔齐步也居然愿意放弃自己在绿营的职务而到曾国藩新办的湘军去。骆秉章成人之美，就把塔齐步送去了衡阳，从此，曾国藩终于有了第一个重要的心腹干将。

后来，曾国藩率湘军第一次出山打湘潭之战，率水军偷袭靖港，一场大败，弄得曾国藩几乎自杀。但就是因为塔齐步率步军主力攻下了湘潭，获得了整个湘潭战役的胜利，曾国藩才得以扭转败局，也算赢回了面子。很长一段时间内，曾国藩都倚重塔齐步为手下第一员要将。直到塔齐步战死九江，曾国藩作为湘军主帅，为之亲自祭奠，大哭不已，几天几夜，不吃不眠，是真伤心，真痛心，以至于曾国藩自己曾说塔齐步之死，就像折断了他的一只胳膊。

那么，向来讲究用汉人、用汉人中的湖南人、用湖南人中的读书人的曾国藩，为什么这么器重这个满族将领塔齐步呢？

我们暂且放下这个疑问，来看看曾国藩另一个用人的案例。

一对奇师生

罗泽南，字罗山，所以当时人们又称他为罗罗山；王錱，字璞山，他其实是罗泽南的学生，也是罗泽南最有才、最有个性的一个学生。

王錱有才、有个性到什么地步呢？据说平常罗泽南和他的学生们在一起聊天，不论是国家大事，还是学术探讨，只要王錱一开口说话，别人就没指望了。因为王錱口才太好了，学识也太渊博了，而且声如洪钟，嗓门又大，口齿伶俐，语速飞快，以至于他一开口，别人根本插不上嘴。

也只有一个人能插得上嘴。谁呢？当然是当老师的罗泽南。但就算是罗泽南，也得使用蛮横的方式才插得上嘴。《清史稿》里记载说，每次当老师的罗泽南都要说："璞山盍少休，让吾侪一开口乎？"就是说，你能不能歇会儿，让我们大家也说两句？这样，王錱才会不好意思地停一小会儿。

你看，这一对师生，也实在算是有趣的人。

但就是因为有了这对师生，才有了曾国藩后来的湘军。或者，可以这么说，没有罗泽南和王錱，也就没有后来的湘军。因为早在曾国藩出山之前，罗泽南和王錱已经把湖南团练办得很成功了，曾国藩就是在他们团练的基础上，发展成自己的湘军的。王錱的部队，后来又被称为老湘营。也就是说，王錱、罗泽南才是湘军真正的创始人。甚至，连曾国藩自己都说："湘军之兴，威震海内，创之者罗忠节公泽南。"（《曾国藩全集·家书》）就是说，曾国藩也觉得罗泽南才是湘军当之无愧的创始人。

罗泽南后来成为曾国藩最重要的左膀右臂，王鑫虽然开始跟他一样，也成为曾国藩手下的干将，后来却走上了另一条路。

王鑫聪明，有才，打仗又特别有一套，曾国藩也特别器重他。甚至王鑫虽说是罗泽南的学生，曾国藩也把王鑫当自己的学生看，曾经把自己最宝贝的那套《二十三史》，也就是他当年落榜后在南京用借来的钱买的那套书，送给了王鑫。

开始王鑫也确实以师礼待曾国藩，但曾老师不像罗老师那样，只说两句“璞山盍少休，让吾侪一开口乎”了事，他居然对这个连罗老师都非常器重的学生十分不客气。

说起来，王鑫让曾国藩发火的这件事，也实在出人意料。

曾国藩在衡阳招募湘军，随时准备东山再起，这时罗泽南、塔齐步、王鑫分别是他左、中、右三军的统领。曾国藩招募湘军讲究宁缺毋滥，所以他让王鑫这一营，不要多，只要招三千人就行。

可王鑫热情高涨，自作主张，一下子招了一万多人。

曾国藩就不高兴了，说让你招三千，你怎么一下超额招这么多人？你怎么执行将令的啊？

曾国藩这么一问，王鑫还不服气了。虽然他很敬重曾国藩，但他也有他的道理。而且他一旦开口，就滔滔不绝，居然跟曾国藩争了起来。

曾国藩很恼火，说你不要给我解释，把你招的这一万人都撤了，只许留七百人。没什么理由，我没那么多编制给你。

这一下，王鑫也火了，他本来就是个直性子的人，结果因为招兵、因为努力工作反倒受了批评，还让他只许留七百人，他实在想不开，就上书湖南巡抚骆秉章，把情况一摆。

曾国藩虽然是湖南团练大臣，但全省军务总负责还是骆秉章，王鑫等于是越级反映情况。当时骆秉章一切军务皆倚仗左宗棠，左宗棠一了解这事，立刻火了，写信把曾国藩好好损了一顿，说："涤生每叹人才难得，吾窃哂之……王璞山其一也。"（《清史稿》）意即讽刺曾国藩说，你曾涤生平常老说人才难得，好像一副唯才是举的样子，其实你根本就不识才，王鑫这样的人才你都不用他，这就是一个鲜明的例子。

这一下曾国藩也火了，当即写信给骆秉章说："璞山之勇，若归我督带，则须受节制，此一定之理。既不受节制，自难挈之同行。若听璞山自成一军，公宜先行奏明，此亦一定之理。世虽大乱，而纲纪不可紊也。"（《清史稿》）就是说，王鑫是人才，这不假，但要归我统辖，就必须听我的，要不听我的，你可以把他调走，让他自成一军也行。

结果不久后，王鑫果然跟曾国藩分道扬镳，左宗棠把王鑫调出，王鑫的老湘营后来成了左宗棠的下属。直到王鑫后来在攻打江西战死之后，老湘营跟湘军才重新融为一体。

综合塔齐步、罗泽南、王鑫的例子，我们不难发现，曾国藩固然很会用人，但他的用人之法和我们所熟知的唯才是举的表现还是有着很大差别的。曾国藩与曹操、刘邦等不一样，他也主张唯才是举，但他的人才论之所以说是更独特、更科学，是因为他有一套系统的主张与办法。他主张，正因为"用人一节，实为万事根本"，所以用人的事，没那么简单，不是一句唯才是举就能说得完的。

总的来说，曾国藩在他的家训里提出，用人要分为四步来进行。

第一步，“广收”。

曾国藩也主张首先要尽可能地网罗人才，选人、用人的标准不要太严苛，因为“为德为才，得一已难；两者兼全，更不数觏”。（《曾国藩全集·家书》）这是说大家都要用德才兼备的人才，但到哪儿去找那么多德才兼备的人才啊！人都是有私心、有私欲的，有德或者有才，有一样就不简单了，作为一个领导者，不要那么求全责备。

但曾国藩用人也不是完全没条件，所以他这个“广收人才”论里，就有一个很有名的“官气、乡气”说。

他说：“大抵人才约有两种，一种官气较多，一种乡气较多。”也就是把人才粗分为两大类，一类是有官气的人，一类是有乡气的人。

有官气的人，就是有官僚气的人，曾国藩认为这种人最死气沉沉，最没有活力，所以虽然这种人可能也有小才，也有些个人专长，但一个团队、一个组织要想成事，一定要摒弃这种人。什么是乡气呢？曾国藩说：“乡气多者好逞才能，好出新样，行事则知己不如人，语言则顾前不顾后，其失也一事无成，物议先腾。”（《曾国藩全集·家书》）就是说有乡气的人好逞能，个性鲜明，优点很明显，缺点也很明显，但也确实有本事。

相比较有官气和有乡气的人，曾国藩用人的出发点是舍官气而取乡气。所以，曾国藩开始招湘军的时候，据说他坐镇招兵处，看到油滑的人，他就不吭声，意思就是不要。看到朴实的人，他就“唔”一声，那就认可了。这一招说起来还是跟戚继光学的，当年戚继光招戚家军的时候，也是这个选人标准。

第二步，“慎用”。

这是曾国藩人才论里最强调的一点，就是一定要发现人才的长处到底在哪里，要合理地用其长，避其短，能做到这一步，才叫真的会用人。因为有材不用，固然是浪费；大材小用，也有损于事业；至于小材大用，那就会对事业带来危害了，这样反而还不如不用。

曾国藩说：“收之欲其广，用之欲其慎，吾辈所慎之又慎者，只在用人二字上，此外竟无可着力之处。”（《曾国藩全集·家书》）那意思，我这平生的智慧都在这上面了，除了慎用人才、用对人才，其他没什么好花心思的。

曾国藩是一个做事极讲究布局的人，他打一开始就没想只办个和别人一样的团练。他这个人做事，不做则已，一做就是大手笔，所以从办团练到办湘军那是早晚的事。但要办起一支属于自己的武装来，就要面对一个清王朝两百多年来一直防备的问题，那就是——满汉相防。满人一直都不放心汉人带兵，所以即使是汉军的绿营，主要将领也一般是满族人。

曾国藩要办湘军，全是汉人知识分子为主，要是一个满人也没有，朝廷怎么信得过他呢？但当时满族将领多是纨绔子弟，人才都算不上，又怎么能重用呢？所以，难得有塔齐步这样一个人，曾国藩极为推崇，极为倚重，从这里就能看出曾国藩用人上的精明与慎重来了，他是要布一手棋，而塔齐步这手棋在他那儿要发挥的作用绝不只在于眼前，而在于长远。

可惜，塔齐步打仗太英勇了，死得太早，曾国藩固然因为两个人之间的感情而痛惜，但同时也为自己的一手好棋的丧失而痛惜。后来，果然不出曾国藩所料，满人主政的朝廷对他时时小心提防。

同样，推崇罗泽南也体现了曾国藩用人的高超。

曾国藩用罗泽南，开始从来不拿他当自己的下属看，因为罗泽南比他年龄大，出道也比他早，所以曾国藩虽然名义上是湖南团练大臣，但一直尊称罗泽南为兄，并处处说罗泽南才是湘军的创始人。

当然，曾国藩这么推崇罗泽南也完全是真心的，这样一来，罗泽南作为湖南当地最有名的知识分子之一，因为他死心塌地跟着曾国藩，他的学生、他的弟子，以及他影响力所及的一批读书人，也就都聚拢到了曾国藩的周围，这些人后来都成了湘军中的骨干。

第三步，“勤教”。

曾国藩一直认为找到了人才，用对了人才还不算完，作为一个领导者，你还必须善于引导人才，使人才不断提升，不断发展。所以，曾国藩算是提出了最早的人才培训的概念。

你看，虽然曾国藩真正认可的入室弟子，严格说起来也就是李鸿章，但当时很多湘军将领都以师礼对待曾国藩，曾国藩对此也坦然接受，因为他确实在长年征战的过程中，很注意对手下人的培养，而且这些培养，他大多是亲力亲为。

他治军的时候，很注意思想政治工作，每次练兵都要亲自训话，一次训话都要半个时辰到一个时辰。这个力气花得不可谓不大，但正因为他教训得勤，他手下的人才也才跟他跟得紧。

曾国藩的勤教，既是一种人才培训的手段，也是一种凝聚人才的手段。

第四步，“严绳”。

曾国藩是非常讲究所谓人才是要能为我所用的，而使用人才，一定有一个环境，要么是一个团队环境，要么是一个组织环境。也就是说我们是在一个体系里使用人才的，这个体系可以小到一个团队，可以大到一个政党，甚至国家机构，不管大小，这个人才环境要自成一个体系，就必须保证这个人才环境的有序与稳定。

为了保证内部的人才环境的稳定，所有不稳定的因素，他都要剔除出去。所以他说过有两种人他不用，一种是表现欲过强的人，一种是虽有大才但性格极其偏激的人。因为这两类人最容易破坏整体人才环境的稳定。

他认为，王鑫就属于第二类虽有大才但性格极其偏激的人。对曾国藩来说，这会给其他人起很危险的示范作用，到时候一个王鑫就会变成两个、三个甚至几个王鑫来。一个团队里，不要多，有几个这样的人，人才环境就要被打破了，就难以掌控了。所以，曾国藩宁肯舍王鑫之才，也要跟他较真。

王鑫确实有才，后来左宗棠重用他，他也确实建立了不少功勋。可曾国藩虽然面对左宗棠的嘲讽挖苦也不后悔。从长远的实际效果来看，他这么做虽然绝情了一些，但对湘军这个团队的建设来说，还是有很大的正面意义的。

所谓“严绳”，就是对人才的管理与驾驭。这也算是曾国藩人才论里最有特色的一点。

第 **18** 讲

知识

就是力量

曾国藩为什么那么支持两个儿子放弃科举考试，而去攻读西方自然科学与社会科学？在那个时代，曾国藩对科学知识以及科技人才的态度，已经可以算是非常超前的了。所以他才会如此看重科学家，并使他们成为自己洋务事业中的重要支柱。也正是因为有李善兰、华蘅芳、容闳那批最优秀的知识分子和科学家的帮助，曾国藩开启的洋务运动才渐渐有了真正的成果。

容闳的回忆

容闳在中国近代史上有个非常响亮的名头，叫“中国留学生之父”。他是中国近代史上第一个赴美留学的留学生。

容闳原来是广东人，后来跟着父亲到了澳门，就读于一个教会学校。第一次鸦片战争爆发后，这个学校迁到了香港，容闳也就跟着到了香港。这时候容闳才十三岁，也是班上最小的一个孩子。

幸运的是，这个教会学校的校长美国人布朗先生是一个非常出色的教育家，尤其对学校里仅有的五六个中国孩子充满了爱心。容闳后来在自传里回忆说，布朗是一个极出色的老师和校长，给了他终身巨大的影响。后来布朗因病要回美国，因为出于对教育的热爱，他决定带三个中国孩子一起走，让他们接受更为先进的教育。但最后只有最小的容闳坚持下来，并考上了耶鲁大学，最终通过自己的努力，在耶鲁大学获得了属于中国人的第一份毕业文凭。

容闳自耶鲁毕业后，就成为名副其实的第一个中国留学生，这时候他彻底睁开眼睛看到了世界，也就明白了中国之所以落后的根本原因。所以他产生了一个重要的想法，也是使他这一生特别有价值的一个理想，那就是——“教育救国”！

他要组织中国的孩子像他当年一样，让他们到美国、到西方接受先进的科学教育，几代之后，他相信凭中国人的聪明与努力，很快就会缩小跟西方的差距，那时候中国就又可以成为屹立于东方的世界强国了。

要实现这一理想就得回国，容闳在耶鲁毕业后，就毅然决然回到了当时已经烽火四起的中国。

1855 年，怀揣着理想的容闳跨越一万三千海里的航程，经历了一百五十四天的航海旅行，终于从美国回到了香港。这时候，正是太平天国起义爆发后的第五年，也正是太平军与湘军鏖战到难分难解地步的时候，容闳这个用西方科学武装头脑的知识分子，目睹了这一场异常惨烈的战争。

他先是在一家英国人开的商行里当翻译，因为做生意的原因，他首先接触的是已经在天京建都了的太平天国。

事实上，容闳作为当时少有的有世界眼光的中国人，他本来是寄希望于太平天国的。因为一切旧制度腐朽到人们自发来推翻它的时候，说明那个旧制度已经腐烂到无药可救的地步了。而可以推翻它、取代它的力量，往往具有崭新的生命力。容闳从理性思考的角度出发，最初认为只有太平天国才是能实现他救国理想的一方阵营。

可当容闳在交战区穿行了几个月，历尽千难万险才来到南京之后，立刻心凉了大半截。当时南京已改名叫天京，住着天王洪秀全和他分封的大大小小上千个王。当时天京城里，这些王们的生活比晚清朝廷还奢华，还腐败。容闳看在眼里，立刻就心灰意冷了。

当然，也不能说太平天国不重视容闳这个旷世的奇才。当时太平天国已经经历了大伤元气的“天京内乱”，主政的是洪秀全的堂弟、干王洪仁玕。这个洪仁玕在历史上非常有名，中学历史课本也还提到过他，尤其是他那本《资政新篇》，提出了早期资本主义改良的主张。再加上他在香港居住多年，对西方文化了解得也比较深，所以由他来主政，本来太平天国还是有希望的。可惜，洪秀全在经过天京内乱的众叛亲离后，连他这个有才的堂弟也不能信任了。

洪仁玕听说容闳来了，很重视，还亲自接见他。容闳也很高兴，把自己思考多年的改良主张一股脑托出，提了七条建议。这七条建议分别是，要改良军队，要兴建军校，要专门建立海军，要组建文官政府，要建立国家银行体系，要建立全民教育体系，要尽快建立一批以科学教育为主的实业学校。

洪仁玕一听，就知道容闳是一个真正的人才。他当时很高兴，说要回去向洪秀全汇报。可过了两天，洪仁玕再来见容闳，就是一副垂头丧气的样子了。他对容闳的七条建议只字不提，只是让容闳先留下来。过后，洪仁玕就让人送了有第四等官爵的官印来，也就是给了容闳一个高官来做。

容闳一看就紧张了，做什么事不谈，先给个官，这意思还不放我走了。你们不听我的意见就罢了，还不让我走，这可不是开玩笑的。要说这是一个有希望的团队还好，现在连容闳也觉得这个团队不太有希望，他立刻觉得这个官印可就不是什么好兆头了。所以他挂印封金，跟洪仁玕谎称要四处考察，就趁机溜走了。

容闳不能效力于太平天国，他也不想效力于腐败的清政府，有一段时间，开始专心地做茶叶生意。因为九江是中国著名的茶叶中转站，所以容闳就在九江做茶叶生意。这一时期，他收到了好朋友李善兰、华蘅芳的多封来信——催促容闳去见曾国藩的信。

李善兰、华蘅芳，当时中国最顶尖的科学家，都成为曾国藩的贴心幕僚。他们了解容闳的才学，就向曾国藩推荐。曾国藩从谏如流，一听就几次三番催李、华等人一定要把容闳请到他的幕府来。

容闳并不了解曾国藩，也摸不清底细，所以并不想去。可架不住李善兰、华蘅芳等人一再催促，想想去见一面也未尝不可，要不行的话就跟上次一样，再溜走就是了。他就很勉强地来到安庆，来见当时已经是两江总督、东南第一重臣的曾国藩。

按容闳的理解，洪仁玕好歹还接触过西方先进的文化，跟自己还是有共同语言的。而曾国藩号称理学正宗、一代大儒，又是腐败的清王朝的重臣，肯定跟自己没什么共同语言。所以他打定了主意，不能像上次一样，把心里话都说出来，自己能不说就不说，能少说就少说。结果，等到真见面了，曾、容的一场密谈既在容闳意料之中，又在容闳的意料之外。

曾国藩客气地把容闳迎进总督府的厅堂落座后，就不说话了。当时李、华等人退下，厅堂里只有曾、容两人。容闳在他的自传里回忆说：这个名震天下的总督大人坐在我对面，很长时间也不说话，只是一直微笑地看着我，这样足足有好半天的时间。他的眼睛很独特，他开始仔仔细细地打量我，后来就只盯着眼睛看。容闳开始被他看得有些紧张，渐渐也就不紧张了。

这样过了好一会儿之后，曾国藩终于开口说话了，他笑着问容闳在国外读了几年书。容闳也不多说，一问一答，简单应付。曾国藩一听又沉默了，过了一会儿，他又突然直接问容闳：“你希望就任军官之职吗？”

容闳反应也很快，当时就说：“如果我具备军官资格，当然乐意。但我从未学过军事学。”这意思可就是拒绝了。

可曾国藩还是谈从军的事，他说从相貌、骨相、眼神都可以看出来，容闳是一个勇敢且具备指挥才能的人。这下，容闳以为曾国藩一定要让他从军，所以坚决表示自己没有丝毫的军事经验，恐怕带不了兵，打不了仗。

在容闳表过态之后，曾国藩神秘地笑笑，然后随便聊了几句，这次重要而短暂的初次见面也就结束了。

容闳丈二和尚摸不着头脑，回去之后就跟李善兰说了自己的困惑，说曾大人为什么非要我带兵呢？李善兰一听容闳和曾国藩的谈话内容就笑了，说这样太好了，曾大人肯定要重用你，你的报国理想啊，一定有着落了。

原来，曾国藩识人有个原则，他说："世不患无才，患用才者不能器使而适用也……余生平好用忠实者流。"（《曾国藩全集·书信》）意思是说每个人都有他的才学，但一个人能否真正堪当重任，最终还要依赖这个人的品质与品格。

当时到湘军来的，大都希望在乱世里谋出身。治世里谋出身当然求功名，乱世里谋出身当然求军功。所以，来的人大都希望带兵。若能带兵，则易立军功，自然就有出头之日。当时，为一己私利而来曾国藩处求用的人才大都不外如是。容闳不求带兵，给兵也不带，说明他并非求私利而来。既非为求私利而来，自然是怀揣着理想的"忠实者流"。

结果，不过简短的见面，总共也没说几句话，曾国藩对容闳就有准确的把握了。他紧接着第二次、第三次再约见容闳，就不再提什么带兵打仗的事了。

曾国藩开门见山地问容闳，就你的报国理想来看，当前最实际的事是干什么？

容闳虽然一生的理想是教育救国，可此时他吸取了跟洪仁玕见面的教训，还不想把自己的想法和盘托出。曾国藩考察容闳，容闳也想考察曾国藩。他直截了当地提出，当前中国最实际的需求莫过于建工厂，建能制造机械的工厂，也就是机器厂。

对西方工业革命并不了解的曾国藩，在听了容闳的建议之后，当即拍板，筹建中国第一个机器制造厂，也就是后来鼎鼎大名的“江南制造局”，并立刻筹款六万八千两白银，由容闳全权负责，到美国去购买能够制造工业机械的机器。

容闳这一下感动万分，突然在心中燃起了工业救国、实业救国的梦想。当然，他并没有放弃教育救国的梦。这时他虽然对曾国藩已十分信服，但还比较谨慎，依旧没有对曾国藩和盘托出自己的计划。后来，在他买回了中国近代史上第一批机器并帮助筹建了江南制造局之后，他认定了自己要跟着曾国藩洋务运动的步伐走下去。这时，他把教育救国的计划和盘向曾国藩提了出来。

和当初支持容闳出国买机器一样，曾国藩二话不说，筹钱拨款，全力支持容闳的留学生计划。于是，在曾国藩的支持下，在容闳的全力主持下，清政府第一次选派了三十人的留学幼童。他们中间很多人在经受欧风美雨的熏陶后，学成回国，很多人都成了中国矿业、铁路业、电报业等各行各业的先驱人物，其中最著名的就是中国铁路之父詹天佑。

奇异的征服

放下容闳，我们再来说说李善兰。

李善兰是中国近代史上顶尖的数学家。英国人评价他是用自己独特的方法研究到微积分的人，也就是说李善兰是近代中国由初等数学向高等数学发展的一个里程碑。

李善兰无意科举考试，却对数学一生钟情。他中年以前最大的志愿就是翻译完古希腊数学家欧几里得的《几何原本》。事实上，明代的科学家徐光启和传教士利玛窦曾一起翻译过《几何原本》，但只翻译了一半。李善兰穷尽半生的光阴，继承徐光启的遗志，终于把《几何原本》全部翻译了过来。

可翻译过来之后，要刊印成书的时候，李善兰发愁了。因为他一生致力数学研究，家无余财，根本无法把书印出来。后来，还是在朋友的帮助下，这本《几何原本》终于印了出来，但印得很少。加之当时天下不太平，这书才印出来没多久，书和印版就都毁于战火了。

这时候李善兰听说曾国藩广纳英才贤士，就来投奔曾国藩。

奇特的是虽然李善兰这时还不太有名，但曾国藩居然听过李善兰的大名，对李善兰待之如上宾。李善兰是科学家，是个标准的知识分子。他第一次见到曾国藩，别的话不说，上来就问："曾大人能不能帮忙？"

曾国藩问："要帮什么忙？"

李善兰二话不说，从行李里把厚厚的《几何原本》的翻译稿拿出来，递给曾国藩，直截了当地说：“我要重新刊印此书！”

曾国藩拿在手里仔仔细细地翻了一遍，根本看不懂。

可虽然看不懂，曾国藩却突然哈哈大笑，说没问题。他当即拿出自己官俸，立刻请人为李善兰重新刻印这本《几何原本》。而且不惜成本，大量刊印。

这一下，李善兰士为知己者死，从此对曾国藩死心塌地，在引进容闳、建造江南制造局、为曾国藩造新式轮船，甚至洋务运动上都殚精竭虑，费尽了心思。也正是因为有李善兰、华蘅芳、容闳当时这批最优秀的知识分子的帮助，曾国藩开启的洋务运动也才渐渐有了真正的实绩。

我们必须再次强调一下这样的事实，也就是容闳、李善兰、华蘅芳这些当时最杰出的科学家，受西方文化影响最深的知识分子，他们并不是被曾国藩背后的那个腐败无望的清政府感动的，而是被曾国藩本人感动并征服的。

那么，如果说身为两江总督的曾国藩就是那个腐败清廷的代言人，他又怎么能感动并征服这些标准的科学家与具有当时先进科技思想的知识分子呢？

对于这个问题，一般人很容易想到两个答案，一个是曾国藩向来有器重人才的态度，一个是他有海纳百川的胸襟。也就是说，从人力资源的角度看，曾国藩向来求贤若渴，以至于当时就有人评价说“凡有一技一艺之能者，无不争于其门”。（李鼎芳《曾国藩及其幕府人物》）

这么说，当然也不错，但还是没触及根本。因为在当时，各地方大员设立幕府，广纳贤才，这是非常普遍的事。像林则徐、胡林翼，这些人手下都有大批的幕僚。问题是这些幕僚里虽然也有很多知识分子，但大多是讲究四书五经的传统儒家的知识分子，绝少像曾国藩的幕府里有大量掌握西方文明和西方科技的知识分子。

你不能说其他人就不重视人才，其他人就不求贤若渴，但他们招揽来人才，却并没像曾国藩那样开启一段引发西学东渐的洋务运动，这就非常值得深思了。

我在研读了曾国藩的家训、文集与相关史料后，感觉曾国藩在面对西方文化及与之相关的科技人才时，有这样几点是非常值得思考的。

第一，他能放下传统儒家知识分子那种“唯我独尊”的自大心理，去冷静客观地看待新事物，哪怕这些新事物是从所谓“蛮夷之国”传来的。

有一次，曾国藩手下在广东从洋人那里买到了一个“千里镜”，其实也就是望远镜。因为稀奇，所以当时府衙内众多官员都凑在一起欣赏。大家看完之后，议论纷纷，基本上众口一词，斥责这种“千里镜”不过是洋人显示奇巧之技的小玩意，若对此感兴趣，正属于玩物丧志的范畴之内！君子修大道，这种小发明在当时人看来明显属于小道，正是“蛮夷小国”才会弄出这种玩意来。

虽然别人都说这种“千里镜”只是蛮夷人的奇巧小道，曾国藩自己却在当天的日记里说，此物能让“半里许之人物如在户庭咫尺之间”，这种技术真是既让人“惊叹”，又让人“悚惕”。

之所以“惊叹”，当然是因为感受到了望远镜的神奇；而之所以“悚惕”，曾国藩的解释是反思自己“志学有年”，却“依然故我”。就是说自己这么多年也算勤学发奋，却原来有那么多不知道的、没学到的东西。别人都在进步，而我们却故步自封、夜郎自大，这种状况，让人想想就害怕！这就是“悚惕”。

能悚惕，能不自大，才能真正地放下身段。他堂堂曾国藩都能放下身段来，像容闳、李善兰这些人，又怎么会不服他呢？

第二，曾国藩不仅能因为正视差距而重视西学，而且还能切实地因为求知的精神而对西学产生兴趣，并在这一点上和那些科学家们有许多切实的交流。

当时，因为鸦片战争之后，中西方之间的差距越来越明显，封建士大夫们虽然心理上很难接受，但也不能完全忽视这种差距，所以“师夷长技以制夷”也逐渐成为一种共识。但这种共识体现在不同阶层的知识分子身上，表现是非常不同的。

在那些社会中下层的知识分子身上，像李善兰、华蘅芳这些人身上，他们确实非常努力地学习、实践着西方先进的科技文明。但在那些社会上层的知识分子，也就是朝廷的高级官员身上，大多数人根本意识不到向西方学习的重要性，少部分人能意识到，也只是随声附和，并不可能有实际行动。能位列高级官员，又能身体力行地对“师夷长技”真正产生实践兴趣的第一人，就是曾国藩。

曾国藩虽然看不懂《几何原本》，但是二话不说就同意刊印，还努力啃了啃这本看上去很奇特的《几何原本》，但因为数学基础太差，实在啃不动，就嘱咐自己擅长西学的儿子曾纪泽，好好通读一下《几何原本》，并要他多向李善兰请教，然后由曾纪泽为李善兰重新刊印的《几何原本》写一篇《几何原本序》，写完后曾国藩亲自审定，并署上自己的名字，以示重视。

因为曾国藩在序上署了名，李善兰所译的《几何原本》一下洛阳纸贵，李善兰也一下子声名鹊起。李善兰为此对曾国藩感激涕零。

曾国藩为什么对李善兰翻译的《几何原本》这么重视？因为他非常看重对西方科学著作的翻译工作。

他平常也喜欢搜求有关西方文明的书来读，他的两个孩子就因此放弃了科举考试，而专攻西方的自然科学与社会科学。但读这些书的时候，曾国藩最感慨的，是因为翻译水平的问题，很多东西读不通、读不懂。

这时，他手下一个重要的幕僚，也就是近代史上著名的化学家徐寿就建议他设立翻译局。曾国藩从善如流，在创建江南制造局的同时设立了翻译馆，专门翻译西方科技专著，奠定了中国翻译学的基础。后来，日本很多西方科技名著，就是依江南制造局的翻译馆的译本再翻译过去的。

曾国藩不仅好学，还非常好问。他听从李善兰、华蘅芳这些科学家的建议，建立了中国历史上第一个军工企业——安庆内军械所。他不仅经常到生产第一线视察、检查生产情况，还经常跟技术人员一起讨论，所以李善兰、华蘅芳、徐寿与曾国藩私交甚笃，也就是特别有共同语言。

这样的一个曾国藩又怎能不让这些科学家们佩服呢？

第三，曾国藩对于向西方先进科技文明的学习有着较为长期的规划，他所寄寓希望的洋务运动并非一蹴而就式的急功近利。

如果说，曾国藩掏钱让容闳出国买机器还仅仅是为了急于建军工厂，那么从后来设立翻译馆，选派留学生出国，支持开设海军学堂，就可以看出来，曾国藩所设想的洋务运动本质上是一个有着长期规划的自强蓝图。

曾国藩在洋务运动之初，在给朝廷的奏稿里说："师夷制以造炮制船，尤可期永远之利。""此无非为自强之计不使受制于人。"（《曾国藩全集·奏稿》）也就是说办洋务运动的根本是为了要自强。所以，对曾国藩来说，办洋务就像他要剿灭太平天国一样，都是当成一项事业来做的。

这就可以理解曾国藩对军械所内那些科学家、工程师们的态度了。

1861 年，曾国藩创办了以生产舰炮为主的安庆内军械所，这是中国历史上第一家具有近代性质的工业企业。当时的总工程师是华蘅芳和徐寿，他们拼尽全力制造出了第一艘用蒸汽机带动的木壳小轮船，并因此花费了大量的人力和物力。

可是因为初次制造，经验不足，这艘船造出来之后，"行驶迟钝，不甚得法。"（《曾国藩全集·日记》）华蘅芳和徐寿为此都很沮丧。但曾国藩不仅丝毫没有责怪他们，还反复鼓励他们。华蘅芳、徐寿放下包袱，从头来过，终于生产出了中国第一艘能够快速行驶的蒸汽机轮船"黄鹄号"。

建成的那天，曾国藩走上这艘船，只从头到尾在船上走了一遍，就用脚丈量出了船的长度和宽度，而且非常准确，并对这艘船赞叹不已，可见他本人对这艘船的感情有多深了。这也让当时在场的工程人员大为感动。

后来曾国藩又与李鸿章一道，倡导设立了江南制造局，使之成为中国近现代制造业史上第一个重要的里程碑。

中国的第一台蒸汽机、第一艘蒸汽机轮船、第一台汽锤、第一台车床、第一台刨床、第一艘近代军舰全是从安庆内军械所或者江南制造局里出来的。曾国藩的洋务事业虽然在他身后未能取得像他预期的那样大的效果，但还是为中国近现代工业及科技的发展奠定了非常重要的基础。

后来，曾国藩在洋务实践中越来越认识到比建船造炮还重要的是培养科技人才，全中国有几千、几万个像容闳、李善兰、华蘅芳、徐寿这样的人，中国才能真正地自强。所以他在“拟选聪颖子弟赴泰西各国肄业折”中提出，希望派优秀青年学子出国留学、见习，旨在“使西人擅长之技，中国皆能谙悉，然后可以渐图自强。”（《曾国藩全集·奏稿》）也就是说，人才才是强国之本。能有这样的观念，说明曾国藩已经具有了最为长远的眼光。

回到家训的层面来，我们也就可以明白曾国藩为什么那么支持两个儿子放弃科举考试，而去攻读西方自然科学与社会科学了。这种决定在那个时代绝对是匪夷所思的，但曾国藩却做到了，这是因为他正逐渐形成着一种世界的眼光。虽然，这种世界的眼光，还只是朦胧的。

第 19 讲

打虎亲兄弟

事实证明，曾国藩那几个弟弟，基本上都有领兵、打仗的才能，可一开始曾国藩就是不肯用他们，不论弟弟们要求有多强烈，他就是不让他们出山。可后来，出人意料，曾国藩在对于用自己弟弟的态度上，突然有了一百八十度的大转弯，不仅让他们都出山带湘军，而且把湘军的核心力量交给自己的弟弟来统领。我们不禁要问，曾国藩在识人、用人上为什么会有这么反复的表现呢？

从“避亲”到“唯亲”

用人的时候，人们往往有个习惯——慎用身边的人。

曾国藩开始在识人、用人上也有这个问题。比如曾国藩那几个弟弟，后来的事实证明，他们基本上都有领兵、打仗的才能，可问题是曾国藩开始还就是不肯用他们，不论几个弟弟怎么要求，他也不让他们出山。可再后来，出人意料的是，曾国藩对于用自己的弟弟的态度上，又突然有了一百八十度的大转弯，他不仅让他们都出山带湘军，而且把湘军的核心力量也几乎都交给自己的弟弟来统领。这就有点让人看不透了。

可更让人看不透的是，他在带领湘军打败太平军之后，居然又苦口婆心，劝弟弟放弃兵权，又等于让自己的弟弟在政治生命里靠边站了，因此，他的弟弟虽然最终听了大哥的话，但心里也还是窝了一肚子的火，这也成为晚清湘军发展史上一个很奇特的现象。

这样一来，我们不禁要问了，曾国藩在对待自己的弟弟上，为什么会有这么反复的表现呢？

我们还是先来看一下曾国藩和他几个弟弟的关系。

曾国藩总共兄弟姐妹九人，其中四女五男，曾国藩还有个姐姐，但在五兄弟中，他排行老大，所以他们曾家都叫他大爷。他那几个弟弟从大到小分别叫曾国潢、曾国华、曾国荃、曾国葆。这中间最有名的，后来功绩最大的也就是曾国荃。因为曾国荃在曾家家族这一辈里排行第九，所以大家都叫他老九，后来带兵打仗，军中则称之为“九帅”。

曾国藩对这个老九很早就青眼有加，他考中进士到北京当翰林的时候，就带了父亲和九弟曾国荃去了北京。后来老父亲回老家了，但曾国藩把曾国荃还是留了下来，带在身边，自己亲自教育他。

可过了没多久，奇怪的事发生了，曾国荃不知犯了哪根筋，坚决要离京回老家，而且去意坚决，甚至非常着急。曾国藩就奇怪了，问曾国荃理由，曾国荃也不说，也就是没理由了。当弟弟的没什么理由就不愿在哥哥家住了，当哥哥的可急了。曾国藩先是找弟弟谈心，说做哥哥的有什么不是，你都可以开诚布公地说出来，只要是我错了，我一定改，如果我不改，你甚至可以写信告诉咱爹，让咱爹来骂我，但不要赌气，不要走。

然后，曾国藩又主动写家书给老爹汇报，说：“弟未尝片语违忤，男亦从未加以词色，兄弟极为湛乐。兹忽欲归，男寝馈难安，辗转思维，不解何故，男万难辞咎……伏望父母亲俯赐惩责。”（《曾国藩全集·家书》）就是说，我们兄弟俩感情一直很好，九弟向来表现很好，当哥哥的我也没打骂过他。现在他没什么理由就不愿在我这儿住了，我实不明白是为什么，但肯定是我这当哥哥的哪里没做好，所以父亲大人，您要责怪就责怪我吧。

可即使当哥哥的这样表态，当弟弟的还是不领情，还是坚决要走。曾国藩实在没办法了，只能让曾国荃回老家，然后他又写了封家书给老父亲，说我终于知道九弟为什么一定要走了。一是可能年轻人都有些喜新厌旧，在老家想到京城来，在京城住久了又想回家了。另外，可能是我家的奴仆下人，对我很尊敬，但对九弟不够尊敬，他年轻人心火旺、气头盛，所以抹不开面子，不愿在这儿待了。这样的话，我当哥哥的强留也不好，还耽误他的学业，那就让他回老家继续学业吧。

最终，曾国荃还是闷头从哥哥那儿一言不发地离开了。

至于曾国藩所说的这两个原因，他自己言之凿凿，包括他爹也没多说什么，但关键是，当事人曾国荃自己并没承认。

后来，就是曾国荃回老家之后，有一次，他居然隔着千山万水，同自己远在北京的哥哥叫上板儿了。

这个事我们在前面已经说过，曾国藩有一次意外地发了笔横财，寄了一千两银子回老家，但他画蛇添足地提出了这一千两银子的分配办法。这一下当即惹恼了两个人，正是两个弟弟曾国华和曾国荃。两个弟弟都很年轻，正是血气方刚的年龄，也不跟老爹商量，两个人就写信把当大哥的损了一顿。

我们不禁要问，两个弟弟为什么敢于跟哥哥如此叫板呢？尤其是其中还有那个一定要从哥哥家离开的曾国荃呢。

道理很简单，包括曾国荃一定要离开哥哥家，包括他们为一千两银子向大哥发难，都不过是因为一条在曾国藩看来是最简单、最质朴的道理，即中国人传统中非常强调的——长兄为父。

曾国藩在他父亲还健在的时候，就反复在给父亲的家书里说过："至于兄弟之际，吾亦惟爱之以德，不欲爱之以姑息……姑息之爱，使兄弟惰肢体，长骄气，将来丧德亏行，是即我率兄弟以不孝也，吾不敢也。"（《曾国藩全集·家书》）就是说我作为老大，管教、培养几个弟弟是我义不容辞的责任，但我认为要管教，就要严格，不能溺爱，要是姑息溺爱他们，其实就是害了他们，就是我这个当大哥的不负责，就是对曾家家庭的不孝！

你看话说得这么重，可以想象曾国藩平常管教几个弟弟有多严，再加上他本来就比几个弟弟大很多，又有长兄为父的威严，所以几个弟弟小的时候怕他，后来年轻的时候反抗他，再后来，一直到年长之后，才知道，才理解，也才体谅大哥的一片苦心，这都是很正常的事。曾国荃不愿受大哥的管教，所以闹着要回家，曾国华、曾国荃有时要反抗大哥的权威，写信质疑，都是年轻人逆反心理的正常表现。但这些也都说明曾国藩的教弟之严。

曾国藩非常注重对几个弟弟的培养，但让人奇怪的是，在用人上，他对他几个弟弟又表现得非常不一致。

按道理，他一直以来都十分悉心地培养指导他那几个弟弟，可当他任湖南团练大臣要出山办湘军的时候，曾国藩他爹也建议他带几个弟弟一起出来成就事业，几个弟弟也都主动请缨，要跟他一起出山。可曾国藩很奇怪，坚决不允许几个弟弟跟自己出山，但最后临行之际，他又决定带一个弟弟去。按理说，要带应该带年长的、能自己独当一面的弟弟去吧？可他不，他最后带了一个年龄最小、身体最差的弟弟曾国葆一起出山，而曾国葆比曾国藩整整小了十七岁。像曾国华、曾国荃这些功业心重、年富力强的都给他闷在家里了。

要说曾国藩想着力培养这个最小的弟弟，也不对。因为曾国藩第一次带湘军出战，虽然湘潭战役获得了大胜，但湘潭战役中的靖港之战却败得很惨，以至于当时曾国藩急得要自杀。湘潭战役结束之后，曾国藩立志整军，第一个就拿他弟弟曾国葆开刀，因为靖港之战中曾国葆所部也有溃散，曾国藩撤了他的职，任弟弟怎么求情也不允，把他一家伙赶回家去了。自此，曾国藩虽然一路打下了武昌，然后一路东征，但再没有一个弟弟跟着他了。也就是说，在湘军顺风顺水的初期，曾国藩是一直坚持不让弟弟加入自己的湘军的。

后来，还是到了曾国藩坐困江西的时候，他手下最得力的两员大将塔齐步和罗泽南先后战死，曾国藩在江西被石达开打得要死要活，连家书都几个月不写一封。这时候，曾国藩的那些弟弟可真急了，虽然老大不让他们出山，他们也不管了。在请示老爹同意之后，他们分别找到胡林翼和左宗棠帮忙，在他们的帮助下各自建立新军，然后赶到江西战场增援曾国藩。当曾国藩在江西彷徨无计的时候，曾国华带五千精兵赶来增援，曾国藩感动得不得了，自此以后，他再也不反对兄弟带兵了，除了老二曾国潢他认为实在没什么军事才能，劝他在家看守曾家祖业之外，曾国华、曾国荃、曾国葆都出山带兵，成了湘军的一时名将。

但这时候，曾国藩对几个弟弟带兵与他手下其他的将领也没太大区别，比如说他虽然认为曾国华的才华很高，但也只让他在大将李续宾手下带兵，并没让他独当一面。可等到曾国华跟随李续宾在三河镇战死之后，曾国藩痛定思痛，对曾国荃和曾国葆的使用就不一样了。

曾国葆最小，曾国藩一直把他带在身边，作为自己的近卫军。而曾国荃虽然手下只有两三万人，却一跃成为湘军主力中的主力，王牌中的王牌，成了曾国藩最看重，也是最着力培养的一支力量。

这一点从湘军与太平军最后的决战——天京之战就可以看出来。

同治元年，也就是 1862 年，湘军沿长江一线稳扎稳打，步步进逼，终于打到了江苏。这一年的五月，湘军水陆并进，曾国荃所部进驻天京城郊的雨花台，算是第一个打到了天京城下。

虽然曾国藩也想由弟弟曾国荃率兵攻下天京，建立湘军的头功，但当时湘军各部分别被牵扯在好几个战场，陆军主力只有曾国荃一部攻到天京城下。而曾国荃虽然带领的是湘军主力，可人数不过两万，而天京城是太平军的都城，兵力不下十几万，而且驻守苏州的忠王李秀成一听曾国荃到了天京城下，立刻挥师回援天京，兵力多达二十万,一下就把曾国荃围死在了雨花台。

有一段时间，连曾国藩都以为这下曾国荃要必死无疑了，所以劝曾国荃能突围就突围，可曾国荃憋足了劲儿要拿攻下天京的头功，就死撑着不走。而李秀成也不真心想打，以二十万攻两万，做了几十天的样子就退兵了。这一下曾国荃大难不死，更是不愿意挪窝了，死守着天京城，死活要啃下这个硬骨头。

我们从现有的《曾国藩家书》里可以看出来，曾国藩几次三番写信劝曾国荃，要他与淮军并力攻城，可曾国荃就是不同意，要独吞攻下太平天国都城的首功。于是，一般人也就认为，因为曾国荃的坚持，曾国藩才最终没有调李鸿章的淮军来抢曾国荃的功劳。可事实上，我们现在看到的《曾国藩家书》已经是删减修订后的，曾国藩要立德、立言，有些能表露他私心的家书还是没收进他的集子里。有学者就从他散佚的作品里发现这一段时间曾国藩还有几封给弟弟的信，在信里曾国藩就明确地说到，第一，自己也不愿让李鸿章带淮军来抢湘军的头功；第二，弟弟你实在打得也很辛苦，朝廷催得也急，如果你需要李鸿章增援，我就请旨下令，但只要你不提出来，我绝对不会向朝廷提这个请求，向李鸿章下这个命令的。（此段考辨参见谭伯牛先生的《战天京》）

要说，最聪明的还是李鸿章，他率领淮军攻下江苏境内各大城池，甚至与天京近在咫尺的常州也被他打下来了，朝廷一个劲儿地下旨让他与曾国荃会攻天京，曾国藩也几次三番问他能否来助一臂之力，可李鸿章看出自己的老师曾国藩要护着自己的弟弟曾国荃，所以才避嫌让功，就是按兵不动，硬是死拖烂拖地让曾国荃成就了大功。

曾国藩向来讲究唯才是举，向来讲究用人公允，为什么会对自己的弟弟如此偏护呢？

私心与公心

中国人总是有很多很经典、很智慧的俗语，这句“打虎亲兄弟，上阵父子兵”就堪称经典，至少在人才使用或者叫人力资源学上，我觉得是一个很经典的论断。但事实上，能真把这句“打虎亲兄弟，上阵父子兵”的人力资源内涵用到淋漓尽致的还真不多，因为这句俗语看着简单，其实在实践上也还包含着三层不同的境界。

第一层，不是什么好词，叫任人唯亲。第二层，刚好相反，叫任人避亲。第三层，又和任人避亲相反，叫举贤不避亲。

先说任人唯亲，这很容易让人想到另一句成语，叫“一人得道，鸡犬升天”。所以所谓任人唯亲，当然就是“鸡犬升天”的一条最方便的渠道。

这样一来，任人唯亲就成了满足私利与私欲的代名词，也就成了缺乏眼光甚至人品卑劣的代名词，所以有信仰的知识分子到了领导岗位后，都很注意这一点。尤其是古代传统儒家的知识分子们，他们一般不会在自己发迹后迅速把自己的亲戚、朋友等快速提拔起来。不仅不提拔，甚至还要刻意打压，只是因为要避嫌，要避任何任人唯亲的嫌疑，这也就是任人避亲了。

曾国藩在家书里曾经劝弟弟曾国荃，说当哥哥的我知道你想成就功业，想考上科举，想和哥哥我一样考到北京风风光光地参加会试，但这一切必须靠自己的努力才行。说了一通的道理之后，他还只是说：“吾愿吾弟步步前行，日日不止，自有到期，不必计算远近而徒长吁短叹也。”就是说你不必向大哥抱怨命运的不公，只要努力，只要一步一个脚印，就会成功！这话说得很漂亮，但也不自觉流露出了曾国藩的一种想法，自己的事业得凭自己打拼，别指望老大我给你们提供什么捷径。

曾国藩这种态度毫无疑问是非常正确的，但也透露出了他心里那种根深蒂固的不能任人唯亲，而要任人避亲的观念。

正是因为有这种根深蒂固的观念，曾国藩创建湘军之初是很忌讳那句“打虎亲兄弟，上阵父子兵”的。他几个弟弟求他要跟他出山，甚至他爹也要求他带弟弟们一起出山，可曾国藩就是不情愿，所以最后勉强带了个最小的弟弟，可没过多久，还是因错严罚，把弟弟也赶回了家。

但这时的曾国藩也有一个很突出的举动，看上去似乎与他的任人避亲又有些矛盾。我们知道曾国藩一出山就志向远大，咸丰皇帝让他办团练，可他压根就不是在办团练，而是在办一支强大的地方武装——湘军。之所以叫湘军，就是因为曾国藩办这支地方武装的初衷就非常明确，即以湖南人为核心力量，为中坚力量。

我们知道中国人在古代非常讲究三谊——亲谊、乡谊与年谊。亲谊就是亲戚关系，乡谊就是老乡关系，年谊就是同学关系。曾国藩建湘军，之所以叫湘军，之所以主要依靠湖南人，就是因为他自己是湖南人。也就是说他主要是靠乡谊把这支队伍拉起来的。

要说他任人唯亲吧，他置亲谊于不顾，连最亲的弟弟都不用。要说他任人避亲吧，他基本靠乡谊关系拉起了整支队伍。这不显得有些矛盾吗？其实不矛盾，关键的区别就在于目的的差别。

重亲谊的任人唯亲是奔着利益最大化去的，目的往往是求利益、求私利。而曾国藩重乡谊组建的湘军，则是奔着功业最大化去的，目的是成事业。这两者看上去情况很类似，但一则求公，一则求私，似乎差之毫厘，实则失之千里。

但后来，曾国藩为什么又在使用弟弟的态度上发生了重大的变化了呢？这和曾国藩办湘军的过程中所经历的磨难、所产生的认识有深刻的关系。

曾国藩开始办湘军的时候，湖南官场上上下下视他为异类，处处刁难他，弄得绿营士兵哗变，他的脸面扫地；后来出两湖东征，没有实权，要钱没钱，要粮没粮，四处求人，结果四处遭白眼；再后来，借着父死奔丧的由头撂挑子不干，借机跟咸丰皇帝要巡抚的位置，也就是伸手要实权，结果被咸丰臭损了一顿，不仅被罢了职，还被天下士人耻笑。曾国藩内心深处是极苦闷的，这一点从他的日记和家书都可以看得很清楚。

在很长一段时间里，曾国藩苦苦支撑湘军的一个根本思想就是以家人子弟之法带兵，就是把整个团队带成一家人或者带成一个家族的模式，大家共享福也共患难，这样虽然条件艰难些，人心就不会涣散了。在这个过程中，曾国藩渐渐生了一个极其深刻的认识——家，是人生事业绝对保障！家，是人生事业的大后方！而且就事业的发展来看，一个团队里最坚定、最基本的力量，一定是具有情感认同的力量，这种力量如果是来自亲情的话，那就最有保障了。

咸丰八年（1858年），曾国藩重新出山，他一出山就写信给几个弟弟说："由天主者，无可如何，只得听之；由人主者，尽得一分算一分，撑得一日算一日。吾兄弟断不可不洗心涤虑，以力挽家运。"（《曾国藩全集·家书》）就是说我经此一难之后，看得很透，人生的事业要尽人事安天命，尽人事的一个重要方面就是我们兄弟要并力一心，这样才可以成就人生的功业，才可保证家庭兴旺。

你看，曾国藩把人生功业与力挽家运放到了一起，说明他已经彻底扭转了任人避亲的观念，这时候他要实践"打虎亲兄弟"的第三层含义——举贤不避亲了。

当然，这时候他还比较小心，也不敢让几个弟弟独当大任，都是跟着其他的大将作为副手进行锻炼。但当弟弟曾国华战死三河镇之后，曾国藩大为后悔，在日记和家书中反复检讨自己，一是说自己对弟弟关心得不够，二是说自己对弟弟培养得不得法，总之是哥哥以前大错特错了。

从此以后，曾国藩的用人思想彻底扭转，依赖亲兄弟、父子兵成为他用人思想中坚定不移的一个核心，曾国荃迅速脱颖而出，最终成为湘军中最为核心的一支力量。曾国藩在后期写有大量的给曾国荃的家信，这些家信的内容涉及战事、军需、人员调配、家庭琐事等方方面面，曾国藩对这个弟弟的教育、培养、使用、保护之情可谓表现得淋漓尽致。

回头看，曾国藩的湘军就像一个大型的家族式民营企业，他要从一个艰难的环境里自筹资金、自谋发展，在没有任何人帮助的情况下杀开一条血路，他的人才团队的建设就不得不靠非常的关系来维系。中国文化讲究义气，兄弟就是成就事业最好的臂膀，没有兄弟的刘备，想方设法要桃园三结义，由此才成就了蜀汉的基业。曾国藩本来就有一大堆兄弟，这种现成的人才储备，他怎么可能弃而不用呢？

当然，曾国藩的“打虎亲兄弟”还是用在成就事业的出发点上，并不是任人唯亲式的谋私利，虽然他的弟弟曾国荃在他的庇护下也谋了大量的私利。后来，曾国荃打下太平天国的都城天京之后，功成名就，正在志得意满的时候，当哥哥的曾国藩却当机立断，劝弟弟急流勇退，对嫡系湘军进行大裁军。曾国荃虽然很抵触，但在曾国藩反复教导下也终于弃职回家去了。之所以如此，是因为打完虎之后，打虎的亲兄弟再聚在一起就有谋私利的嫌疑了，如今功成名就、事业告成之后，曾国藩裁撤湘军，把弟弟劝回家，一是要保护弟弟，二也是要体现自己用人的一片公心。

第 20 讲

自立立人，

自达达人

一个团队的领导者最重要的任务不是事无巨细亲力亲为，而是要有全局的眼光与战略的思考，至于具体事务，自然应该交给各方面的人才去打理，所以曾国藩始终强调“行政之要，首在得人”。毫无疑问，曾国藩这番话体现了他识人、用人很重要的一个观念——成就事业，发展事业，不仅要有好的助手，更要培养理想的事业接班人。因为一个人的事业不算什么大事业。有接班人的事业才是可持续发展的事业，也才是真正有生命力的事业。

又爱又恨李元度

曾国藩曾经骄傲地说，自己“向以体察人才为第一”。(《曾国藩全集 · 诗文》)

可就算曾国藩在识人、用人上如此自负，就算连左宗棠、王闿运这些对他有意见的人对他也佩服得五体投地，可人世毕竟没有完美的事，在识人、用人上，曾国藩也有一件一辈子的伤心事，以至于到了晚年还耿耿于怀。这件事颇类似于诸葛亮的挥泪斩马谡，而事件的主人公则是曾国藩曾经最为贴心的幕僚——李元度。

李元度是湖南平江人，也算是湘军创建之初的元老功臣之一。

要说曾国藩对李元度的赏识，得先从李元度对曾国藩的赏识说起。虽然都是湖南人，但曾国藩原来并不认得李元度。不过李元度倒是听说过曾国藩的大名，自打曾国藩出山办团练之后，李元度就开始特别注意曾国藩了。在了解了曾国藩名则办团练、实则办湘军的实质之后，李元度激动了，认定曾国藩是可以成就大事业的人，于是就热情洋溢地给曾国藩写了封信。

这封信倒不是什么自荐信，而是一封纵论天下形势的奇文。

曾国藩是个爱才的人，更是桐城派古文大家，一看李元度这篇文章写得文采斐然、光华夺目，立刻就起了爱才之心，四方访求，把李元度请到衡阳军中做自己的幕僚。

李元度在湘军中第一次被大书特书的是，他在靖港对曾国藩有救命之恩。

曾国藩在衡阳练就湘军，第一次出兵打湘潭战役，其中曾国藩亲领水师偷袭靖港，结果在靖港被太平军杀得大败，曾国藩首战失利，想不开，居然乘人不备，跳水自杀了。当时守护在曾国藩身边的就是李元度。李元度早就注意到曾国藩神色不对，特别安排了人看护曾国藩，曾国藩一跳下水，马上就被人救了起来，等于洗了个凉水澡，也就呛了几口水而已。之后，李元度在他身边“宛转护持，入则欢愉相对，出则雪涕呜愤”（《曾国藩全集·书信》），算是陪曾国藩度过了人生中最低谷的一段时期，曾国藩也坦言李元度对自己有救命之恩。

因为靖港战败，曾国藩被革去了礼部侍郎衔，并被取消了可以专折上奏的权利。专折上奏是指曾国藩可以直接给皇帝写奏折，这中间没阻碍，什么事都可以说，那是非常大的权利，也说明你在军中的地位，现在这个权利被取消，这一下可麻烦了，曾国藩在湖南的军事领导地位立刻就要下降了。

曾国藩无计可施，可李元度苦思冥想、费心耗力地为曾国藩拟了一篇“革职待罪臣曾国藩乞请专奏以速戎机事”的奏章让他递上去，那意思要向咸丰皇帝伸手要回专折上奏的大权。曾国藩一看不行，心想：“咸丰皇帝向来跟我曾国藩过不去，现在我又刚打了败仗，怎么可以跟他伸手要权呢？”依曾国藩的意思，这篇文章根本是多余的。可李元度坚持让他试试，曾国藩也就死马当作活马医，虽然没抱希望，但不好驳李元度的面子，就把奏章递了上去。

哪知道出乎曾国藩的意料，大概李元度的这篇文章写得太好，咸丰看后居然回心转意，真的恢复了曾国藩专折上奏的大权。李元度真是笔落惊风雨、文成转乾坤，曾国藩自此以后，公文奏折大多出自李元度之手。

后来湘军东征，曾国藩坐困江西，在鄱阳湖被石达开杀得大败，又要自杀，又是李元度拼死相护，甚至在曾国藩彷徨无计的时候，他还回平江老家招募了七百平江勇，以文人带兵，守护曾国藩的老营。连曾国藩事后也说，幸赖有李元度才得以“保全根本”。

后来曾国藩重新出山，本来踌躇满志，可刚出山就遭遇当头一棒，他手下心腹大将李续宾和自己最为器重的弟弟曾国华同时战死三河镇，曾国藩悲愤之中急召在家奉养老母的李元度，嘱咐他“千万速来”。结果李元度真非常仗义，虽然老母亲病得瘫痪在床，他还是安顿了老母，闻召即来。

李元度来了之后，曾国藩心里踏实多了。但他还是不让李元度带兵，还是让他做自己的秘书长，主要还是做处理文案的工作。其实李元度虽然是一个文人，但他本人还是想带兵打仗的，因为当时是一个乱世，政府虽然是文人政府，但只有带兵才更容易出人头地。湘军里无数的将领都是书生带兵，都是投笔从戎，也都立下了卓越的功勋，李元度本人也想走这条路。

可问题是曾国藩不让。曾国藩虽然跟李元度交情非常深，但他对李元度的弱点也了解得很清楚。李元度富有文人的才情，写文章是一把好手，但带兵打仗，他就不像罗泽南、彭玉麟这些能文能武的书生了。可李元度虽然没多少军事经验，平常还喜欢谈兵，这样一来就成纸上谈兵了。

然而，曾国藩不给他机会，命运却给了李元度一个独当一面的带兵打仗的机会，也正是这个机会，毁了李元度的一生，也毁了曾国藩知人善任的一世英名。

咸丰十年（1860 年），当时曾国藩的湘军老营驻扎在安徽祁门，这一年，太平军在击溃清军的江南大营和江北大营后，横扫江浙，李世贤率十万之众兵发广德，来攻徽州。

徽州是祁门大营的门户，徽州一破，曾国藩就得坐以待毙。刚巧这时曾国藩正是捉襟见肘的时候，手下能征惯战的大将，包括他的弟弟曾国荃都被拖在几个主要战场分不了身，离得最近的鲍超要赶回来支援也要十天左右。曾国藩苦思冥想，不得其人，不知道让谁去守徽州城好。这时候李元度挺身而出，主动请缨。

曾国藩见李元度毛遂自荐，也不由得大为犹豫。一来无人可派，此时除却李元度，也不知道能派谁；二来李元度像马谡一样毛遂自荐，你再怀疑他的能力，在实战之前，也不能断然否定人家的热情；三来，就像马谡是诸葛亮的心腹一样，李元度更是曾国藩心腹兼知己，危难之时，这样的人你不依靠，又依靠谁呢？

曾国藩思来想去，勉为其难地答应了李元度。接下来曾国藩和李元度的表现简直就是一出《失街亭》在千年后的再版。

曾国藩先是与李元度约法五章，提出了五戒，以戒除李元度带兵的虚浮不实。曾国藩跟李元度说，你到徽州，无需出战，只需坚守。徽州城高墙厚，出战未必能赢，守城不难，李元度只要守十天，就算完成任务。十天后鲍超肯定可以赶到，守到鲍超来，就算立了大功。如此千叮万嘱一番，曾国藩终于肯让李元度带兵走了，临行末了，还不忘提醒一句李元度，要按湘军扎营之法苦守徽州城。

曾国藩曾经总结湘军的扎营功夫说:“每到一处安营,无论风雨寒暑,队伍一到,立刻修挖墙濠,一时成功。未成之前,不许休息,亦不许与贼搦战。”(《曾国藩全集·诗文》)可见对扎营是多重视了。

但李元度真的是跟马谡一样。曾国藩定下徽州之战的基调是严防死守,可李元度根本就不想守,他好不容易带兵打仗,怎么能缩在城头只守不攻呢?他就等着太平军来决战了。

过了两天,他终于等到了太平军。很奇怪,太平军按理说是来攻徽州城的,可到了徽州地界却并不攻城。这下李元度反倒有点着急了,他按捺不住,居然派了两营兵马去主动攻击太平军。太平军主帅李世贤是与陈玉成、李秀成齐名的后期名将,很会打仗。他不急于攻城,看李元度冒进,设下埋伏把李元度两营前锋杀得大败,然后随着败军趁势杀了过来。李元度没扎营,根本顶不住太平军的冲击,只得一败之下,全军退入了徽州城。

曾国藩在祁门大营听到李元度初战失利的消息大惊失色,急致信徽州城内的李元度,说不管前面怎么样,李元度现在只需坚守徽州不出,只要再坚持六天,六天后鲍超援军一定赶到,鲍超援军一到,还算大功一件。可李元度就算拿到了曾国藩的信,还是心中负气不平,他还是觉得第一仗失败纯属偶然,虽然他一开始还是听曾国藩的话准备坚守六天的,可最后没经得住李世贤的挑衅和诱惑,还是出城决战去了,结果这一仗一败涂地,丢掉了徽州城。

徽州城破,这一下曾国藩的祁门大营岌岌可危。曾国藩可没有诸葛亮的水平,唱不出空城计来。这时情况危急,曾国藩又一次要自杀,连遗书都写好了。后来幸亏鲍超拼死相救,曾国藩才躲过一劫。曾国藩虽然身陷危局，虽然对李元度恨铁不成钢，但毕竟城破之后，李元度杳无音信，也不知是死是活，曾国藩也非常担心李元度。

李元度兵败城破之后，自己随败军逃散，捡了一条命。但他想想不好意思回来见曾国藩，就一个人在外面游荡了大半个月。这大半个月里，大概他把自己给说服了，认为徽州城破的责任也并非全在自己，于是一副满不在乎的模样回到了祁门大营来见曾国藩。曾国藩本来很担心李元度的安危，但见他毫发无损地回来，还避而不谈徽州城破的责任，就算谈了也不承认是自己领导无方，这一下实在气坏了。曾国藩毕竟是一军主帅，不论从事理还是治军上都不容李元度如此狡辩，当面痛责李元度。

李元度反倒不能接受曾国藩的批评，也不留营待命，居然拂袖而去。这一下曾国藩是可忍孰不可忍，立刻写奏折要将李元度"革职拿问"。(《曾国藩全集·日记》)

原来李元度在的时候，这种公文很多都是李元度起草的，后来接替李元度帮曾国藩起草公文的主要是李鸿章。李鸿章苦劝恩师曾国藩，说不能起草这篇弹劾李元度的公文，理由只有一个，李元度纵有千错万错，但他是曾国藩最贴心的心腹，不仅救过曾国藩的命，还跟着历尽坎坷、吃尽苦头，曾国藩如果弹劾了他，把他革职了，这不寒了其他人的心吗?

可曾国藩铁了心了，就算李元度和自己私情甚笃，但于公于理，在责难逃，所以一定要弹劾他。

没想到李鸿章居然为了李元度的事跟自己的老师顶起来，说:

“若此，则门生亦将告辞。”那意思老师要写，学生就走，这可是在要挟曾国藩了。曾国藩只简单地说了四个字：“听君之便！”意思就是要来也随你，要走也随你，我随你的便。（薛福成《庸庵笔记》）

曾国藩一意孤行，弹劾了李元度，李元度毫无悬念地被革职了。

要说这事到这个地步，曾国藩也实在是形势所迫，还可以理解。但接下来，他的表现就让人有点难以理解了，以至于他自己晚年也有些后悔。

在接下来的两三年里，他接连三次狠狠上折弹劾李元度，最后一次甚至毫无来由地在弹劾两个失职官员的时候，又生拉硬扯地把李元度顺便放在里头，弄得李元度每次以为事情过去了，可以重新出山了，可刚出头，又被曾国藩给弹劾了。

曾国藩疯狂打压李元度，看上去很没道理，但实际上倒正是体现了曾国藩的用人理论和团队管理艺术。

这一切的答案，都在曾国藩的用人之道上。

我们上一讲提到，曾国藩办湘军，依靠的是乡谊和亲谊，说白了，是靠家人、同乡、师友组成一个共创大业的人才团队，这种特点叫做以情感来维系事业。但是，一个团队、一个组织固然要靠情感来维系，但绝对不能只靠情感来维系，事实上维系一个团队最基本的因素不是情感因素，而是理智因素，比如规则、制度和纪律。

曾国藩虽然和李元度的私人感情很深，但李元度纸上谈兵丢失徽州，致使湘军老营陷入绝境，这种罪责是毋庸置疑的。曾国藩对人才向来宽容，即便如此，曾国藩也未必会对一直患难与共的李元度下手。但李元度自恃地位独特，不肯认罪，不肯承担失败的责任，曾国藩作为湘军的统帅就无法容忍了。因为这样一来，危害的就是整个队伍的组织性与纪律性了，所以曾国藩无论如何要上表弹劾李元度，要将李元度“革职拿问”。这本身是非曲直，应该很清楚，不论怎么说，理都在曾国藩的身上，就算李鸿章为此跟曾老师闹别扭，而曾国藩不肯为此卖李鸿章的面子，也不算为过。

可后来，事过境迁之后，曾国藩还要一味打压李元度，就显得实在没有肚量了。其实，曾国藩这样做还真不是因为气量小，而是因为人事上的考虑。其中最为重要的一个原因，就是李元度负气离开湘军老营后的去向。

李元度看曾国藩翻脸不认人，就去投奔浙江巡抚王有龄。而王有龄向来跟曾国藩不合，一贯在军饷、军粮上刁难湘军。对于曾国藩来说，王有龄是一个敌对阵营，而李元度居然从曾国藩手下跳槽到敌对阵营那边去，这让曾国藩实在不能接受。如果他默认这种事情的发生，就说明他在湘军中的绝对权威地位必将受到严峻的挑战。因此他评价李元度的行为本质上是“轻于去就”，其实就是背叛师门。而湘军就是靠乡谊和师友关系维系的，容许背叛师门的事发生，就说明领导力有了问题。在这个逻辑下，曾国藩不惜屡次下重手打压李元度，既是为保证自己在湘军中的绝对权威，也是一种杀鸡儆猴的人事手段，并希望以此来保证湘军内部的凝聚力。

但曾国藩即使对李元度再打压，他还是有另外温情的一面。

他在三次严厉弹劾李元度之后没多久，表现出对此事的悔意，在与友人和家人的信里，也就是在很多私下场合，都反复说李元度的好处，说虽然李元度不会打仗，但人真是好人！曾国藩后来还主动为李元度的专著《国朝先正事略》写序，在序言里评价李元度说：“次青提兵四省，屡蹶仍振，所谓贞固者非耶；发愤著书，鸿编立就，亦云勇猛矣。”连他不会打仗都不提了，只说他投笔从戎、发愤著书，有一种可歌可泣的精神。曾国藩甚至还再次提醒弟弟，将来有可能要与李家联姻，以弥补自己对李元度的亏欠。

而李元度虽然备受曾国藩打压而一直沉郁下僚，可当曾国藩去世的时候，李元度作《哭师》诗十二首，情真意切，当时被世人广为传颂。其中有两联说：“末路时多故，前期我负公。雷霆和雨露，一例是春风。”意思是反省当年的创业过程中，确实是学生我对不起老师您，您后来对我的种种雷霆手段，和以前对我的温情雨露一样，都是春风化雨，都是润物无声。

做领导做到这个境界，做到让人心服口服到如此地步，说曾国藩是人才管理大师，看来真不为过。

替手的素质

从李元度事件中我们客观分析，可以看出曾国藩在人才管理上某些强势的一面。这种手段其实他并不常用，他对李元度事件的反思，尤其是他在家书、家训中谈及时还是主要以后悔、遗憾之情居多。在李元度事件之后，面对另一起有背叛师门嫌疑的事件，曾国藩就采取了一种与李元度事件截然相反的态度。

从家训的角度看，曾纪泽固然是曾家的家族事业中一个非常好的接班人，但从国家的角度看，曾国藩也培养了一个称心如意的接班人，这个人就是李鸿章。

换句话说，曾国藩实践家庭教育，一生最辉煌的成果，是曾纪泽；曾国藩实践社会教育，一生最辉煌的成果，就是李鸿章。对此，后人多以“自立立人，自达达人”八个大字来评价曾国藩对李鸿章的培养，那么，这八个大字到底是什么意思呢？

我们还是先来看一下曾国藩对李鸿章的培养过程。

李鸿章第一次拜在曾国藩门下，是以年家子的身份拜曾国藩为学问之师。

这个时间大约是在李鸿章二十刚出头的时候。他第一次参加科举考试，结果落榜了，他的父亲就推荐他拜到这时候已经是翰林院侍讲学士的曾国藩的门下。曾国藩和李鸿章的父亲是同年的进士，所以李鸿章受业曾国藩，这种关系就叫年家子。

要说曾国藩果然是名师，李鸿章在曾国藩的教导下，第二次科考，果然一帆风顺，考中了进士，还入选了翰林院做庶吉士。

这一段时间，曾国藩作为桐城派古文大家，已经在着手编撰著名的《经史百家杂钞》了。在这本书的编纂过程中，作为学生的李鸿章也出过不少力。所以曾国藩很欣赏李鸿章，曾评价李鸿章说“才堪大用”，就是说他将来是可以作为国家栋梁之材的。

按理说，这师生关系，可谓是相得甚欢，可是因为时事的变化，这对师生在不知不觉间却分道扬镳了。原因就是洪秀全的太平天国起义。

太平天国起义后，各地都开始办团练，曾国藩更被封为湖南团练大臣。按理说，李鸿章应该跟随曾国藩吧，可他自有万丈雄心。他年轻时去参加科举考试前，就作过一组表达人生志向的《入都》诗，其中一句“一万年来谁著史，三千里外欲封侯”，名闻当世，让人人都知道李鸿章是一个雄心勃勃的人。现在天下大乱、风起云涌，李鸿章当然要自己成就一番事业。所以李鸿章在安徽团练大臣吕贤基的支持下，自己办团练，自己拉队伍，就不跟着曾老师混了。

曾国藩也没拦着他，年轻人心气高，让他去尝尝苦头也好。况且他手下也不缺人，就办团练而言，全天下谁有他曾国藩看得那般高、望得那般远呢？

果然，李鸿章办团练苦不堪言，可谓是吃尽了苦头，好几次被太平军打得差点儿连小命都搭上。李鸿章想来想去，请人代为致信曾国藩，说不知道曾老师是否还记得我这个学生，如果记得，学生愿再回到您面前效力。

姜还是老的辣，曾国藩摆出一副海纳百川的姿态。于是，李鸿章就带着些惭愧之意又二次拜在曾国藩门下，成为曾国藩幕僚中的一员。

李鸿章虽然来得有些低调，但曾国藩毕竟非常器重他，而李鸿章也毕竟非常有才，再加上两人本来就有师生之谊，过了没多久，李鸿章在曾国藩幕府中的地位就越来越重要了，曾国藩的很多重要公文，主要就是李元度和李鸿章来负责的。

这期间，因为李鸿章毕竟年轻气盛，所以还发生过曾国藩治李鸿章睡懒觉的趣事。李鸿章对此一生铭记不忘，并从此彻底改掉了睡懒觉以及懒惰的行为习惯。从教育的效果上看，曾老师对这位李同学的教育和培养，看来还是非常成功的。

但就在这种师生关系越来越紧密、越来越融洽的时候，曾、李之间又有了第二次意外的分裂，也就是李鸿章的第二次出走师门。这一次的导火索就是我们前面提到的李元度。

结果就是，李鸿章真的就一个人去了江西。这就是李鸿章第二次反出师门。

事实上，李鸿章跟李元度的交情并没有多深，后来李鸿章独揽大权的时候，也没见他对落难的李元度伸出过什么援手。那么，让我们奇怪的是，李鸿章为什么肯为李元度彻底得罪自己敬爱的曾老师呢？而且曾国藩还捏着他所有的前程，他这样不是毁了自己吗？

其实这就是我们上讲留下来的那个疑问——李鸿章到底是不是为了李元度才二次反出师门的？

关于这个问题，当事人曾国藩早就有一个标准答案了。这个标准答案是当时身在曾国藩幕府的另一个文人欧阳兆熊记下来的，他在事后有一次跟曾国藩谈到李鸿章的时候，曾国藩说起李鸿章的祁门之别，曾经感慨地说："此君难与共患难耳。"（《水窗春呓》）就是说李鸿章这个学生，可以共享福，很难共患难！

原来，李元度丢失徽州导致的一个直接后果，就是曾国藩在祁门的湘军老营一下子陷入了太平军的重重包围之中，也就是陷入了生死存亡的境地。

这种情势下，曾国藩的那些幕僚人人自危，有些人已经不辞而别，另谋生路去了。就算没走的，也收拾好了行李，随时准备开溜。但毕竟还有一些人是曾国藩最为贴心的心腹，这时候是最危难的时刻，也是最适合表忠心的时候。

按理说，李鸿章应该是曾国藩最贴心的心腹之一，这时候应该要做出共患难的表率，所以他怎么样也不能提出开溜的请求来，否则必将声名扫地。但李鸿章精明一世，又实在不想陪着曾老师在祁门这儿送死。于是，曾国藩说李鸿章果然精明得可以，借李元度事件顺利开溜，既躲了危难时局，又为将来留下了后路。

从这句话也可以看出来，曾国藩对李鸿章这个学生，不是没有看法的。李鸿章虽然不像李元度那样在丢失徽州之后，投身王有龄，算是背叛了曾国藩。但他这种弃老师于危难之中而不顾的做法，多少也有背叛的嫌疑吧。可奇怪的是，曾国藩虽然对此看得很清楚，甚至对李鸿章有看法，可后来不久，他不仅没像对李元度那样挥泪斩马谡，还出人意料地给了李鸿章一生中最重要的一个发迹的机会。

就在李鸿章二次离开师门之后没多久，祁门之围意外地解了，战场形势总是瞬息万变的，一是因为太平军的指挥失误，二是因为鲍超和左宗棠的拼死回救，连李鸿章都认为必败的祁门危局竟然逢凶化吉，曾国藩平生第三次逃出生天。这下，远在江西的李鸿章也有点后悔了，但幸好他当初是借李元度事件离开的，不是因为怕死开溜的，还有回旋的余地。而曾国藩也绝口不提往事。没过多久，李鸿章就又回到了曾国藩的身边当幕僚。

咸丰十一年（1861年），忠王李秀成横扫苏浙全境，接连攻克苏州、杭州，兵锋直指上海，上海的商户如惊弓之鸟，顿时没了主意。上海商户共筹十八万两白银，选派代表来安徽安庆的两江总督府，向曾国藩求援，并承诺只要曾国藩派兵救沪，每月再提供湘军饷银六十万两。

曾国藩也知道上海必救的道理。一来，上海实在太富了，太平军一旦攻下上海，就获得了重要的经济基地；二来，南京、苏州、杭州已在太平军的控制之下，上海再被打下来，宁、沪、苏、杭，连成一片，最具发展潜力的长江三角洲地区必将成为太平军最为坚固的堡垒。况且人家还带了这么多军饷来，于情于理，都要派兵支援上海。

但是派谁去呢？而且这么重要的地方，这么重要的位置，那一定得是自己心腹中的心腹，且是人才中的人才，才堪当此重任。

曾国藩首先想到的是派自己的弟弟曾国荃出马。但是，出乎曾国藩的意料，曾国荃不愿意去。因为这时候曾国荃率所部两万人直逼太平天国的都城天京，一直打到雨花台下，曾国荃一心想建剿灭太平天国的第一功，其他的诱惑都不放在心上，任他哥哥怎么劝，他都不肯去。

曾国荃不肯去，曾国藩就开始认真地考虑其他人。认真思考的结果出人意料，他弃手下诸多大将不用，却找年轻的李鸿章来探讨上海的问题。精明的李鸿章听到曾老师要来跟自己探讨上海的问题，大为激动，立刻意识到属于自己的绝世难逢的机会来了，他当即毛遂自荐，主动请缨，要别立一军。他回安徽老家重招人马，组成新军，赴上海作战。

要知道李鸿章此前只是曾国藩幕府中的幕僚，并没有带兵的实权，这下能带兵，这在当时就叫出幕了，也就是能独立发展了。而且自募新军，这样就从湘军中独立出来了。按说作为幕僚的李鸿章对幕主曾国藩提出这样的要求实在过分，再加上他以前两次叛出师门，曾国藩本来对他就有猜忌，换了别人，这事儿曾国藩肯定不会同意。

可再次出人意料的是，曾国藩不仅大度地同意李鸿章独立门户、自办淮军，而且还大力支持。不仅提供军饷物资，曾国藩还在淮军成立初期，看淮军实在单薄，抽调自己的亲兵营补充淮军，像他的亲兵队队长韩正国，我们前面提到过，也就是帮他找小妾的那位，是他重要的心腹，也派给了李鸿章。后来，曾国藩对于派了两营的亲兵营还嫌单薄，又分别从曾国荃等将领处分调人马，共八营湘军嫡系加入李鸿章的淮军。

李鸿章新建淮军，一上来就进驻重镇上海，从此别开生面，在上海滩上打下了自己晚清重臣的人生基础。可以说，没有曾国藩，就没有李鸿章，这一点，不仅是当世人们的共识，连李鸿章自己也从不讳言。曾国藩对李鸿章如此疼爱有加，如此不计前嫌，扶上马还要送一程，非常重要的一个原因，就是他“自立立人、自达达人”的人才使用原则了。

曾国藩向来认为人才难求，德才兼备的人才更是难求，对于下属的个性缺点他大多能包容。曾国藩说人才使用的关键不在于人才本身怎样，而在于用人的人怎样，也就是说你能把合适的人放在合适的位置上，这才是用人的关键。他作为湘军的领袖，也算是一位人力资源大师，经常以能识人用人并能人尽其才自诩。

对于李鸿章，曾国藩看重的是他的雄心，他的精明，他的全局观和独特的发展眼光。从这些角度出发，他认为只要好好培养，不论李鸿章犯过什么浑，惹过什么祸，都可以原谅。因为，李鸿章具备了当接班人的素质。但李元度就不同了，李元度也是替手，但只是助手级别的替手，不是李鸿章那样接班人级别的替手。李元度虽然和曾国藩有着深厚的私人感情，但他惹的祸、犯的错，危及湘军内部的发展与合作，作为一个助手，这种错是曾国藩不能容忍的。

所以在安徽祁门，虽然李元度和李鸿章对曾国藩都有或多或少的背叛，这一点史称“二李见背”，但曾国藩对李元度的恼怒，是放在明处的；对李鸿章的意见，却是放在暗处的。为什么会一明一暗？就在于二李的角色不同。

这就要说到曾国藩的那句名言了。曾国藩在家书中对弟弟曾国荃说：“办大事者，以多选替手为第一义。”（《曾国藩全集·家书》）这句话很简单，成大事，以“选替手”为第一义，既然说“第一义”，也就是最重要的根本因素了。那么了解“替手”的意思，对于理解这句话就很关键了。

我想，这里的“替手”应该至少有两层含义。

第一层应该是“助手”的意思，曾国藩曾另有一封家书对弟弟说过非常类似的一句话，叫“成大事者，以多得助手为第一要义”。（《曾国藩全集·家书》）这里不说替手，直接说助手，意思非常明确，就是说能帮助自己去做事的人，也就是能替代自己去做具体事务的人。

一个团队的领导者，最重要的任务不是事无巨细亲力亲为，而是要有全局的眼光与策略的思考，至于各个方面的事务，自然应该交给各方面的人才去管理、去打理，所以曾国藩始终强调“行政之要，首在得人”。（《曾国藩全集·家书》）就是说只有各方面都安排了相应的人才，这样的行政工作才是高效而成功的。作为湘军的实际领导者，曾国藩对此深有体会，这应该是非常容易理解的。

但曾国藩所说的“替手”就只是“助手”吗？

他在“办大事者，以多选替手为第一义”的后面说：“满意之选不可得，姑节取其次，以待徐徐教育可也。”（《曾国藩全集 · 家书》）就是说，这个要选的替手一般来说开始的时候一定不会是满意之选，也就是说要想有一个满意的替手是不容易的。那怎么样才能找到满意的替手呢？方法很简单，找到好苗子，慢慢培养他，全面教育他，以期这个后备选手可以成为令人满意的替手。

从这层意思可以看出来，这里的替手就不只是助手那么简单了。要只是助手的话，也不用费这么大的劲了。所以这就是曾国藩所说替手的第二层意思，也就是要找到事业上的接班人。这时“替手”的“替”是“接替”的“替”，替手也就是可以接替自己去发展壮大事业的人。

毫无疑问，曾国藩这番话体现了他识人、用人很重要的一个观点——成就事业，发展事业，不仅要有好的助手，更要培养理想的事业接班人。

第 **21** 讲

“强项令”与“落牙臣”

曾国藩反思说，自己忠言直谏的出发点固然没错，但恃强凌人，把别人逼到死角的做法却实在不可取。曾国藩中年以后，因为带兵打仗，也因为兴办洋务，经历过许许多多的挫折和磨难，算是阅尽了世情、历尽了沧桑，所以他的行为哲学总离不开刚与柔的运用。他的家书、文集中也确实有着大量有关刚与柔的精彩论述。

大臣斗皇帝

曾国藩在读史的过程中曾提到过两个典型的案例，他认为这两个典型案例很具有“行为艺术”上的示范意义。这两个案例都很有名，一个是汉代的“强项令”的事儿，一个是宋代的“落牙臣”的事儿。之所以把它们相提并论，是因为它们都是大臣斗皇帝的事儿。

强项令的典故出自《后汉书》。《后汉书》里记载东汉初年的时候，当时的洛阳令叫董宣。汉光武帝刘秀的姐姐湖阳公主有个贴身的仆人杀了人，犯了死罪。可因为他是湖阳公主的仆人，身份特殊，享有特权，他藏在公主家里，董宣还真拿他没办法。

可这位董宣也不是一般人，他带了衙役躲在离公主家不远的地方蹲点、潜伏。终于等到公主的车队出来，董宣清楚地看到这个仆人也跟在车队里，就上前把公主的车队拦住，然后当着公主的面儿，把这个杀人犯抓住并当场审问判刑，最惊人的是还当着公主的面儿就执行了死刑。

这一下公主可恨死了董宣，跑到刘秀面前大哭大闹，非要刘秀杀了董宣不可。

刘秀一听也肝火直冒，好你个董宣，不看僧面看佛面，我皇上的姐姐的仆人的命，你也敢要，你也敢杀，你这不是不给我姐姐面子嘛！他派人把董宣抓来，当场就要杀。

这时候，董宣竟然丝毫不惧，只说皇上您要杀要剐随便，但您得先让我说句话。

董宣说：“陛下圣德中兴，而纵奴杀良人，将何以理天下乎？臣不须棰，请得自杀。”然后“即以头击楹，流血被面”。（《后汉书·酷吏列传》）

这意思是皇上您刚刚平了乱世，要给百姓带来一个安定的盛世，怎能不以理服人，以法治天下呢？您要真是这么一个不讲理的皇上，那算我董宣看走眼了，不用你杀我，我自己死给你看。说完他往柱子上一撞，撞得是血流满面。

这一下刘秀直面淋漓的鲜血，猛然醒悟了，知道董宣做得对，但姐姐的面子过不去啊，得找个台阶给湖阳公主下，于是刘秀就让董宣给湖阳公主磕头赔罪，借此免去董宣的死罪。

可这个头，董宣怎么都不肯磕。

刘秀就让人按着董宣的脖子，给湖阳公主磕头，结果“宣两手据地，终不肯俯”。（《后汉书·酷吏列传》）就是说董宣死活不磕这个头。

这下刘秀都气乐了，说这家伙真是个强项令啊，意思是说这家伙的脖子可不是一般的硬。于是他掉头跟姐姐说，没办法，这家伙脖子太硬了！天生的，我也没辙儿。

刘秀拿董宣没辙儿，反倒彻底成就了董宣的“强项令”的美名。因为连皇帝都拿他没辙儿，所以董宣在“强项令”之外，又多了个外号，当时官场上的人都称他为“卧虎”，所有的豪强富贵见了他没有不害怕的。连开国皇帝都斗不过他，这种人，谁不怕？

北宋“落牙臣”的故事出自《涑水记闻》。

书中记载说，宋太祖赵匡胤有一天正在御花园里玩鸟，内侍来报，说一位大臣有急事奏报。

这事巧得就跟唐太宗与魏徵的故事一样。唐太宗有一次也在御花园里玩鸟，正好魏徵闯进来有事奏报。唐太宗一看魏徵来了，怕魏徵批评他玩物丧志，赶快把鸟藏在袖子里。古人的衣服宽袍大袖，别说藏只鸟儿，就是藏只鸡也没问题。可魏徵看到唐太宗藏鸟了，故意慢条斯理地在那儿汇报工作。他不说完，唐太宗也不好让他走啊，因为魏徵向来以刚直出名，刚直的程度连唐太宗都怕他三分。结果魏徵的这篇工作汇报，有如滔滔江水，绵绵不绝。好不容易等他说完离开，唐太宗把鸟拿出来一看，早就闷死了。这一下把唐太宗气得要命，可最后还是拿魏徵没辙儿。

宋太祖赵匡胤跟唐太宗李世民一样，都有玩鸟的嗜好。不同的只是他手下没有魏徵那样刚直到让他忌惮的人物。这位大臣说有军国大事、要事、急事汇报。赵匡胤一听，军国大事，还很急，肯定比玩鸟重要，就放下手头的鸟，换了正装，到正殿来听汇报。

结果，这位大臣把工作洋洋洒洒地汇报了半天，赵匡胤听着听着眉头就皱起来了。一直到这位大臣把所有的工作都汇报完，忍了半天没吭气的赵匡胤一下火了，说："你不说有军国大事、急事吗？怎么全是陈谷子烂芝麻的小事？这些事哪件大、哪件急啊？"

皇上很生气，再加上赵匡胤向来是个急脾气，发火的时候很吓人，所以他这一嚷嚷起来，旁边站立的侍者都吓坏了。可这位大臣非常有意思，他也不害怕，慢悠悠地回了句："臣以为尚急于弹雀。"

那意思是说，你说我这些事不是大事，不是急事，但总比玩鸟要大、要急吧？

赵匡胤一听这话就火了，好你小子，还敢狡辩！他从侍卫手里抢过一把金瓜斧来，照着这位大臣就是一斧子。

当然，不要以为赵匡胤一斧子就把人家给砍了，那样的话，就不是开国之君宋太祖了。一般开国之君还都是比较英明的，还没昏庸到那个程度，要是夏桀、商纣这些亡国之君，倒是有可能这么做。

赵匡胤生气归生气，也不过是像刘秀让人摁住董宣那样让他低头认输，他拿着斧柄照着这大臣就给了一下子。

虽然是斧柄，但也不得了，一下子就把这个大臣的两颗牙给打掉了。一般人要这样干，当然很野蛮，但赵匡胤他是皇上，这个大臣别说被他打掉两颗牙，就算牙被他打光了也不能怎样啊！

要是换了董宣会怎么样？别说掉两颗牙了，就是“流血被面”也不认输啊，肯定抻着个脖子得把赵匡胤好好数落一顿，然后大不了是个死。要换了魏徵，那就更不得了，他要一发起威来数落唐太宗一顿，李世民非得愧疚半辈子。可这位宋代的“落牙臣”（《涑水记闻》并没记下他的名字。因为他是一个被打落牙的大臣，所以我们只能代称其为“落牙臣”。）跟董宣、魏徵都不一样。他居然极其冷静，极其镇定，既不抱头鼠窜，也不惊慌失措，更不怒发冲冠、誓死不屈。他出人意料地蹲下来，然后又趴在地上，干什么呢？

找牙！

这个大臣不害怕，不生气，反而冷静地趴在地上找牙，这下赵匡胤倒看呆了。赵匡胤像被点了穴一样，一直看着这位被他打得满地找牙的大臣，先趴在地上把两颗牙找到，然后缓缓地站起身来，用袖子把两颗牙仔细地擦擦干净，然后再小心地放入怀中。

这一下，赵匡胤都气乐了，当时就问：“汝怀齿欲讼我耶？”

就是说，你小子干什么呢？这牙齿还藏起来，你拿它当物证啊？你还打算到衙门里告我吗？

你看，赵匡胤还挺有意思，他还怕大臣拿着物证去告他。

哪知道这位“落牙臣”呵呵一笑，说：“臣不能讼陛下，自当有史官书之。”就是说，我哪能去告皇上您啊！不过您乱打人这事儿，自有史官会记下来，我这牙拿回去还真得当个纪念。言外之意，也就是可以拿给史官当物证了。

赵匡胤一听这话立刻呆了，想了一想，突然满脸堆笑，斧子赶快扔一边，让人拿出金银玉帛来赏赐这位大臣。

为什么会有如此一百八十度的大转弯呢？

道理很简单，他怕在史书上留恶名。这个“落牙臣”要是像董宣或魏徵那样他倒不怕，皇上打大臣，打就打了，大臣再有火也火不过他皇上。可现在因为玩鸟打了大臣，还把人家的牙打掉了，还让人家把牙给捡走了，这要让史官记下来，让后人知道，这位大名鼎鼎的宋太祖该多丢份儿！

赵匡胤赶紧换了笑脸，还重赏了这位当事人，那摆明了就是贿赂。一个野蛮的皇上贿赂一个低微的大臣，只为了让这丢人的事儿可别宣扬出去。

果然，这事儿后来正史没有记载，《涑水记闻》是本笔记，也只相当于野史而已，以至于这位响当当的“落牙臣”的名字也没能记下来。不过，《涑水记闻》虽然只是一个笔记体著作，但它的作者却是编了《资治通鉴》的大史学家司马光，所以赵匡胤这点糗事儿，还是没能躲过史官的如椽之笔。

一个“强项令”，一个“落牙臣”，曾国藩从中又能看出些什么呢？

首先，不论是“强项令”还是“落牙臣”，我们可以很清楚地看到他们的行为结果都是非常成功的。你看，不论是“强项令”的董宣还是被打落牙的这位无名大臣，他们虽然是大臣，却能使汉光武帝刘秀和宋太祖赵匡胤这两个强势的皇帝为之折服，说明“强项令”和“落牙臣”本身的境界都不一般。当然，也说明刘秀和赵匡胤这两位开国君主的境界与胸怀也不一般。

可是，虽然结果大体相同，“强项令”和“落牙臣”的做法却大不相同，也就是他们达到成功所运用的手段是十分不同的。我们可以用一个成语来说，这叫“异曲同工”，就是用不同的方式和手段，达到了同样的目的。可曾国藩看重的恰好不是那个结果，而是那个过程。那么，对于这两件臣子胜皇上的事儿，曾国藩到底怎么看呢？

曾国藩联系现实评价说：“吾辈在自修处求强则可，在胜人处求强则不可。福益外家若专在胜人处求强，其能强到底与否尚未可知。即使终身强横安稳，亦君子所不屑道也。”（《曾国藩全集·家书》）

这段话是说对待自己应求刚求强，但对待别人不应该一味求刚强。这里主要有两个原因。

第一，过分刚强的手段往往适得其反，大多数反而不成功，像董宣这样因为刚强、强硬而一时成功的只是少部分，不值得推广。

第二，像董宣、魏徵这样终身刚强、强硬，而且一辈子坚持却并没遭受大挫折的，就更是偶然了，这种处世态度，根本就是君子们所应摒弃的。

“柔”与“刚”

前面我们讲过，咸丰刚上台的时候让大臣们对朝政大事提建议，甚至对他个人提意见。而曾国藩不仅上了批判性很强的奏折，更绝的是还在朝堂之上当着满朝文武，把这个奏折当场给背出来了。

后来，曾国藩虽然没像“强项令”董宣那样弄个头破血流，也没像“落牙臣”那样被打掉两颗牙齿，但他这时多少还有些不屈不挠的气概，以至于天下文人大多因为这件事纷纷称赞曾国藩敢于直言上谏，不愧“直臣”的称号。湖南的知识分子更因这事从此以后唯曾国藩马首是瞻。曾国藩虽然因为这事儿差点儿掉脑袋，但当时，他还是不后悔的。

可这事儿过去了很久之后，曾国藩却后悔了。

后来，曾国藩因缘际会出山带湘军与太平军作战，这个过程对于曾国藩来说，十分煎熬。之所以十分煎熬，一是因为太平军战斗力太强，他打不过；二是因为清政府这边窝里斗，从朝廷到地方官员，处处都有人为难他。尤其是咸丰本人，虽然要依赖曾国藩抵抗太平军，但他骨子里对曾国藩这个人十分反感，他不支持曾国藩，曾国藩和他的湘军的日子当然就难熬多了。

曾国藩痛定思痛，反思过往，认为咸丰之所以对他抱有那么大的成见，一方面是满族贵族忌惮他汉人带兵。但除去这个面上的原因，当年“强项令”似的当廷背书事件搞得年轻的咸丰下不来台，更是一个深层次的原因。曾国藩反思说，自己忠言直谏的出发点固然没错，但这种恃强凌人、把别人逼到死角的做法实在不可取。

我们现在讲曾国藩家训，其实是个宽泛意义上的家训概念，并非单指他的《曾国藩家书》或者日记，而是把他一生中所有教育子女、指点子弟，甚至培养后人的思想与智慧进行总结与归纳。

在这个基础上，我们前面讲了他家训思想中“修身齐家”和“立人达人”的智慧，也就是识己与识人的智慧，现在我们要讲的是他家训思想中临事与处世的智慧，也就是行动力与执行力的培养。

行动力与执行力是我们现代社会常提的两个词，在曾国藩的时代，他只把其中的智慧归结为两个字：“柔”与“刚”。曾国藩所谓知行合一、明强挺经，其实都离不开这两个字。这两个字也是他处世智慧、行动智慧的关键所在。

说到柔与刚，我们在生活中也常用，像“刚柔相济”“柔能克刚”都是我们很熟悉的词。但不知大家想过没有，既然说以柔来克刚，那为什么刚柔又是可以相济的呢？另外，柔为什么能克刚？反过来，刚能不能克柔呢？柔和刚里各自有怎样丰富的内涵？曾国藩对此又会有怎样的看法呢？

曾国藩认识到自己这个“强项令”和汉代那个“强项令”，虽然在大臣斗皇帝的博弈中都获得了胜利，可就斗争智慧而言，却远不如宋代的那个无名氏的“落牙臣”。因为只有那位“落牙臣”的行为才称得上是真正体现了以柔克刚的智慧。

首先，曾国藩、董宣、魏徵都是以刚克刚，而“落牙臣”在与宋太祖发生正面冲突后，采用了一种表面看上去和风细雨，最后却同样达到了克刚的目的的做法，这就叫以柔克刚。

其次，“落牙臣”的柔，不是柔弱，也不是无原则的退让，更不是阴柔与阴险，他的柔是一种非常智慧的表达方式。他趴下来满地找牙，还把牙擦干净了好好收藏起来，这在赵匡胤面前简直像在演小品，不仅成功地吸引了赵匡胤的注意力，也成功地化解并转移了赵匡胤的怒气。

再次，“落牙臣”的柔是一种绵里藏针、柔中带刚的绵柔。面对飞扬跋扈的开国皇帝，他表面不争，内心却丝毫不作退让。这种用原则作为后盾的默默坚持，在满地找牙的谐趣行为中，显得底气十足，同样，也韧劲十足。最后的结果，自然春风化雨，润物无声。

最后，“落牙臣”的柔既然能克刚，说明这种克刚的智慧本身就孕育了刚的内涵。他的坚持就是刚，他的原则就是刚，柔只是他达成目的的手段。所以说刚柔相济，刚其实是目的，柔其实是手段。所谓以柔克刚，则是说在实践中柔的手段比刚的手段更为可取罢了。

这就要说到柔的手段为何更为可取，也就是为什么柔能克刚了。

曾国藩后来在家书中谈到这一点时，认为这一智慧来源于大自然。他说：“近来得见天地之道，刚柔互用，不可偏废。”（《曾国藩全集·家书》）说明他的刚柔观是参透了大自然的规律得来的。他中年后喜欢读老子的《道德经》，老子说“飘风不终期，骤雨不终朝”，是说大自然中那些刚猛的力量，哪样能持久呢？大风大雨绝不会持久，只有和风细雨，才可绵绵无穷。

老子又说：“天下之至柔，驰骋天下之至坚。”是说自然界里总是最柔软的事物战胜最坚硬的事物。这怎么可能呢？其实也很容易理解，水滴石穿嘛。

我们常说上善若水，说水最具有韧性。其实这种说法不对，因为水是液体，不是固体，从物理上说，只有固体才谈得上韧性。但我们都觉得水有韧性，这是为什么呢？原来这种感觉是一种移觉，我们把水滴石穿中水在时间上的那种延续性当成了一种韧性。恒久绵长，坚持不断，就是柔弱水滴所具有的最大的韧性。

所以，自然界里总是柔的一面才具有这种时间上的韧性，而刚的一面往往不具备时间上的韧性，所以自然界里总是柔的一面具有恒久的生命力，这就是以柔克刚的自然智慧。

这就像著名的一千零一夜的故事，残忍的国王每天都要杀一个人，善良的宰相之女自愿嫁给他，每天给他讲一个奇特的故事。国王开始是因为要听故事才不杀她，后来，也就是讲了一千零一个故事、过了一千零一夜后，残忍的国王终于被时间化解了戾气，终于明白了真爱，终于被这个柔弱的女子所感动，并最终改邪归正。这就叫水滴石穿，这就叫以柔克刚。

曾国藩在家训中也说："柔顺，所以守其缺而不敢求全也。"（《曾国藩全集·家书》）其实就是抱残守缺的意思。为什么要抱残守缺？因为这样才有发展的空间，才有时间上的韧性，这就是来自大自然的柔能克刚的智慧。

曾国藩中年以后，因为带兵打仗，也因为兴办洋务，经历过许许多多的挫折和磨难，算是阅尽了世情，历尽了沧桑，他的行为哲学总离不开刚与柔的运用。在传说为他所作的《冰鉴》一书中就专有《刚柔篇》，下分"总论刚柔""论内刚柔""论外刚柔"。当然，基本可以确定这本书只是后人借曾国藩的名伪托，但即使这样，也说明后人对他刚柔观的普遍重视，而他的家书、文集中也确实有着大量有关刚与柔的论述。

事实就是这样，人类本就来源于自然，这种刚与柔的自然智慧也应该在人类的世界里得到体现。

曾国藩因为喜欢老子，所以晚年常给孩子们讲这样一个故事。

老子在老师常枞临终前去看他，老子问老师还有什么遗言或道理要告诉学生。常枞用最后的力气张开嘴，对自己这个聪明的学生说："你看看我的舌头还在吗？"

老子说："舌头还在。"

常枞又问："你看我的牙齿还在吗？"

常枞这时已年近百岁，牙齿早已掉光。于是老子回答说："牙齿都不在了。"

常枞说："你明白了吗？"

老子说："明白了。"

常枞说："很好，很好。"

然后，常枞含笑而逝。

老子明白了什么？常老师又说了什么？

舌头是柔软的，所以还在。牙齿是刚硬的，所以早就不在了啊。

第 22 讲

高不成，先低就

“名不正，言不顺”，但可以事先顺啊，把事做顺了，实至名归，“名”自然也就正了。“在其位，才谋其政”，老想着有了职位才做事，这更是本末倒置了。要“先有为”，然后“才有位”！尤其是理想中的职位，更不能靠天上掉馅饼得来，不奋斗，不做出成绩来，怎么会属于你呢？放眼天下，哪一个成功者不是从小事、从低就处做起的呢？

高起点却栽了大跟头

曾国藩在家训里曾经说：要掌握自己的命运，总“须先立坚卓之志”。(《曾国藩全集·家书》) 就是说立志是人生第一件事。他甚至还说：“人苟能自立志，则圣贤豪杰何事不可为？”(《曾国藩全集·家书》) 这话固然是在说要立志，可着眼处却在要做“圣贤”与“豪杰”，这种志向或者说野心，不可谓不大吧。他甚至还写过一副楹联，很简单，只有八个大字，叫“另起炉灶，重开世界”。这话真是掷地有声，真可谓气象阔大，志向非凡。

因为自己志向远大，而在家训中也频繁地教育别人要志向远大，所以曾国藩自进入仕途后，眼界一直很高。再加上他当京官的十年仕途特别顺，十年七迁，连升十级，号称汉人官员中独一无二，这就更让曾国藩自命不凡了。他后来出山办团练，跟别人都不一样。别人就把团练当民兵办，唯独他把团练当湘军办，归根结底，还是他心气高、眼界高，所以起点也高。

但我们知道，万事万物的发展都不可能是一帆风顺的。心气高、眼界高自然没问题，那是你主观的意识。但要想事事都起点高，都办得水平高，都心想事成，那就一厢情愿了。曾国藩的家训智慧、人生智慧，都是在经历了很多现实挫折之后，才有质的升华。比如他对做事起点高低的认识，就有一个非常典型的现实转换过程。

我们前面说过，当年朝廷请曾国藩出山来办团练。可曾国藩不愿意，一来他以儒家知识分子自命，儒家最讲孝道，曾国藩要为母亲守丧，所以出来带兵办团练这种事，他是不愿意干的。二来他也把不准，看不清楚出来办团练与太平军对着干这种事到底有多大风险。三来全国各地都让办团练，当时总共有四十多个地方办团练，都属于小打小闹，这种局面，曾国藩就更不愿意来凑热闹了。

关键的时候，还是曾国藩的好朋友郭嵩焘出马，说服了曾国藩出山。而郭嵩焘说服曾国藩的秘诀主要有两个。

第一个是他把握住曾国藩志向大的心理特质，说太平军的教义对中国传统的孔孟文化来说是灭顶之灾，而你一直以儒家传人自命，这时候应该挺身而出，拯救儒家传统文化，建成万世不朽的功业。

第二个关键之处在于郭嵩焘告诉了曾国藩一个小道消息，说咸丰下旨让各地办团练之前，曾专门把理学大师，也是当时的大名士唐鉴请去讨教，唐鉴当着咸丰皇帝的面，就只推荐了曾国藩，说曾国藩才堪大用，办团练之事只有交给曾国藩才可以成功。也就是预言天下团练，必将唯曾国藩马首是瞻。

这两个理由一说，曾国藩彻底动心了。为什么呢？因为曾国藩心高气傲，向来讲究“名不正则言不顺”。现在，他这个湖南团练大臣，已然是天下团练的领袖，而且肩负着拯救天下的重任，甚至还肩负着拯救传统文化的重任，这下曾国藩的使命感和信心都迅速爆棚，终于毅然决然地出山，开始了他创造传奇的后半生。

为什么说他信心达到了爆棚的地步呢？

曾国藩自己认为是在其位，要谋其政，而且要谋大政，所以雄心万丈、雷厉风行地开始了他的整军计划。可过了没多久，信心爆棚的曾国藩就捅了大娄子，跌了大跟头。因为曾国藩治军严苛，绿营兵聚众闹事，他迫不得已只能出走衡阳，成了长沙官场的笑柄。这时候，退避衡阳的曾国藩，只是一种忍的功夫，并没认识到自己在长沙到底错在哪里，甚至在很长时间里都只是一味地埋怨长沙官场对他嫉贤妒能。直到五年后，当另一个大挫折、大跟头到来的时候，曾国藩才最终认识到自己的问题在哪里。

咸丰八年，也就是1858年，曾国藩面临着一个更大的困扰，这个困扰在他自己看来，比当初的长沙受辱退走衡阳有过之而无不及。

咸丰七年的时候，曾国藩正在江西跟太平军鏖战。这个“鏖”，本来是吵闹、激烈的意思，但有时可以通假为苦熬的“熬”。对于曾国藩来说，在江西的日子，用“熬战”来描述可能更适合些，因为他当时相当煎熬，不仅因为对手是太平军里最能打仗的石达开，而且他的湘军还面临着断饷、断炊、断后勤的危险。

俗话说：“兵马未动，粮草先行。”打仗时，后勤是非常重要的。曾国藩后勤危机，倒不是因为石达开断了他的粮道，而是因为一句话，曾国藩被断了后勤。哪句话呢？就是他本来特别喜欢的那句“名不正，则言不顺”。

曾国藩作为湘军的统帅，这时候他的官职是以兵部右侍郎的名义署理湖南团练大臣，这个“湖南团练大臣”在湖南还马马虎虎，虽然别人也拿他不吃劲，但湖南当地官场多少还是给他面子的。现在他这个湖南团练大臣到了江西，别人就根本不把他当回事儿。虽然他的湘军才是跟太平军作战的主力，可江西当地官场只接受他保护，却不肯提供军饷。湘军的军饷基本上还是靠湖南、湖北勉强维持。

曾国藩对此非常恼火，跟江西巡抚陈启迈斗了好几回，可还是解决不了问题。因为“名不正，言不顺”啊，你曾国藩再牛，没有地方政府的行政权，还是没辙儿。曾国藩虽然不停地向朝廷抱怨，可咸丰也不支持他，他在江西的日子简直就是煎熬。

这时候，刚好发生了一件大事，曾国藩的父亲死了。曾国藩一看，正好抽身而退，以回家奔父丧为由，也不请示，也不打报告，擅自离岗，撂下江西的烂摊子，跑回湖南老家去了。

曾国藩一边往家跑，一边才跟皇帝打报告，说自己要回家奔丧。还没到家，咸丰的回复到了，说准你三个月的假，三个月后赶快回你的岗位去。曾国藩说三个月哪行？孝子守孝要三年。

咸丰一看火了，下旨着令曾国藩立刻结束休假回江西前线。曾国藩等的就是咸丰的催促。咸丰一催促，他倒不急了，他慢条斯理地回复，诉说了江西战局的各种艰苦，也诉说了他的各种困难，到最后，曾国藩给咸丰亮出了底牌，要江西巡抚的位子。

咸丰一看曾国藩胆敢伸手要权，鼻子都气歪了。正在无可奈何之际，局势突然急转直下。太平天国内部发生著名的天京内乱，韦昌辉杀了杨秀清，洪秀全急召石达开回天京平乱，石达开一走，江西战局一下压力骤减。咸丰一看，这下倒好，你曾国藩不是不愿回去嘛，我还不要你回去了。于是下一道圣旨，说你不是要休假吗？不是要整整休三年吗？行！你也别只休三年了，你就彻底在家休着吧！

曾国藩想借父丧跟咸丰伸手要实权，没想到咸丰却想趁机彻底“休”了他，这下曾国藩的日子可比在江西还要难过。

他一手拉起来的队伍，一手组建的湘军，跟他没关系了，成了别人手上的财富。再加上石达开一走，湘军连连获胜，每当胜利的战报传来，曾国藩就更加“别是一番滋味在心头”了。他窝在湖南老家的这一年，据他自己说，是出山以来心情最差的一年。差到经常跟孩子、弟弟发脾气，他家训里讲的那些治家智慧、经验和方法，险些都没法坚持下来。

不幸中的万幸是，曾国藩带兵如带子、治军如治家的效果这时候体现出来了。曾国藩虽然擅自离岗，算是自动交出了湘军的领导权，但他已是湘军这个团队的实际领导核心。

曾国藩虽然走了，但他的权威还在。除了他，也没人能真的指挥得动这支中国近代史上第一支地方武装。湘军的很多将领甚至不听朝廷的调遣，非要身在湖南的曾国藩发话，朝廷才调得动。我们讲曾国藩家训中识鉴人才、培养人才的功夫不可谓不深厚，这时候就见出曾国藩识人、用人的功力来了。

到了咸丰八年，石达开在天京内乱之后带了二十万大军负气出走，从江苏直奔江西而来，这一下江西的压力又陡然加重。咸丰一看大势不好，也不跟曾国藩斗气了，谕旨曾国藩出山，要曾国藩重新带湘军，与太平军作战。

很奇怪的是曾国藩这时的表现，和他以往的表现大相径庭。

咸丰只让他出山，前面休不休的话题只字不提，更不要说江西巡抚的实权。而曾国藩本来跑回家就是要权的，现在咸丰让他出山，对于这个关键问题只字不提，按曾国藩以前的强硬性格，咸丰不提，他是要提的。可很奇怪，曾国藩也跟咸丰一样，旧话只字不提，没有任何意见，接到圣旨，二话不说，立刻投入实际工作中。

那么，曾国藩的表现为什么前后会大相径庭呢？

隔代师

答案在于曾国藩自身的转变，在于他自身认识的提高。到这时候，他的刚柔并济的处世哲学里已经有了一条鲜明的认识，即“高不成，先低就”！

曾国藩在家窝着的这一年，在朋友的建议下，重新研读了黄老之学，尤其是对老子《道德经》的认识有了翻天覆地的变化。老子说“上善若水，水善利万物而不争，处众人之所恶，故几于道”。所谓“处众人之所恶”，就是“处万物之下”的意思。水能达到最高的道的境界，就是因为只有它愿意往低处去。所有人都想往高处走，只有水愿意往低处流，因为它肯低就，所以达到的境界反而是最高的境界。这就是大自然肯俯身低就却能达到至高境界的道理。

不过我个人认为，曾国藩固然从《道德经》学习到了这种要低就的哲理，他可能还从另一个人的身上得到过一些启发。这个人就是曾国藩治军练兵的隔代老师戚继光。

曾国藩练湘军，虽然志向远大，可他自己是个彻头彻尾的文人，一点儿带兵打仗的经验都没有，怎么可能练就一支战斗力超强的湘军呢？曾国藩的秘诀是拜隔代师，照搬前人的兵法经验。他照搬的兵法就是戚继光的《纪效新书》和《练兵实纪》，他拜的隔代师也就是大明王朝的一代战神戚继光。王闿运的《湘军志》就说曾国藩练湘军完全照搬戚继光的“束伍成兵”之法，曾国藩对此也是坦言不讳的。

因为拜了这个隔代师，我想曾国藩大概不仅学了戚继光兵法，也学了戚继光为人的智慧。戚继光这个人很有才，也很傲，但他在做事上有一个绝对值得称道的特点，就是高不成的时候先低就。

戚继光是世袭的高级武将，再加上他个人本事很大，天赋很高，年轻时就崭露头角，很受朝廷重视。当时倭寇之乱渐成大明朝的心腹之患，才二十多岁的戚继光就被任命为整个山东备倭军的总司令。他也的确有才，把山东数千里的海岸线守得如铁桶一般，倭寇根本不敢到他那儿去。

因为戚继光在山东的良好表现，朝廷就把年轻的他当成平倭的一颗重要棋子，打算把他投放到抗倭斗争最艰苦的江浙前线去。对此，戚继光自己也充满了期望，因为英雄无用武之地，岂非寂寞难耐？

可等到戚继光满怀希望地来到江浙抗倭第一线时，立刻傻眼了。为什么呢？浙江方面居然不拿人才当人才，居然拿着柴火当火柴，居然只让戚继光这样的军事天才去主管军屯等后勤工作。

可是，虽然别人都替戚继光打抱不平，虽然戚继光自己也没料到会到浙江来管后勤，但戚继光这个二十八岁的年轻人居然对此没有一句抱怨。既然高不成，他就先低就，居然就在后勤工作上开开心心地干出了一番惊人的成绩。

他一上任，就深入了解浙江当地抗倭形势，不管是他自己主管的后勤工作，还是前方的军事工作，都很花心思地做了一番研究。研究要有成果啊，就像现在的研究员要写论文一样，戚继光研究完了之后就开始写调研报告，一口气就浙江的抗倭形势以及各方面现状写了好几篇分析报告。

开始的时候，这些报告递上去后，就如泥牛入海，了无消息。可戚继光偏偏不把上级的沉默当回事，还是一如既往地搞自己的调查，写自己的文章，而且乐此不疲。

所以说，人就应该像戚继光这样，认准自己的工作，只要是对的，不管高低贵贱，都要努力去做，别管太多。

事实上，戚继光的这些报告，都有人看，而且还有人欣赏，只不过看的这个人、欣赏的这个人比较老谋深算，对人对事轻易不表态而已。这个看了戚继光所有报告却一句话也不表态的人，就是当时浙江地区的一把手，浙江巡抚胡宗宪。

胡宗宪还是很看重戚继光的，对于戚继光的这些调研报告也很重视，他之所以一直不吭气，就是要看看这个年轻人能不能沉得住气，到底是个急功近利的人，还是个堪当大任的人。过了一段时间，胡宗宪心里就有底了。

当时，正好因为抗倭形势的发展，要增设一个宁绍台参将的位置，也就是把宁波、绍兴、台州三个地方的军事指挥整合成一个，是个很重要的位置。而且参将在明军序列里，也是仅次于总兵、副总兵的高级军官，所以有很多人盯着。

一时间，很多人闻风而动。戚继光呢，想想自个儿初来乍到，人生地不熟，要关系没关系，根本就没动这个念头。可是老天爷很公平，老子说“无欲则刚”，虽然戚继光最没指望，最没可能，但在胡宗宪的安排下，戚继光居然就升任了这个宁绍台参将的职位。

曾国藩年轻时喜欢的那话怎么说来着？

“名不正，则言不顺！”

“在其位，才谋其政！”

错了，大错特错了。

“名不正，言不顺”，但可以事先顺啊，把事做顺了，实至名归，“名”自然也就正了。

“在其位，才谋其政”，老想着有了位置才做事，这更是本末倒置了。要“先有为”，然后“才有位”啊！尤其理想中的位置，更不能靠天上掉馅饼得来，不奋斗，不做出成绩来，那个位置怎么会属于你呢？放眼天下，哪一个成功者不是从小事、从低就处做起的呢？

曾国藩从《道德经》和戚继光那里，也从自己亲身的经验中认识到，原来的心高气傲带来的结果就是眼高手低。这种眼高手低造成的结果就是做事、行动时的高不成、低不就。这也是他在实践中屡屡失败的一个关键原因。当初在长沙整军，就是太想高成高就了，所以起点很高，动静很大，却适得其反，最后算是被人赶出了长沙。借着父丧伸手跟咸丰要权就更是这样了。最后不仅什么都没要到，还险些丢了自己一手拉起来的队伍，同时还被天下知识分子骂，说他借父丧伸手要权这事实在不像一个大儒所为，有十足的伪君子的嫌疑。

曾国藩痛定思痛，终于想通这一层，当然依命出山，再无任何条件，也再无任何怨言。“高不成”，也就是不给我地方实权，我就“先低就”，也就是尽量带好我的兵，做出成绩来再谈其他。

果然，曾国藩从此以后埋头苦干，再不总是向朝廷抱怨。过了没几年，别说小小的巡抚了，两江总督、兵部尚书乃至节制四省的钦差、东南第一重臣的头衔，别人都主动地送上门了。

曾国藩在家训里曾发自肺腑地总结说："凡民有血气之性，则翘然而思有以上人，恶卑而就高，恶贫而觊富，恶寂寂而似赫赫之名。此世人之恒情。"就是说人人都想做人上人，都想有高起点，有好位置，所以眼高手低，这几乎是所有人的通病。对于这种毛病，曾国藩又认为知识分子最为突出。他说："文士之自命过高，立论过亢，几成通病……即余昔年亦失之高亢，近日稍就平实。"（《曾国藩全集·家书》）就是说当年自己作为一个小知识分子，这种高不成、低不就的毛病也很突出，这些年在实践中才总算慢慢地改正了。

所以，曾国藩曾经在家训中教育他那几个心高气傲的弟弟说："总须脚踏实地，克勤小物，乃可日起而有功。"（《曾国藩全集·家书》）

脚踏实地好理解，"克勤小物"是什么意思呢？

曾国藩有一篇读书笔记，题目就叫《克勤小物》。曾国藩在这篇笔记里说："古之成大业者，多自克勤小物而来。百尺之楼，基于平地；千丈之帛，一尺一寸之所积也；万石之钟，一铢一两之所累也。"（《曾国藩全集·文集》）这也就是"层台起于垒土，抱木生于毫末"的意思。接着，他分别举了周文王和周公旦治国的例子，举了诸葛亮和杜如晦为政的例子，又举了陶侃和朱熹治学的例子，无非要说明，这些成就大事业的人虽然志向远大、眼光很高，但他们无一不是从小事做起，一件件小事做好了，做顺了，大事业自然也就水到渠成了。

这在治国、为政、治学，甚至生活的各个方面，莫不如是。

说到这种"高不成，先低就"的处世智慧，其实我们还可以从至圣先师孔子的身上看到更生动的验证。

孔子十七岁时，父母都不在了。有一次，鲁国执政季氏发了一个通告，邀请鲁国所有的士族子弟来家里参加宴会。

士，在春秋时期，是贵族中最后一个等级。孔子的父亲叔梁纥属于士，所以孔子也应该属于士。十七岁的孔子一个人就去赴宴了。可还没进季氏的庭院，就被人拦住了。季氏的家臣阳货拦住孔子说："你又不是士，你来干什么？"阳货这话对孔子来说简直就是巨大的侮辱，因为他这话要么是根本不承认孔子"士"的身份，要么就是不承认孔子是叔梁纥的儿子。这简直就是奇耻大辱。

可是年轻的孔子并没有去争这个名，而是默默地转身走开了。

他走到哪里去了呢？他离开了父母之邦鲁国，走到他祖先居住的地方——宋国去了。孔子在宋国苦学礼乐，渐渐声名大震。

三年后，他携新婚妻子再次回到鲁国后不久，孔子的儿子降生了。这时候，鲁国国君鲁昭公听说孔子生了儿子，立刻派人送了一条大鲤鱼来表示祝贺。所以，孔子就给儿子取名叫孔鲤，字伯鱼，就是为了纪念这件事。

孔子三年前离开的时候，连"士"的名分都不被人承认，连季氏一个小小的家臣都可以随随便便地侮辱他，但他三年后再回来的时候，连国君也要对他表示尊重。孔子三年前离开鲁国，不争一时之名，默默地修炼自己，不就是一种"高不成，先低就""名不正，事先顺""先有为，再有位"的人生智慧吗？

第 23 讲

不冒进，稳为上

“名不正，言不顺”，但可以事先顺啊，把事做顺了，实至名归，“名”自然也就正了。“在其位，才谋其政”，老想着有了职位才做事，这更是本末倒置了。要“先有为”，然后“才有位”！尤其是理想中的职位，更不能靠天上掉馅饼得来，不奋斗，不做出成绩来，怎么会属于你呢？放眼天下，哪一个成功者不是从小事、从低就处做起的呢？

凡事不可操切

我们前面反复提到过，曾国藩出山办团练、办湘军的历程，可谓是一波三折。

因为曾国藩是经过湖南方面多次邀请，又经过皇帝下圣旨才出山，可以称得上“千呼万唤始出来”，所以当他决定之后，他的信心就迅速爆棚了。但是，曾国藩因为急着要办大事业，最终绿营哗变，不但沦为官场小兵，还差点为此丢掉性命。

曾国藩到了衡阳之后，首先做的不是想着如何报仇雪恨，也不是想着如何卷土重来，而是痛定思痛，深刻反省，反思自己在长沙办团练的错误。而他反思的结果只有一个词——操切！

操切，就是太急躁的意思。曾国藩并没有因为长沙的挫折对自己的事业与人生信仰产生动摇。他曾经深刻反省，说自己向来有急躁的毛病，年轻时动不动就会因为一些小事跟弟弟们发脾气，后来当了翰林后身上还是有一些毛病，以至于他父亲在北京和他生活了一段时间之后就闹着要回老家，曾国藩总结说，造成这些缺点的一个根源就是浮躁。

曾国藩说：“一经焦躁，则心绪少佳，办事不能妥善。”（《曾国藩全集·家书》）就是说每次一浮躁，一焦躁，心态肯定就坏了。心态一坏，要办的事情肯定就要砸锅。反过来说，事情办砸锅，则往往是因为办事时的心态出了问题，而心态出问题，则是因为犯了焦躁、浮躁的毛病。所以，曾国藩在衡阳总结前半生，得出了一个指

导后半生的观点，那就是："凡事总宜平心静气，稳稳办去！"（《曾国藩全集·家书》）

从此以后，稳字诀就成了曾国藩为人处世、临事行动的一个重要法宝。让曾国藩坚信这一点的是，"稳"字在湘军成军与湘军建功上发挥了出人意料的巨大作用。

曾国藩长沙出走、败走衡阳之后，就再也没有办团练之心了，而有了办湘军之志。但前事之败，犹在眼前，办个团练，尚且如此，要办湘军，岂非难上加难？

幸好，经历过长沙之败的曾国藩、反思出焦躁误事的曾国藩，此时已经有了不一样的人生智慧。他一到衡阳，立刻以前二品兵部侍郎、湖南团练大臣的身份，纡尊降贵地去结交品级远不如他的衡阳知县。要知道，曾国藩在长沙的时候，连巡抚都不放在眼里，巡抚相当于省长，在他眼里，省长都是浮云，就更不用说市长、县长了。所以连曾国藩的弟弟曾国葆也不理解他，觉得他没必要自降身份，去讨好衡阳县令。可曾国藩不仅自己降身份，还要求手下的将领都要肯自降身份，与衡阳官场打成一片。

除了与衡阳县令结成好友，曾国藩还利用自己当年在衡阳读过书的经历，以及他的老丈人是衡阳人、他是衡阳女婿的这种特殊身份，广交衡阳当地的名士商户，以至于衡阳人都把这个来逃难的上门女婿当成真正的自家人来看。

衡阳县令不仅用本应上交朝廷的税赋十万两白银来帮曾国藩初建湘军，还专门划出一大片风水宝地作为曾国藩湘军的演武场，当地乡绅富户、名士大儒更是纷纷解囊，有钱的出钱，有力的出力，四乡八里，湖湘英才，一时间纷纷奔着衡阳的曾国藩而来。曾国藩一朝放下身段，立刻左右逢源，湘军从此在衡阳这块曾国藩的风水宝地开始发迹。

曾国藩一旦在衡阳立定脚跟，立刻全盘抛弃他的团练思想，开始全力发展他要建立的湘军。但即使天时、地利、人和一样不缺，他也还表现得小心翼翼，丝毫都不盲目和嚣张。

比如，他按戚继光"束伍成营"之法创建湘军，每营严格控制兵源，只招五百人，而且绝不许超标。他曾让罗泽南的得意弟子王錱去招六营三千人的新兵，结果王錱好大喜功，一家伙招了一万多人。别人都以为王錱这下立了大功了，王錱自己也以为超额完成了任务，沾沾自喜。哪知道，向来对手下宽宏大量的曾国藩却因为这事跟王錱大发脾气，说如此滥招，兵再多又有何用？然后让王錱只能在这一万多人里筛选七百人留下，其他全部解散。

王錱当然想不通，越级上报，找湖南巡抚骆秉章打小报告。本来骆秉章是不管这些事的，可刚好骆秉章最信赖、最依赖的师爷左宗棠路见不平，为王錱打抱不平，并因此痛斥曾国藩。而曾国藩到此地步，更是不能松口，不便退让。最后，曾、王决裂，成为湘军史上的一段公案。

其实，曾国藩不让王錱多招、滥招也是有道理的，他自从从长沙退到衡阳后，就彻底地建立了以稳治军、以稳建业的思想。结交衡阳当地官场甚至乡绅名士，就是求一个稳定的建军环境。建军之初，招兵买马，宁缺毋滥，就是求一个稳健的发展趋势。当年办团练，曾国藩希望一鸣惊人、一蹴而就，但事实证明这种行事风格根本不可取，所以长沙的大跟头也是注定了的。现在曾国藩一改行事风格，再加上他的自省能力、执行能力超强，在衡阳的稳扎稳打，甚至是亦步亦趋，也就不难理解了。

要说到曾国藩的这种反省能力与执行能力，真是到了有点极端的地步。

曾国藩稳扎稳打，在衡阳卧薪尝胆，苦练湘军，不经意间已经拉起了一支兼有水陆两师的人数多达一万七千人的湘军。这时，放眼天下，虽然各地都在办团练，但谁也没有湘军的规模与气势。

虽然曾国藩一味求稳，一味隐藏实力，但他那一万七千多人的队伍摆在那儿，在那个兵荒马乱的时代，谁都看得见。后来，战事出现危机，太平军从湖北调头向湖南迂回的时候，湖南当地官场乱了手脚，这时候大家看着根本无法抵挡太平军，于是一改当年嘲笑曾国藩出走的做法，个个低眉顺眼地来求曾国藩，求他出兵守护湖南。

搁着一般人，扬眉吐气的时候总算到了，这时候该露出男子汉、大丈夫的面目来了吧？

可是他压根不为所动，就像没有这么回事一样，还是一如既往地低调，还是一如既往地小心，还是一如既往地稳稳当当。别人急，他根本不急，别人急得像热锅上的蚂蚁，他只稳坐钓鱼台、稳坐中军帐！

后来，湖南官场看请不动曾国藩，便曲线救国，转而向咸丰皇帝打小报告，说曾国藩手上有一支新军，您应该下圣旨让他赶快出山，以保湖南全境的安全。

咸丰一看，既然你曾国藩手上有这么多人马，当然不能放在那里不用，于是就下了道圣旨让曾国藩率湘军出山应战。长沙官场一看咸丰皇帝下旨了，都松了口气——你曾国藩不看僧面看佛面，不吃敬酒吃罚酒，皇帝的圣旨你总不能不听吧？

可是出乎所有人的意料，当年那个意气风发、越俎代庖、最喜欢用雷霆手段的曾国藩一下变得让湖南官场上上下下都认不出来了。曾国藩不仅和和气气地拒绝了湖南官场的请求，还和和气气地拒绝了咸丰皇帝的圣旨。曾国藩在给咸丰的上表里说我是训练了一支新军，可还没训练好呢，这时候贸然出兵，恐怕要前功尽弃。

这个理由还真不是找借口，曾国藩还真就是这么想的，他就觉得他的湘军还没训练好，多训练一日，就多一分把握，多一分把握，就多稳妥一些。

但咸丰可不管曾国藩求稳不求稳，一看曾国藩敢抗旨，立刻就不高兴了，紧接着又下了第二道圣旨，责令曾国藩出兵。

曾国藩呢，还是推来推去，就是不出兵。那时交通不便，咸丰的圣旨下到湖南，曾国藩的上表再报回北京，来来回回几趟就是好长时间。曾国藩就这么磨来磨去，果然多磨出好几个月。

咸丰向来跟曾国藩不对路，看他死活赖在衡阳不出兵，觉得那个号称一代大儒的曾国藩简直就是个泼皮无赖，所以下了第三道圣旨，就连皇帝的身份也不顾，直接在圣旨里讽刺曾国藩是个胆小鬼，还暗讽他实在有些赖皮劲。

曾国藩看了之后，还是不为所动。你说我赖皮，我就赖着不动；你说我胆小，我就胆小给你看。一直到第四道圣旨下，曾国藩才终于衡阳誓师，把湘军拉了出来，并最终取得了湘潭战役的胜利，湘军从此才高调登上中国近代史的舞台。

那么，曾国藩为什么会在第四道圣旨的时候出动了呢？难道咸丰的第四道圣旨比前面骂得更狠吗？既然曾国藩前面能忍住，而且山高皇帝远，咸丰又拿他没办法，这时候为什么他一味求稳、一味求隐藏实力的初衷变了呢？

其实，曾国藩不仅没变，而且也正是因为全力求稳的政策，才在第四道圣旨后终于出兵了。

原来曾国藩一直在衡阳不出兵，一来是要抓紧时间多训练他的新军，二来一个更重要的原因，是他不知道太平军回攻湖南的兵力有多少。因为不了解对方的虚实，所以他坚决要等看清了虚实才肯动。

到了第四道圣旨的时候，曾国藩彻底了解了太平军的虚实。太平军攻下湖北之后，主力顺长江而下，去攻打南京了，后来，太平军也正是在南京建都，建立了自己的太平天国政权。因为主力顺江而下，留守湖北的太平军人马本来就不多，而攻湖南的这一支则是从留守湖北的人马里分出来的五千多人，根本就是一支薄弱的力量。而曾国藩新建湘军有一万七千人，面对太平军回攻湖南的五千多人，可谓实力雄厚。

这样的力量对比，让曾国藩看到必胜的希望，所以他不再跟咸丰和湖南当地官场扯皮，揣着明白装糊涂，这时候终于稳稳当当地出山了。结果，一战而获湘潭大捷，二战反攻湖北，三战取得武昌大捷，取得了清军对太平军作战以来前所未有的胜利。曾国藩和他的湘军也从此稳获了当时天下大势中不可动摇的决定性地位。

稳字诀的精髓

从曾国藩办湘军因一个“稳字诀”而发家的历程，我们可以看出他的稳字诀里有这样几点内涵。

第一，要有稳定的做事环境、发展环境。

曾国藩为什么在长沙做不成事却能在衡阳做成事?

在长沙人人与他为敌，在衡阳人人与他为友；在长沙不与他为敌的人也不支持他办团练，在衡阳不与他为友的人也不反对他办湘军。在长沙，充满了矛盾，尤其是人事上的矛盾；在衡阳，经过曾国藩的协调，没有什么矛盾，尤其是没有什么人事上的矛盾，这就为曾国藩办湘军提供了一个良好、稳定、和谐的发展环境。

现在我们可以理解当年曹操对刘备的态度了。《三国演义》里有一段著名的“青梅煮酒论英雄”，刘备落魄了，去投奔曹操，曹操对刘备不是没有疑心，借喝酒试探刘备，想看看刘备的野心到底有多大。当时，正好打了一声闷雷，刘备吓得筷子都掉到了地上，曹操一看大笑，说哪里有英雄怕雷的呢？刘备趁机就掩饰了过去。

其实，曹操哪有这么笨，看刘备掉双筷子就相信他是个没有雄心壮志的人？刘备的演技好不到那个份儿上，曹操自己也是个顶尖的表演大师，这些野心的事，大家都心知肚明。但曹操为什么没杀刘备，最后还养虎遗患又放虎归山了呢?

据《三国志》的记载，曹操本来确实有除掉刘备的想法，但他手下第一号谋士郭嘉劝阻了他。郭嘉对曹操说，明公想得天下，就要广纳天下英才，也就是要有一个发展的人才观。杀一个刘备事小，可这样一来，就破坏了人才储备环境，这就不是一个平稳的、稳定的、良性的环境了。没有一个好的环境，人才谁还愿意到你这儿来呢？没人愿来了，你的团队就要走上恶性循环了。

曹操最后听从了郭嘉的建议，宁肯放刘备这只老虎归山，也不肯破坏自己团队的人才环境，这一点也成了他此后发展的一个基石、一条底线。后来的事实证明，不杀刘备果然是养虎遗患，但也正因为曹操唯才是举的政策和他手下良好的人才环境，曹魏集团才最终胜过了西蜀集团与东吴集团，成为最后的赢家。

第二，要有稳妥的计划与策略。

因为有强烈的使命感，有一腔热血，所以他敢越俎代庖去把绿营拉来跟团练一起操练，甚至到绿营去挖来塔齐步这样的重要将领，还私设审案局，越过地方政府的司法系统，独掌生杀大权。回头看，这些事做得实在莽撞，实在过于头脑发热，不栽跟头才叫奇怪！

栽了跟头，败走衡阳，曾国藩痛定思痛，知道了问题所在，这时候洗心革面，重新来过，最大的改变在两处：一则在外，营造稳定的发展环境；一则在内，有了建立湘军的规划与思路。而这两点是成就后来的曾国藩的关键所在。他在衡阳练湘军的过程，那叫一个谋定而后动，那叫一个三思而后行，每一步都稳稳当当，甚至稳中求稳，不出一点差错，一直到最后出山，湘军出世，显得曾国藩作为湘军主帅，思虑之缜密，考虑之周详，那和此前在长沙办团练的曾国藩简直有天壤之别。

第三，要有扎实的行动基础与稳健的行动风格。

曾国藩带兵打仗，虽然也认为兵者诡道也，但他从来不投机取巧，他治军最有名的策略是一句很凝练的口号，叫做“扎硬寨，打死仗”。就是要狠抓基础，狠练基本功，每一仗都要稳稳当当地打，即使是速战，也要稳打；即使是奇袭，也要稳攻。这倒是他军事思想中非常独特的一块。

其实，曾国藩在兵法上强调稳，比起进攻来，更注重的还是防守。他作为湘军主帅，常跟手下的将领强调说，即使是身陷重围，也要有稳稳当当、扎扎实实地坚守的胆略和气度。只要有这份稳劲儿，任他风狂雨骤，我自岿然不动！

后来，曾国荃用三年时间，坚守这个“稳扎稳打，机动则发”的作战方针不动摇，直到最后攻下天京城。感慨之余，曾国藩写了一副名联送给曾国荃，上联是“打仗不慌不忙，先求稳当，次求变化”，下联是“办事无声无息，既要老到，又要精明”。很通俗，也很贴切，这是把打仗和做事都说了，但不论打仗还是做事，强调的还是一个“稳”字。

其实，“不冒进，稳为上”的行动智慧，单单从“稳”这个字上就可以看得很清楚。简化字的稳是一个“禾”加一个“急”，以至于有人认为有事就算稳，也得急着办。事实上这是一个误解。繁体字“穩”字右半边的原意是用手捧住心、捧住口的意思，讲的是遇事谨慎，有条有理，不轻言妄动，所以它才会以禾苗的禾为部首。

禾苗是怎么生长的呢？

非得不知不觉、不急不躁、不紧不慢、稳稳当当才行。若急了，若不稳，那就是拔苗助长，适得其反了。

第 **24** 讲

一个棋迷的智慧

曾国藩大半生，都特别重视“审几审势”之学，尤其是“势”这个字，几乎成了他一生临事处世、安身立命的根本。曾国藩之所以在行动智慧中如此强调这个“势”字，是因为就做事而言，就创业而言，有势，才有坚持的信心和道理。巴菲特说过一句名言：“如果你在错误的路上，奔跑也没用。而走在正确的路上，大可不必着急。”因为有价值，有趋势，就有信心。

祁门之误

我们说曾国藩最擅长自我审视，自我反省，但细读曾国藩的生平，我们会发现有一件大事上的失误，他居然从来没有反思、反省，甚至没有做过一点的自我批评。这件事也让后来的很多学者不解。这非常不符合曾国藩处世风格的悬案，就是他的祁门之误。

说起曾国藩的战法，十分奇特。他1853年建立湘军，1854年即取得武昌大捷，这也是清军对太平军的首场胜利。湘军获得武昌大捷之后，咸丰皇帝高兴得都不知道怎么办才好，先是直接给了曾国藩一个相当于湖北省长的湖北巡抚的实衔，后来经人提醒，想起满汉相防的祖训来，才又免了曾国藩湖北省长的实职。但咸丰对曾国藩湘军的期望值却一点也没减，当时咸丰给湘军的命令是，希望他们直取江浙，会同清军的绿营和八旗主力，一举攻下太平天国的都城，这样就可以彻底平息太平天国起义。

事实上，不仅咸丰希望湘军能直攻天京，当时湘军的许多将领也希望能参与会攻天京的作战任务，因为那是最大的功劳，也是最大的一杯羹。

可奇怪的是，曾国藩在反复斟酌之后，并没按咸丰的旨意办，也没按他手下那帮兄弟所希望的意思办，他设定的对太平军作战的战略方针居然是耗时耗力地稳扎稳打，沿长江中下游一线，一个城市一个城市地攻城拔寨，直到打到天京城下为止。

虽然很多人不理解曾国藩，但像胡林翼、罗泽南、彭玉麟这些湘军骨干都支持曾国藩的想法，于是，湘军眼看着绿营远在天京城下的江南大营、江北大营吃喝玩乐，自己却开始了长达数年的与太平军在长江沿线的鏖战。

曾国藩的湘军从湖南出发，先是多次与太平军鏖战湖北，然后沿江而下，进逼江西。在江西，湘军打得最惨，曾国藩多次败在老对手石达开的手下，在鄱阳湖湖口之战中，曾国藩被石达开逼得差点又要自杀了事。这样，在经过了十分艰苦的数年鏖战之后，湘军主力终于在1860年的年初打到了安徽。

安徽紧邻江苏，攻克安徽就可以直逼天京城下了。就在这个时候，突然传来了一个重大的变故——太平军出奇兵接连攻破江南、江北大营！

事情是这样的，1859年，洪秀全的堂弟，即后来写出著名的《资政新篇》的洪仁玕来到天京投奔洪秀全。洪秀全喜出望外，经过天京内乱之后，太平天国已经元气大伤，而洪仁玕又是一个对西方文化颇有研究的人才，洪秀全立刻封洪仁玕为干王，并让其全权主政。

洪仁玕一上台，要烧新官上任的第一把火，要干出点实绩来给人看看，立刻决定谋划拔掉围困天京整整七年的江南、江北大营。他与太平军后期的主要将领李秀成、陈玉成等人商议，制定了一整套围魏救赵、奇兵突袭的奇计，引动围困南京的清军主力出大本营来救援杭州等清军把守的重镇，然后突然杀个回马枪，倾太平军全力，连破江北、江南大营，把围困天京的清军主力基本歼灭。

这下，清政府朝野震惊，而太平天国则是人心大振。看上去，这对太平天国来说应该是个大喜事，对清政府来说应该是灭顶之灾。

但分析到最后，我们就会发现，太平军这个绝大的胜利，未必是件好事。

当时听到这个消息之后，清政府上下人心惶惶，但湘军将领上上下下却都很高兴。为什么呢？道理很简单，因为有江南、江北大营，湘军一直不被当作对抗太平军的主力，曾国藩作为湘军主帅连个巡抚的实职都弄不到，湘军的地位也一直得不到承认。现在江南、江北大营一破，除湘军外，朝廷再无可用之兵，左宗棠立刻喜形于色，而胡林翼更是断言："朝廷必以江南事付曾公，天下之事可措手矣！"就是说，江南半壁江山的事，只有曾国藩可以做主了，朝廷马上就会对曾国藩委以重任。

果不其然，不久，连争个巡抚都难的曾国藩很快就被任命为两江总督兼兵部尚书，主管东南各省的军政大权。曾国藩一下成了东南第一重臣。

大家都觉得曾国藩和他的湘军一下扬眉吐气了，这下他们应该直取天京，去替代绿营原来在江南和江北大营的位置。可是曾国藩出乎所有人的意料，还是不紧不慢，还是按部就班，不赶着去江苏填绿营留下的空缺，而是死死地耗在安徽。就在这时候，曾国藩犯了一个军事指挥上的重大错误。

曾国藩坐镇安徽，分兵江浙，要照顾各省各地战局，他思虑再三，要把湘军的老营，也就是湘军的大本营扎在一个叫祁门的地方。祁门现在属于黄山市，原是徽州六县之一，它坐落在大山里面，向来号称是"九山半水半分田"，几乎全是山。

曾国藩要把老营安在祁门，第一个坚决反对的就是他的得意门生李鸿章。李鸿章说："祁门地形如在釜底，殆兵家之所谓绝地。"（薛福成《庸庵笔记》）就是说祁门这个地方四面环山，只有南北两条大道贯通。这是一个盆地状的地形，老营设在盆地里，就像是在一个锅底里，这是最危险的了。人家前后大道一堵，逃都逃不出去，这就是兵家所说的绝地。

李鸿章建议，老营应该设在池州的东流，这个地方背靠长江这条黄金水道，交通便利，最为理想。

可曾国藩主意已定，根本不听李鸿章的劝谏。李鸿章也不服气，鼓动了一批同僚来跟曾国藩提意见，曾国藩后来火了，拉下脸来说：你们如此厌恶祁门，是不是害怕了？"诸君如胆怯，可各散去！"（薛福成《庸庵笔记》）

曾国藩到了祁门一看，也有点后悔了，祁门这个地方果然如李鸿章所说，形如锅底，确实有点兵家绝地的意思。按照曾国藩敢于反省、勇于认错的精神，这时候他不是没可能改变初衷。可奇怪的是，曾国藩虽然略有悔意，但还是把大本营扎在了这个形如锅底的祁门。

既然形如锅底，就有人来打破砂锅让你漏到底！太平军名将陈玉成、李世贤为救安庆之围，西征两湖，听说曾国藩扎营祁门，顺路就来捅他这个锅底。曾国藩临阵出昏招，派了个只会纸上谈兵的李元度去守徽州，结果徽州失守，引发了湘军团队里"二李见背"的著名公案。

即便如此，曾国藩还不认为自己错了。他买了口薄皮棺材，写了封遗书，坐在祁门那个锅底——等死。

天无绝人之路，曾国藩手下悍将鲍超拼死救援，左宗棠也率楚军猛攻陈玉成侧翼，陈玉成判断失误，以为曾国藩有重兵埋伏，又因为此行作战目的是借西征来围魏救赵，兼之他的信息工作极不到位，竟然不知道他们最为痛恨的曾国藩就在祁门，所以临阵撤兵。太平军只差十里之遥，就可以要了曾国藩的老命，但最后还是被他逃出生天。

曾国藩大难不死，终于决定，移师东流，把湘军老营搬出了差点被人打破的锅底——祁门。事情过后，曾国藩又想起李鸿章的才能来，两个人冰释前嫌，李鸿章又回到老师的身边。

看上去，这件事李鸿章的判断完全是正确的，曾国藩的决定完全是错误的，最后曾国藩也还是按李鸿章的建议来修正错误的，甚至因此还原谅了李鸿章这个曾经在危难之际背叛了自己的学生。所以，按正常情况看，不要说是勇于反省、勇于承认错误的曾国藩，就算是一般当领导的，也会认这个错的。

但是很奇怪，曾国藩虽然在事实上纠正了他的祁门之误，却从来没承认过他的错。那么，祁门之误这件事上，曾国藩的态度为什么跟他平常的行事风格大相径庭呢?

我想，只有一种可能，也就是在他心底，或者他根本不认为自己是错的。

这就和曾国藩的一大特殊爱好有关了。

曾国藩平生有两大瘾，第一个是烟瘾，最后花了整整十几年的工夫，凭着绝大的毅力戒掉了。但另一个嗜好，下围棋上瘾，终其一生，也没能戒掉。

当然，喜欢下围棋绝对不能算是不良嗜好，可曾国藩认为下棋这种爱好耗时间、耗心血、耗精力，尤其上了瘾之后更是欲罢不能，实在是他生命中不能承受之重。不过，别看瘾这么大，曾国藩的围棋水平也不过一般般。但曾国藩能最终戒掉烟瘾，却终其一生也戒不掉棋瘾，是因为下棋对他的人生观有一个极其重大的，甚至可以说是决定性的影响。这种影响只在两个字——“局”与“势”。

当然，这两个字可以组成一个词“局势”，但曾国藩看重的是它们分开来之后的概念，布局的局，趋势的势！

曾国藩认为人生和下棋一样，首先要讲究布局，尤其是做大事，要成就一番事业，就更要讲究布局了。比如他率湘军与太平军作战，不像绿营主力一股脑地涌到天京城下，就是因为他有一个全局观。他认为太平天国天京建都，正是蒸蒸日上、趋势向良性发展的时候，想把这个已经发展壮大的太平天国一下完全吞下去，这无疑是痴人说梦。所以他的思路是不急于求成，而是要布一个局。

曾国藩这个布局思路是什么呢？

他先占据两湖，也就是湖南与湖北，这是他布局的根本。因为一来湖南是湘军的老家，二来两湖是长江中游的咽喉，从这里出发向东步步挺进，就可以居高临下、顺江而下，一步步按长江一线压缩太平军的生存空间，把太平军困在长江中下游一线。这个压迫的趋势一旦形成，太平军的良性发展趋势就会变弱，而此消彼长，湘军就会呈现良性的发展趋势。

说实话，太平天国内部实在缺少这种有战略眼光的人，洪秀全一来把主要眼光全盯在城墙外的江南、江北大营上，二来完全按照曾国藩的布局思路，把余光放在长江中下游沿线各个城市的争夺战上。

虽然太平军很英勇，虽然湘军打得也很艰难，但当曾国藩的战略预期逐步实现的时候，这个局就成了，而曾国藩的势也就成了。

这就要说到洪仁玕设计攻破江南、江北大营对于太平天国未必是好事的原因了。

虽然太平军与湘军的作战渐入曾国藩的瓮中，但曾国藩的这个布局还有一个最大的缺陷，就是他虽然是布局的人，却不是控局的人。因为这不是两个人下的棋，而是三个人下的棋。

哪三个“人”呢?

太平军，湘军，还有绿营。

因为满汉相防，清政府向来希望能把湘军边缘化，甚至包藏祸心，有借太平军之手灭掉湘军的想法。所以不论曾国藩如何忠心耿耿，咸丰也不会把控制全局的大权交在曾国藩手里。

事实上，以绿营为主的江南、江北大营根本没什么战斗力，它们在天京城下也根本威胁不了太平天国，要不然也不会围了整整七年没半点成果。如果洪秀全有战略眼光，他应该认识到江南、江北大营根本不是太平天国最主要的威胁，而在长江沿线一块块啃硬骨头的湘军才是最大的麻烦。

可惜，洪秀全建都后只知享受荣华富贵，根本没有什么战略眼光，他手下像杨秀清、石达开这些有本事的人，也被一场洪秀全亲手发动的天京内乱逼得死的死、亡的亡、出走的出走。洪仁玕虽然有政治才能，却缺乏军事眼光，再说他来得晚，哪知道这是一盘争天下的大棋，所以他一招貌似凌厉的攻势，却替湘军搬掉了绿营，使得曾国藩彻底做大，成了控制全局的人。至此，三个人的棋变成了两个人的棋，曾国藩从容布局，尽得先手，太平天国正是在最大的胜利中大势已去。

围棋最讲究布局，也同样讲究争势，曾国藩一介文人带兵，最大的特长正在于这两个字上。

因为特别看重布局与趋势，所以曾国藩不急于挺进南京，所以他步步为营，包括开辟安徽战场之后，也还是按照既定的布局思路稳扎稳打。因为有这样的全局观，所以曾国藩思来想去，把湘军老营安在祁门。因为从地形看，东流虽然比祁门要好得多，但从地理位置看，祁门东连徽州，南达景德镇，是安徽、江西、浙江三省交界的地方。对于赣、浙、皖三省战局乃至长江中下游战局来说，祁门都是一个枢纽之地。

正因为如此，曾国藩即便看到祁门的地形后有所犹豫，也还是按既定方针扎下了大营。甚至在太平军兵围祁门，甚至在他准备棺材要自杀的时候，他也不认为这个决定是错误的。就算他逃过一劫，最终移师东流后，他还是不认为对祁门的选择有错，因为这是他这盘战争大棋的“局”和“势”所决定了的。这才是他心中更高的判断标准，所以他在心底，并不认为祁门之误是一个彻底错误的抉择。

事后，他曾在给手下大将李续宜的信中回忆祁门被围与移师东流说：“三旬危险之际，鄙人不肯移出岭外，此固执之挺经也。即定计于二十六日移驻东流，此通融之挺经也。”（《曾国藩全集·书札》）

对曾国藩这样的棋迷来说，祁门就像围棋中的一个实眼，是他必控之地，正是他安设大本营的理想之处。

审势为第一要义

因为讲究布局，所以曾国藩更看重对趋势的把握。他曾在家书中对他的弟弟曾国荃说：“用兵以审势为第一要义！”（《曾国藩全集·家书》）就是说能不能看清趋势、把握趋势，那是兵法中最重要的部分。既然打仗这么艰险的事儿都是这样，其他的事儿就更不用说了！

曾国藩在行动智慧上特别推崇争势，这从他对左宗棠的评价上也可以看出来。

曾国藩与左宗棠向来不合，尤其是两个人的性格与个性差异很大，行事风格也大相径庭，左宗棠向来看不起曾国藩，曾国藩对左宗棠也很有意见。可即使这样，曾国藩却在家书中对自己的弟弟由衷地称赞左宗棠，说“其不可及处，只在善于审几审势耳”。（《曾国藩全集·家书》）

几，就是几微，就是事物发生之前的征兆；势，就是事物的发展趋势。曾国藩是说，左宗棠最让人佩服的地方，就是对趋势的准确把握。

曾国藩既然在审几审势上如此推崇左宗棠，说明他不仅是推崇左宗棠的智慧，更推崇的是这种审几审势的眼光与能力。事实上，曾国藩大半生，都特别重视这种审几审势之学，尤其是“势”这个字，几乎成了他一生临事处世、安身立命的根本。

在与太平军的作战中，我们可以看出曾国藩的远见，他不急于求成，沿江而下，一个城一个城地打，一个点一个点地占，等点连成了线，等线连成了片，势就出来了，而且这种势一旦形成，就变得势不可当了。

说到曾国藩对“势”的把握，比他与太平军作战更有说服力的是他后半生体现出的改革思路和眼光，也就是由他一手开启的洋务运动。

准确地说，洋务运动始于1861年，这一年，在徐寿、华蘅芳这些科学家的提议下，曾国藩开始建立中国近代史上第一家军工企业——安庆内军械所。说起洋务运动开始的这个时间，我不由得有很多感慨。我常跟我的学生说，中国的近代史不忍卒读，因为每多屈辱不堪；中国的近代史又不能不读，因为知耻而后勇。大家可能不知道，虽然这时候已经经历了两次鸦片战争，但如果一切都能按曾国藩设想的那样进行下去的话，中国当时赶超世界列强也还是有可能的。

要知道，日本变革图强的明治维新始于1868年，比洋务运动整整晚七年。德国铁血首相俾斯麦在1871年才完成德国的统一。1861年，美国南北战争才刚刚开打，直到1865年才结束，也就是说这个时期，美国的第二次资产阶级革命才刚刚起步。就算法国是老牌资本主义国家，也在1870年惨败于普法战争，元气大伤。西方列强里当时真正有力量的是所谓日不落帝国的英国。曾国藩的洋务运动本质上是要向西方学习，要加入西方科技文明的行列。可惜，因为慈禧这样的执政者和腐败的朝廷，所谓洋务运动的改革到最后不过徒有其表而已。

抛开结果不谈，我们想问的是，虽然李鸿章、左宗棠、张之洞这些人才是洋务运动的干将，但第一个提出洋务运动思路、开启洋务运动的实践的人为什么会是号称理学大师、儒学大师的曾国藩呢?

说到底，还是因为曾国藩的眼光，因为他对趋势的感知与把握。

1853年，他在组建湘军的时候，就极有远见地提出，要彻底战胜太平军，一定要凭借水师的力量，也就是要组建海军，所以他任命的湘军水师统帅彭玉麟又被称为中国近代史上的“海军之父”。

后来，在水师的发展过程中，他又极具远见地指出要学西方建造真正意义上的海军，水师不能只有木船，一定要造铁甲舰。在这一点上，曾国藩与胡林翼同为湘军的领袖，也有着极为相似的晚年经历。

1861年，胡林翼派兵会同曾国藩攻下安庆，眼前大局已定，胡林翼兴致很高，特意从湖北赶到安徽与老友曾国藩一聚。在长江边，他突然看到英国人的一艘铁甲战舰“迅如奔马”一般从湘军水师的木船边经过，湘军水师的战舰在人家的铁甲战舰面前就像小小的玩具船。胡林翼看在眼里，突然脸色惨变，喉头一热，狂吐一口鲜血，一下从马上栽了下来。手下人都不知道怎么了，大家把他抬回军营，胡林翼一病不起，临终前对曾国藩说：“洋人之势方炽，则膏肓之症，着手为难，虽欲不忧而不可得。”（薛福成《庸庵笔记》）那意思是说太平军不足为患，而西洋列强才是国家的大患。说完，带着遗憾撒手人寰。

相似的情况是曾国藩的死也与铁甲舰有关。他晚年突然病发，一个直接的诱因就是他从南京去上海，到江南制造局视察铁甲舰的制造情况。美国工程师科尔、傅兰雅告诉他江南制造局的工作效率如何低下，造铁甲舰的进程如何艰难，而这些问题的根本是清政府的体制问题。这些问题让曾国藩闷闷不乐，他回南京后就一病不起。然后把李鸿章找来交代后事，总共三个遗愿，最后一个遗愿就是要让李鸿章接好班，办好洋务运动。

事实上，正是因为有了曾国藩的谆谆教导，李鸿章才不遗余力地大办洋务，成为洋务运动的主要干将。

那么，曾国藩为什么要倾尽余生的全力去办洋务呢?

因为趋势！因为整个世界潮流的发展趋势摆在那里！

闭关锁国的清政府腐败的朝廷在那里夜郎自大，经历了两次鸦片战争，已经被人家打得丢盔卸甲，已经一败涂地了，还说人家是蛮夷之邦，还不肯睁开眼睛看世界，还只是守着自己泱泱大国的身段在做梦。

曾国藩没留过洋，也没出过国，而且平生治学严守儒学的范畴，他不像李鸿章、张之洞有大量与西方打交道的经验。他没有这些经验，也没有相关的知识积累，可是他有强烈的趋势观。他已经朦胧地意识到英法所代表的世界科技文明发展潮流的趋势。所以从个人的层面，他延揽当时最优秀的科学家进入自己的幕府，并让自己的两个儿子放弃科举考试，学习西方文化；从国家的层面，他着手洋务运动，虽然只是从买机器、建工厂、派留学生、建翻译局做起，但这些努力在当时已属难能可贵，已经代表了一种新趋势。

事实上，这两个层面的趋势论也可以说是曾国藩一生成就的关键，其实也是所有人要成就一番事业的关键。

巴菲特说过一句名言：“如果你在错误的路上，奔跑也没用。而走在正确的路上，大可不必着急。”

因为有价值，有趋势，就有信心。

从个人的角度来看，认清趋势与顺应趋势是最重要的。

比如比尔·盖茨，当年创办微软公司的时候也就二十岁，当时他正在哈佛大学读二年级。他决定退学并创办微软，完全是因为他对电脑行业商业性开发趋势的预见。他认为如果再不行动就会贻误商机，于是毅然决然地从哈佛大学退了学，同别人合伙创办了微软，专门从事计算机软件的开发，并成就了微软王国。

从民族的变革来说，把握趋势也是最重要的。

比如英国著名的历史学家汤因比就说，工业革命的实质既不是煤炭、钢铁或纺织业的变革，也不是蒸汽机的发展，而是一种合力产生的变革趋势。首先，一个叫牛顿的人为工业革命创造了一把科学的钥匙；其次，一个叫瓦特的人用这把钥匙开启了工业革命的大门；然后，一个叫亚当·斯密的人找到了那只可以影响自由市场经济的“看不见的手”。这些合力在一起，就形成了一种趋势，这种趋势就是影响人类历史进程的工业革命。

悲哀的是，虽然有曾国藩、胡林翼这样的政治家看得清趋势，虽然有徐寿、华蘅芳这样的科学家看得清趋势，虽然有容闳、严复这样的教育家、学者看得清趋势，但可惜慈禧这样的执政者压根就没有睁开眼睛看世界潮流与趋势的愿望。到最后，曾国藩看得到趋势却抓不住机会，在他死后，洋务运动过于流于表面，无法引发体制的变革，当时的中国也就彻底错过了搭上科技文明末班车的机会。

第 **25** 讲

多化解，少拒绝

现在的社会生活中，很多人越来越推崇敢于说“不”、敢于拒绝的人事原则，甚至还把这一点绝对化，事实上，以发展的眼光看，这往往弊大于利。曾国藩所说的“逆来顺受”不是屈从，而是一种化解，是一种四两拨千斤的智慧。

四两拨千斤

曾国藩曾经教育后辈说："大凡办一事，其中常有曲折交互之处，一处不通，则处处皆窒矣。"（《曾国藩全集・家书》）又说："百端拂逆之时，只有逆来顺受之法。"（《曾国藩全集・家书》）这两句话是说，做事要讲究技巧，临事要讲究智慧，不要轻易地放弃、拒绝，也不要简单地由着性子来，做事情是有连贯性、整体性的，一个地方不通，则处处不通。但如果真要遇到"不通"的地方，你该怎么办呢？

曾国藩提出了一个办法，四个字——逆来顺受。

逆来顺受是个成语，如今在白话文语境里已经有些贬义的意思。但曾国藩用这个词，它在古文的语境里倒完全没有贬义的意思，它就是一种处世技巧的客观表述。

我们还是先来看一件曾国藩亲身经历的事，大概更能说明曾氏"逆来顺受"法的内涵。

1856 年 10 月，英法联军进攻广州，发动了第二次鸦片战争。到了 1860 年 8 月，英法扩大战争，一直打到了京津地区，向来自以为彪悍、号称"铁帽子王"的僧格林沁也打不过英法联军，另一位八旗兵的统领胜保则败得更惨，北京危在旦夕。咸丰皇帝万般无奈，眼见情势危急，惶惶如丧家犬一般逃往热河的避暑山庄。

英法联军都打到京城了，按照旧时的规矩，驻守各地的部队都应该赶去京城救驾，这在古代叫做"勤王"。但问题是当时天下已无多少可战之师，也就是政府的正规军虽然编制不少，但大多战斗力不行。咸丰在万般无奈的危急局面下，第一个想到的就是并不属于政府正规军的湘军。

当时曾国藩正在安徽战场，他把他的湘军大本营安在安徽祁门，湘军主力在围攻安庆，祁门空虚。而太平天国名将陈玉成率十万大军西征，顺道来攻曾国藩的祁门大营，李元度又徽州失守，祁门屏障全失，眼看曾国藩就要成陈玉成的瓮中之鳖。就在这时，曾国藩收到了咸丰让湘军北征勤王的圣旨。

曾国藩一看这个圣旨就犯愁了，为什么呢？是因为这个让湘军北上勤王的圣旨有些古怪。这份上谕并不是要曾国藩带湘军勤王，而是点名点将，指定只要曾国藩手下悍将鲍超率他手下五千“霆军”北上勤王。

鲍超，字春霆，所以他所带的部队原来叫“霆字营”。由于他能征惯战，打仗特别勇猛，尤其被曾国藩所看重，成为曾国藩的心腹大将，他所带的部队就改叫“霆军”了。

曾国藩在祁门被围，这时候他的弟弟曾国荃率湘军主力在围攻安庆，正是功败垂成之际，根本没法动，来救援曾国藩的主力正是鲍超的五千霆军。现在曾国藩正要靠霆军来救命的时候，咸丰皇帝却要调霆军去勤王，这不是釜底抽薪吗？而且，按说皇帝下旨要调各地人马勤王，也应该调曾国藩率湘军北上啊，怎么会直接点名要鲍超去呢？这不太合常理吧。

曾国藩赶快派人打听，动用了他的情报机构，获得了重要的内部消息。原来，咸丰之所以在逃命途中点名要鲍超带所部霆军北上，完全是出于一个人的主意。这个人就是跟着僧格林沁在英法战争中连吃败仗的满族镶白旗统领胜保。

胜保原来曾经跟太平天国李开芳的北伐军作过战，因为太平天国战略上决策的失误，北伐军只以少量的人马孤军深入，虽英勇奋战，最后还是失败了。而胜保作为八旗兵的统领因为参与作战而受到了提拔。胜保是满族镶白旗人，出身又好，仕途一发达，就得意忘形了，结果连吃败仗，后来又得罪了皇帝，被发配新疆。所谓吃一堑长一智，胜保学乖了，回来后死拍皇上马屁，居然又重新被重用，被派到安徽与太平军作战。

胜保手上没兵，他就瞄准了曾国藩的湘军，要么挖曾国藩的墙脚，要么就是招募当地的叛军或团练跟湘军抢地盘。胜保铆足了劲儿跟曾国藩叫板，刚好英法联军打进北京，他就向皇帝建议，第一个就叫曾国藩派手下的悍将鲍超来京。

曾国藩也是精明人，知道底细之后，立刻就明白了胜保的险恶用心。胜保知道鲍超的霆军是曾国藩湘军中的劲旅，现在借勤王的圣旨把鲍超的霆军调走，实在是一石二鸟。

一来，曾国藩正在战事吃紧之际，霆军是他手中救命的王牌，一旦被调走，祁门大营危急，搞不好曾国藩就要因此而彻底失败。这是釜底抽薪。二来，鲍超率霆军到了北京，就要归胜保领导与指挥。说起来，这队精兵强将虽然算是临时借用的，但可以借用不还啊，反正人马在胜保这儿，曾国藩拿他也没办法。

但拖着也不是办法，毕竟圣旨摆在那儿，这事儿总不能违抗圣旨吧！说起来曾国藩一代名臣，又向来以儒学、理学自命，儒家最讲究什么？最讲究忠孝节义，现在君父有难，还不要你亲自出马，只让你手下出马，你能拒绝吗？不要说是拒绝了，就是稍微犹豫、迟疑一下，也要落个不忠不孝的千古骂名！

可曾国藩又坚决不想派鲍超去，因为这明显是个套。总不能自己看出了这是个套，还要伸长了脖子往里钻吧？

曾国藩十分为难，他想抗命又不敢，他想拒绝又不能，因此把胜保恨得要命，但也拿他没办法。曾国藩万般无奈的情况下写了封急信，让人八百里快递送往湖北，请湘军另一大核心领导人胡林翼帮忙拿个主意。

事实上，曾国藩本身是想拒绝这次勤王之命的，但他不能担这个恶名，他请教胡林翼，也是想大家共担这个责任。曾国藩的意思胡林翼完全明白，而其中的内幕和利害关系胡林翼也完全清楚，按道理胡林翼肯定会支持曾国藩的想法，怎么样也不能把自己辛苦培养的队伍拱手交给别人吧！

可出乎曾国藩的意料，胡林翼回信却是提醒自己的这位老领导、老朋友，说："疆吏争援，廷臣羽檄，均可不校。士女怨望，发为歌谣，稗史游谈，诬为方册，吾为此惧。"（胡林翼《胡文忠公遗集》）那意思是说，胜保的确是个王八蛋，这小子没安好心，可谓司马昭之心路人皆知。但就算是套，就算是陷阱，我们也得跳，要不然从百姓的口中到史官的笔下，我们可都是历史的罪人啊！所谓千夫所指，无疾而终，文人士大夫最在乎名声，这种遗臭万年的事可不能做！

连跟自己最贴心的胡林翼都是这种态度，曾国藩也没辙儿了。这时候甚至他那个一贯飞扬跋扈的弟弟曾国荃也写信来，劝他这事一定要谨慎。

到了这个份儿上，曾国藩还是不给鲍超下命令，还是不发一兵一卒。胡林翼说的这个道理他不是不明白，但抛却所有的政治上的利弊得失不说，他自己如今也是泥菩萨过江——自身难保，而鲍超的霆军又是他救命的关键，他怎么可能让鲍超带霆军走呢？

只有一条路了，不能明着拒绝，只能装傻充愣地拖着，但这样也跟明着拒绝根本就没啥区别。

要说曾国藩能历经种种磨难，最终成就一番事业，确实也有他过人之处。他曾经在家书里对自己的孩子坦承，说自己并不聪明，其实是天资比较愚钝的人，但唯一的过人之处就是他作为湘军的主帅，作为一个团队的最高领导，能虚怀若谷，能不耻下问，能集思广益。

曾国藩自己虽然几乎打定了主意，可他最后还做了一件事，就是勤王一事广泛征求幕府中幕僚的意见。

曾幕的幕僚大多是曾国藩的朋友、晚辈和学生，曾国藩一征求意见，大家纷纷就此事献计献策。最后，一个幕僚的一条计策四两拨千斤，一下为曾国藩拨云见日，完美化解了整个危局。

这个人就是曾国藩最为看重的及门弟子，他的得意门生，也是他刻意培养的政治接班人——李鸿章。

李鸿章侃侃而谈，说为什么要勤王呢？是因为皇上有危险。那么皇上到底有没有危险呢？其实一点危险也没。现在看上去局势很危急，英法联军都打到北京城了，但英法的目的是什么？不是占土地，也不是占领北京城，而是利益！要不然，他们既然已经打到北京了，不过几天就可以打到热河，如果他们是为了杀皇帝、占江山，那咸丰早就完蛋了，再赶着去勤王也救不了咸丰的命。

再从两次鸦片战争与英法打交道的情况来看，他们不过就是要银子，要东西，要经商的利益，所以这次就算打到北京也一定是这样，所以过不了多久，只要他们满足了，他们自然就会退兵。再加上咸丰离开北京逃命之前，特意留下了自己的弟弟恭亲王奕䜣跟英法谈判，奕䜣什么人？外号“鬼子六”，最擅长跟洋人打交道，所以，他最后一定能跟洋人和谈，说不定这会儿和谈都快成了。

李鸿章这么一说，曾国藩倒是觉得眼前豁然一亮，这倒的确是他开始没想到的大局之处。于是他问，既然这样，就没必要勤王了？

李鸿章立刻回答说：“哪能不勤王呢？那是圣旨，又是全天下的人都睁眼看着的事儿，就算那是胜保的诡计，那也不能不去，要不然老师您不成道德罪人了？”

曾国藩不吭声了，既然勤王没意义，去了还吃亏，可又不能不去，这个难题不还是没解决吗？他知道李鸿章肯定有主意，但他老谋深算，也不吭声。

李鸿章看老师不说话，自己也不说话，拿起笔来在书案的纸上写了八个大字——“按兵请旨，且勿稍动”。

曾国藩一看这八个大字，心中立刻豁然开朗，皱紧的眉头也一下子舒展了开来。

原来李鸿章的意思是，既然奕䜣在北京跟洋人谈，这个局面就会拖下去，这时候曾国藩应该立刻给皇帝回奏，说勤王事大，派一个鲍超恐怕不足应命。湘军应该在两个统领曾国藩和胡林翼之间出一个人，亲自带兵北上勤王。湘军的两个核心领导，一个坚持在江南作战，一个亲自带兵北上勤王，这才是这种危急局面下湘军所应担负的责任。当然，到底是由曾国藩带兵勤王还是由胡林翼带兵勤王，这个还要由皇上您来定。李鸿章说，这是一封请求的回奏，再等圣旨回复，这一来一回路上传递的时间，就足够奕䜣跟英法联军议定和谈了。等和谈一定，勤王就没有必要了，这样，湘军也体现了忠心，皇上也不会怪罪，天下人也不会议论，最重要的是胜保的诡计也不会得逞，诸般难处，岂非一一化解？

曾国藩虽然是老师，但也打心底里佩服李鸿章，后来李鸿章虽然有对不起他的地方，他还是一心一意扶持李鸿章，甚至扶上马还要送一程，一直让李鸿章的地位超越了自己，开辟了晚清的李鸿章时代。曾国藩完全按李鸿章说的办，不再拒绝勤王之命，而且为了表足忠心，一边八百里加急公文请旨，一边动员了一万人马，整军备战，摆足了准备随时北上的姿态。

果然不出李鸿章所料，那边圣旨还没回复，这边奕䜣已经跟洋人议和了，英法在火烧圆明园之后，在大肆劫掠一番之后，也退出了北京城。随即曾国藩就接到了撤销勤王北征的命令。

这事之后，曾国藩曾在日记里发过这样一段感慨，他说："古人办事，掣肘之处，拂逆之端，世世有之，人人不免。……借人之拂逆，以磨砺我之德性，其庶几乎！"（《曾国藩全集·日记》）意思是说自古到今，人人都会碰到麻烦、为难甚至别人有意的刁难与陷害，碰到这种情况，不要着急，不要畏惧，应该把它当磨砺个人品性的一个好机会。

这话说得冠冕堂皇，其实里面暗含着曾国藩"逆来顺受"的人生感悟，通俗点说，就是临事遇难，多动脑、多化解，少退缩、少拒绝。

拒绝与化解

曾国藩为什么会特别强调遇事要多化解、少拒绝的智慧呢?

当然,这与他从勤王这件事受到的启发有关,但曾国藩的认识并不只局限于这一件事的经验与教训。曾国藩有关多化解、少拒绝的家训智慧主要有三点特别重要的内涵。

第一,从系统论的观点看,简单拒绝对一个开放的系统往往具有破坏性。

前文说到,曾国藩说:"大凡办一事,其中常有曲折交互之处,一处不通,则处处皆窒矣。"(《曾国藩全集·家书》)从这话可以明显看出来,曾国藩对处理事务是有着明确的整体性观念的,当然,他当时肯定还没有系统论的观念,但他把一事内分出"曲折交互之处",也就是关联、关系乃至变化之处,还肯定地判断说"一处不通,则处处皆窒",就是说一个整体事件内的相互关联是至关重要的,是相互之间有着决定性影响的,这就已经是很明确的系统论的看法了。因为系统论的根本内涵就是把一些要素看成一个具有功能性的有机整体,这一点与曾国藩看事情的观点是非常一致的。

这个"一处不通,则处处皆窒"的地方,在曾国藩看来,往往就是因矛盾、因拒绝、因不能"逆来顺受"而产生的对整个系统的破坏。所以,对一个具有开放性功能也就是发展功能的系统来说,要想保持它的发展性功能,就要尽量少出现这种因为简单拒绝而产生的"不通"。这个原理,大到国家,小到个体,无不尽然。

第二，拒绝心理往往因是非或矛盾而起，简单的拒绝多数时候不仅不能解决矛盾，反而会加重甚至是激化矛盾。

现在的社会生活中，很多人越来越推崇敢于说“不”、敢于拒绝的人事原则，甚至还把这一点绝对化，事实上，以发展的眼光看，这往往是弊大于利的。为什么这么说呢？因为敢于说“不”、敢于当面拒绝这种行为本身形式的意义往往大于内容。

像曾国藩想拒绝勤王，他听从李鸿章的建议，最后的做法，其实在本质上还是拒绝，但是这种做法在形式上并没有表现出丝毫拒绝的意思来。如果他要是敢在形式上拒绝，比如对要求他勤王的圣旨说“不”，或者采取不作为的形式来拖延，这种形式上的拒绝就会陷他于不义，到时候全天下的人都会把他骂死。在形式上说“不”，或者采取一种“非暴力不合作”的高傲姿态，都会带来激化矛盾的恶果。

魏晋时期著名的名士嵇康，作为“竹林七贤”的代表人物，风流潇洒，才情惊世，但他的死就缘于一种简单的拒绝。

当时有一个非常有才的年轻人，名叫钟会。钟会出身世家名门，非常受司马氏集团的赏识，他的本领也确实很大，后来后主刘禅的蜀国就是被钟会和邓艾一起带兵灭掉的。钟会本来就才高倨傲，谁也不放在眼里。可他偏偏非常仰慕嵇康，想方设法地想结交嵇康。有一次，钟会写了一本书，名字叫《四本论》，就想让嵇康看看，也许是想请这位大名士给自己写个序、写个书评什么的。

钟会揣着书到了嵇康家，嵇康正在院子里打铁呢。嵇康这个人有个爱好——喜欢打铁。为此，朝廷给他官他都不做。有一次他的好朋友，也是“竹林七贤”之一的山涛向朝廷推荐他，让他出来做官，他不仅义正词严地拒绝了，还写了封《与山巨源绝交书》，把山涛臭骂了一顿。

钟会来到院子外，不好意思进去，毕竟此前嵇康跟他也不熟。钟会犹豫了半天，一发狠，隔着老远，把稿子扔院子里了。《世说新语》说“于户外遥掷，便回急走”，也就是扔完就掉头急跑。

过了一段时间，钟会看没有下文，还是不死心。有一天，他带了一大帮朋友一起来拜访嵇康，嵇康还在院子里打铁，“竹林七贤”之一的向秀在给他拉风箱。他看见钟会带着一大帮人来了，却根本不搭理他们。这一下钟会被搞得很没面子，和一大帮朋友呆站在火炉旁边留也不是，走也不是。过了半天，钟会终于一咬牙，掉头就走。

这时候，从来不搭理钟会的嵇康却突然问了一句话：“何所闻而来？何所见而去？”这话其实是挖苦与讽刺，潜台词是——你来这儿干吗，纯属多余！

钟会听了这话，再没像上次一样落荒而逃，而是恶狠狠回了一句：“闻所闻而来，见所见而去！”那潜台词是——你走着瞧好了！

后来嵇康一个朋友吕安被陷冤狱，嵇康出于朋友之道出面为吕安作证，这时，已是司马昭心腹的钟会一看时机来了，就唆使司马昭把吕安和嵇康都杀了。

临刑前，三千太学生为嵇康喊冤求情，而钟会一意孤行，非要报当年被拒、被羞辱之仇。嵇康在临刑前不改名士风范，弹奏了一曲《广陵散》，曲罢，长叹一声：“《广陵散》从此绝矣！”然后，从容赴难。

应该说嵇康拒绝钟会的深层原因是道不同不相为谋，但同样是道不同不相为谋，“竹林七贤”中另一位大名士阮籍，他拒绝的方式就好得多，每回他都装醉不醒，甚至一醉醉上几十天，连司马昭拿他也没办法。嵇康是敢于说“不”的，但这种快意恩仇，迅速激化了矛盾，带来的结果却实在是生命中不能承受之重！

第三，曾国藩所说的“逆来顺受”不是屈从，而是一种化解，是一种四两拨千斤的智慧。

曾国藩在家训中教育子弟，说起自己四十岁以后渐悟人生境界，认为“大约以能立能达为体，以不怨不尤为用。立者，发奋自强，站得住也；达者，办事圆融，行得通也。”（《曾国藩全集·家书》）

“不怨不尤”是要改变心态，积极主动；“能立能达”就是要有信仰、有智慧。这个“达”的标准就是要“办事圆融”。

太极拳每招每式都在画圈，外行看了觉得这像跳舞，根本就不是武术和技击。但太极拳的这些画圈，其实是为了练习一种化劲。

拳诀上说，“任他巨力来打我，牵动四两拨千斤”。化劲就是四两拨千斤的方法。原来，就物理学的原理来看，当一个力量攻击我的时候，我以直线力量去防守的话，他攻击的力量我基本上全盘承受了。但当我以一个运动的圆去防守的话，打在这个圆上的力量大多按它的切线方向流走了。这样一来，作为圆内的我就基本不受力了，所以画圈只需四两劲，却能化解千斤力，这就是太极化劲“四两拨千斤”的化解智慧。

这种化解看上去不是面对面的碰撞与抵抗，但更不是委曲求全的屈从与避让，这完全是一种解决问题、矛盾的大智慧与高境界。

第 26 讲

不纠缠，少争论

争论容易导致口舌、意气之争。一旦意气用事，争论就很容易发展到争吵，而一争吵，注定两败俱伤，根本无是非可言。争论容易导致纠缠，在一个团队内部，喜欢争论的人不仅对团队会造成一种内耗，甚至还会对自己造成一种内耗。在大是大非的问题上，一定要讨论清楚；做事的方法和途径等技术细节也应明晰；但因矛盾、是非、利益、关系而产生的争论是绝对没必要的。

口舌与意气

曾国藩年轻的时候有不少毛病，他对自己身上的那些缺点也深恶痛绝。他父亲在家书中提醒他，要“节欲、节劳、节饮食”（《曾国藩全集·家书》），即“三节”；曾国藩在受到父亲的批评之后，痛定思痛，自己决定要“戒多言、戒忿怒、戒忮求”（《曾国藩全集·日记》），即“三戒”。

在曾国藩自立的“三戒”里，戒忿、戒怒、戒忮、戒求容易理解，忿和怒都是情绪易失控的表现，忮是妒嫉，求是贪欲，这都是人性中本恶的一面，属于恶习，自然应该戒除。但为何要戒多言呢？我们知道，在现实社会中，语言表达本身就是公关交际的重要手段，能言善辩不是一种优点吗？曾国藩又怎会反其道而行，反而要戒之呢？他不仅对自己有“戒多言”的要求，还把它当成家训智慧中非常重要的一个内容，尤其是对他的两个儿子和几个弟弟曾反复灌输、强调这一点，这又是为什么呢？

先说一件小事。曾国藩在他的日记里反复提醒自己要“戒多言”，主要就发生在这件小事之后。当时，曾国藩才考上进士进入翰林院不久，随后，他的父亲也跟着他住到了北京。有一次他给父亲过生日，有一个名叫郑小珊的好朋友来曾府祝寿。因为郑小珊跟曾国藩关系很好，而且医术高明，平日还经常免费给曾家看看病、开开药，所以两人在一起说话向来口无遮拦，非常随意。

曾国藩当时才三十出头，又正是春风得意的时候，所以说话已渐有夸夸其谈的架势。不知他跟郑小珊说了什么，郑小珊当时就很反感。但曾国藩那一天多喝了二两酒，又兼之得意忘形，居然因为几句话不投机，跟郑小珊当场吵了起来。

事后，曾国藩的父亲把他好好数落了一顿，说他这样一个翰林院的进士，说起来也是大知识分子，居然跟人吵架，而且是跟好朋友在父亲的寿宴上吵架，实在不像话！

曾国藩对此也后悔万分，在日记里反思说："此事余有三大过：平日不信不敬，相恃太深，一也；比时一语不合，忿恨无礼，二也；龃龉之后，人反平易，我反悍然不近人情，三也。恶言不出于口，忿言不反于身，此之不知，遑问其他？谨记于此，以为切戒！"（《曾国藩全集·日记》）

曾国藩是说，这事自己有三大错。一是平常就自以为是；二是嘴上说话没把门的，想到哪儿说到哪儿；三是明明说话得罪了人，还跟人强辩，甚至到了不近人情的地步。所以总结这三点，曾国藩说自己作为一个标准的儒家知识分子，连《礼记》里说的"恶言不出于口，忿言不反于身"的道理都参不透，连语言这一关都过不了，还能成什么大事呢？所以从此以后，曾国藩不论是自我教育还是教育子弟，都以"多言"为戒。

这样一来，我们就知道曾国藩"戒多言"的本质并不是要一味地少说话甚至不说话，也并不是什么沉默是金，而是在面临人和事的时候，要做到自我控制，避免祸从口出、乱从口出，在本质上，这是一种临事不纠缠、少争论的行动智慧。

因为自我教育也是曾国藩教育子弟时一种重要的示范手段，所以他在家训教育中也特别注重这一点，这从一件大事上看得更明显。

曾国藩的弟弟曾国荃因军功一直做到了湖北巡抚，当时在湖北官场跟他搭档的是湖广总督官文。总督比巡抚大，但巡抚相当于一省省长，有实权，虽然总督的权力更大，但巡抚的实力也不逊色。官文是满族人，其实是皇帝安插在两湖监视湘军的一颗重要棋子。当初官文也跟胡林翼、曾国藩、左宗棠等湘军首领不合，还是胡林翼比较聪明，任湖北巡抚的时候彻底控制了官文。他知道官文本人没什么能力，不过就是朝廷监视湘军的棋子，所以刻意讨好官文，甚至让自己的老婆跟官文最喜欢的小妾结拜姐妹，又让自己的老妈把官文的小妾收作干女儿。官文禁不住小妾的枕边风，对胡林翼言听计从，也就跟湘军合作得很愉快。

后来胡林翼死了，曾国荃任湖北巡抚。曾国荃打仗本事很大，但官场的经验远不如曾国藩、胡林翼、左宗棠这些大知识分子。他做事往往一根筋，再加上个性孤傲，上任后发现官文并没什么真本事，就打心眼里瞧不起官文，常常就具体工作跟官文叫板，暗斗虽不多，明争却常有。

官文是个十足的小人，但他能力不强，智商可能也不够高，也想不出什么办法来整曾国荃。于是他在和他的心腹商量了半天之后，终于想出一个损人不利己的办法来整整曾国荃。

他的这个办法说起来其实挺可笑。

因为当时湖北北部有捻军起义军在活动，官文于是上奏朝廷保奏曾国荃去鄂北剿捻。官文可笑的是，也是他阴险的地方，他保奏曾国荃去剿捻的职务是“帮办军务”，这也就是他所谓要整整曾国荃的地方。

曾国荃大老粗一个，一看官文保奏他带兵剿捻，一开始还挺高兴，兴致勃勃地就要带兵出发。但他不知道这个“帮办军务”到底是个什么级别的职务，想想按照朝廷的规矩总该上个表、谢个赏什么的。于是他打算拟表写个专折为这个“帮办军务”到皇帝那儿谢个恩。但曾国荃文化不高，心里没底，把不住这个谢恩专折到底应该谢到个什么地步，就写信问当时正在江淮之间带兵的曾国藩。

曾国藩一看弟弟的来信，当时就气乐了。

他回信告诉曾国荃，这个“帮办军务”根本就不是个实职，只是调侃人的虚职。当初从太平军那边儿投降过来的将领，刚来的时候，朝廷还不十分信任他们，一般会任命个“帮办军务”。所以就这个“帮办军务”，根本不用给皇帝上表谢恩，要为此上表谢恩，那真是要贻笑天下。但事情已然到这个份儿上了，你也不要推辞，更不要因此生气，最好权当没这回事。曾国藩最后还一再叮嘱，说处理朝廷上下公文的时候，千万别署这个头衔，要不然会让人家笑你没文化的。原来，官文所谓要整整曾国荃，也不过就是拿个“帮办军务”的虚名来调侃、讽刺、挖苦武夫曾老九。

按理说，官文憋着劲儿要报复曾国荃，所作所为也不过如此，可见智商确实不高。正如曾国藩所言，这种小人你完全没有跟他较劲的必要。但曾国荃火暴脾气，一了解真相，立刻气炸了。

曾国荃越想越气，他心无城府，对官文的怒气立刻被另外一个小人看了出来。

此人名叫丁守存，当时任湖北粮道，主管粮草后勤，本身坐着个肥缺，再加上人又贪，不是什么好东西。官文作为湖广总督，曾经抓到过丁守存贪污的证据，可是他居然不查办丁守存，而是拿这些证据反复敲诈丁守存。丁守存大部分家产都被官文敲诈光了，心里对官文也恨得要命。现在他看曾国荃对官文愤愤不平，于是鼓捣曾国荃，向朝廷参劾官文。

可是曾国荃自己文化水平一般，这种参劾文章到底该怎么写呢？

刚好，曾国藩最为器重的大儿子曾纪泽来湖北看望曾国荃。曾纪泽的文章是曾国藩一手调教出来的，文名早著天下，自然好得没话说。曾国荃一看，刚好，我可爱又有才的纪泽侄儿，你就代劳一下，帮叔叔写篇参劾昏官的奇文吧！

曾纪泽当时还年轻，也没有官场经验，但他屡经父亲的言传身教，还是比较慎重的，于是对叔叔说——您看这事是不是应该先请示一下我的父亲、您的大哥、号称政坛常青树的那位曾大人呢？

曾国荃一听，连连摇头，说："你爹那性格，前怕狼后怕虎的，又向来反对跟人起争执，整个就是个老好人，你去问他，这事肯定黄。现在官文这样的贪官、昏官，把持着一方军政大权，这对国家来说就是个祸害，我们出手除了他，那是大丈夫义不容辞的责任啊！"

曾纪泽看叔叔这么坚决，于是在曾国荃一再催促之下，完全按照曾国荃的口述，罗列了官文十大罪状，洋洋洒洒数千言，写就一篇惊人的弹劾奇文。

为什么说它惊人呢？

一是因为文中所列罪状实在太过惊人。说官文贪赃枉法也就罢了，关键还说他跟刚刚被杀掉不久的肃顺等人勾结，属于奸党重要成员。咸丰死在热河的时候，肃顺是顾命八大臣之首，后来慈禧发动政变，把肃顺杀了，并把肃党一网打尽。慈禧跟肃顺是死对头，提起肃顺就恨得牙痒痒的，现在说官文是肃党的残余，这可是个惊天的罪状。

第二个惊人之处，就是这篇文章的文风表现了。曾纪泽毕竟不常写这种应用性的公文，所以他按照文学创作的笔法来写，虽然是一副“笔落惊风雨，文成泣鬼神”的架势，可这毕竟是一篇事关重大的弹劾公文，反而让人感觉华而不实，显得没有底气。用这种文法来写重要的公文，在当时也算是惊人的了。

可是，曾国荃正在气头上，不管那么多，他眼里只有可恼可恨的官文和“帮办军务”的四字嘲讽。于是，在曾纪泽写好文章之后，他立刻派人递交朝廷，要给官文一个下马威。

曾国藩以两江总督的身份正在江淮之间带兵剿捻，虽然鞭长莫及，不知道弟弟会出此昏招，但他毕竟耳目众多，曾国荃的弹劾密折才送上去，他立刻就知道了。曾国藩知道弟弟闯了大祸，但他不是先急着训弟弟、训儿子，而是让曾国荃立刻把弹劾奇文的底稿快马送来给自己看。曾国藩细看过底稿之后，写了长长的信，既分析了这篇文章的得失利弊，又反复开导教育弟弟和儿子，指出他们的错误，一在“长傲”，一在“多言”，表面上欲与人争论是非，实际上是自己太过骄傲，这才会陷入这种不必要的是非纠缠，而且还陷得这么深！

经过曾国藩的分析，曾国荃也后悔了，曾纪泽更是后悔得不行，也不敢再在叔叔那儿待了，赶快起身回湖南老家，离开是非之地。

戒多言

曾国藩看事已至此，立刻联系湘军各大统帅，开始替曾国荃应对这个危局。

一切如曾国藩所料，曾国荃这篇草率的弹劾文章在朝廷已经引起了轩然大波。军机处的重臣一看曾国荃居然胆敢把他们也牵连进去，立刻群情汹涌，说曾国荃诬告官文，指责军机，存心不良。不仅所奏罪状完全不实，而且指官文为“肃党余孽”，实在用心险恶，要求按例反坐，治曾国荃诬陷之罪。

慈禧看了曾国荃的奏折也挺糊涂，因为她根本想不到曾国荃会来这么一手。她要依仗湘军和淮军为她守江山，也不敢轻易动湘军的核心将领，尤其这还是曾国藩的亲弟弟。但曾国荃这到底是什么意思，官文是满族官员，又是当地总督，你曾国荃来这么一手，不是莫名其妙吗？

慈禧搞不清情况，只得派钦差到湖北调查。

当然，以慈禧的精明，她虽然拎不清其中的细节，但知道这一定是满汉官员两股势力之争的表现，她也乐于见两边斗一斗，这样她才好控制全局，让两边相互制衡。

但让慈禧没想到的是，钦差才上路，她就收到了来自曾国藩和左宗棠的两个密折。曾国藩的密折，居然是密保官文，替官文说好话的。左宗棠的密折则是盛赞曾国荃弹劾官文的奏折是当今天下一等一的好文章，让慈禧应该按曾国荃所奏严查官文诸多贪赃枉法的劣迹。

慈禧一看，连湘军内部对这事都态度不一，就知道这不是湘系集团刻意进行的一场政治策划，而她又通过这事看到了满汉官员之间，甚至湘军内部领导层之间的矛盾，这是她最乐见其成的事儿。所以，她最后把这事儿按总督、巡抚同城不和的惯例处理，给了曾国藩一个大面子，把官文内调京师，给了个大学士的头衔加以安抚。

这件在当时轰动一时的是非总算有惊无险，曾国荃与曾纪泽最后都安然无恙，官文最后被调走，曾国荃反倒获得了意外的胜利。可曾国藩却不这么看，他认为弟弟的这种看似意气用事的小小纠缠往往会为将来埋下隐患。后来，果不其然，事后不久，官文抓住曾国藩作战失利的把柄，纠合朝廷内满族官员的力量，对曾国藩进行了疯狂的攻击。而曾国藩最终不堪压力，在剿捻的事情上最后功败垂成，也留下了重大的遗憾。

曾国藩痛定思痛，写了很多封信教育弟弟曾国荃和儿子曾纪泽。

他对弟弟说："古来言凶德致败者，约有二端，曰长傲，曰多言。丹朱不肖，曰傲，曰嚚讼，即多言也。"（《曾国藩全集 · 家书》）

这话是说，古来因为个人品德败坏而导致人生悲剧的人很多，总体来说有两种不良品德最易导致人生悲剧，一个是长傲，意即总是很傲，心中总是老子天下第一，谁也不服，而且还不是暂时的，是长久的，这叫长傲气；二是多言。这个"多言"是指什么呢？曾国藩举了个例子，比如尧的儿子丹朱不是不聪明，但品德败坏，所以尧宁肯把位置传给舜也不传给自己这个不成器的儿子。那么，丹朱的品德到底坏在哪里呢？曾国藩说他非常傲气，而且一直这样，就是前面说的长傲了。因为傲气，所以喜欢惹是生非，经常搞一些嚚讼。什么叫嚚讼呢？就是奸诈地揭别人的短，告别人的黑状，引发无穷无尽无聊事端，这就叫“多言”！

话说到这个份上，分量已经很重了，因为曾国荃干的这事，已经有“嚚讼”之嫌。所以曾国藩苦口婆心，最后说弟弟你也是一方诸侯，怎么动不动就与人起口舌之争呢？曾国藩说：“凡说话不中事理、不担斤两者，其下必不服。”（《曾国藩全集·家书》）这个“说话不中事理、不担斤两”正是指意气用事的口舌之争。

至于教育儿子曾纪泽，曾国藩就更直接了。他也没有过多埋怨曾纪泽，因为这毕竟不是曾纪泽的错，但是他直截了当地告诫曾纪泽说：“欲以口舌胜人，转为人所不服也。”就是说别想靠争论胜过别人，越是吹得天花乱坠，别人越是不会服你的。所以，“居今之世，要以言逊为宜！”（《曾国藩全集·家书》）这就是明确提出来，以后遇事要不纠缠、少争论。

那么，为什么遇事要不纠缠、少争论呢？

曾国藩认为道理有三：

第一，争论容易导致口舌之争、意气之争。一意气，争论就很容易发展到争吵，而一争吵，注定两败俱伤，根本无是非可言。所以曾国藩曾在日记中反省道：“彼此持论不合，反复辩诘。余内有矜气，自是特甚。”（《曾国藩全集·日记》）就是说，争论发展到争吵已经无是非了，根本就是意气用事。

确实，吵架这种事，我们在生活中经常见，吵架的双方都拼命要争出个对方的不是来，甚至在家吵不行，现在还有很多在电视上吵的，但不论你吵得多文明、多作秀，你看这些吵架的，哪一个能说出是非分明的呢？清官为什么难断家务事？清官要断家务事的时候，往往都是因为家里人因家务事而起了争执，一旦到了要清官来断的地步，就说明这种争执已经升级到非常的地步了，到这种地步，是非还说得清吗？别说清官了，就是天官也断不了啊！

第二个理由——从形式上看，争论就是纠缠，对内属于内耗，对外完全没有必要。

当年曹操八十万大军兵临城下的时候，东吴的谋臣武将还在为是战是和争论不休，就算是诸葛亮这种能舌战群儒的天才来了，也得一个一个吵完了才能引导孙权作决定。当然，诸葛亮舌战群儒这是小说家言，但孙权被手下吵昏了头却是事实，后来是鲁肃、周瑜坚定其必战之心，才最终取得了赤壁大战的胜利。

相比较孙权，益州的刘璋就没那么幸运了，刘备入川，手下为此争论到水火不相容的地步，而刘璋本身孱弱，根本无力制止这种纷争，以至实力内耗殆尽，原有人才团队也分崩离析，终究把大好家国拱手让与他人。

综合比较来看，倒是曹操一方办事效率最高，他手下也谋士如云，他也非常善于倾听不同意见，但奇怪的是他手下的谋士之间很少有争论的事情发生，这大概也是曹魏集团最终能胜出的一个重要原因。

争论本身容易导致纠缠，在一个团队内部而言，往往会导致团队力量的内耗。但曾国藩更有远见，他说："牢骚太甚者，其后必多抑塞。盖无故而怨天，天必不许；无故而尤人，人必不服。"（《曾国藩全集·家书》）喜欢争论的人不仅对团队会造成一种内耗，甚至还会对自己造成一种内耗，因为争论的杀伤力是有反作用力的。一则意气之争容易动情动气，这最容易伤肝；二则意气之争容易导致怨天尤人，既然怨天尤人，那同样也会人尤天怨，所以命运也好不到哪里去。

至于对外的争论、争吵就更没有必要了。曾国藩说：“大抵清议所不容者，断非一口一疏所能挽回。”（《曾国藩全集·家书》）就是说如果外部环境不如意，你去争论、争吵、争执，从事理的角度看，根本就不会起半分作用，还是不要去费这个劲儿好了。

第三，不纠缠、少争论主要指的是那些意气之争。从内容上看，像真理，肯定是愈辩愈明的；而像做事的方案、方法等属于技术性的争论是有必要的，但因矛盾、是非、利益、关系而产生的争论就是绝对没必要的。

像曾国荃怒告官文，这种争论纯属怄气。曾国藩事后替曾国荃分析，像官文这样的人，本身没什么能力，朝廷把他放在这个位置上，根本就是要监视我们，说到底，他就是一枚棋子，你跟他有什么好争的呢？幸好他能力不强，他要是能力强，又有着制约我们的特权，你还跟他这么意气之争，你说你能讨什么好去？

况且，官文也不过就是欺负你没文化，替你申请了个“帮办军务”的虚名来笑话你，就为这事，你跟他动真火、动肝气，你说你值得吗？别说他只是用这种歪主意来取笑你，就算他真的动了你的利益，你也不应该跟他这样起争执、告黑状啊？你这不是让全天下笑话吗？

所以中国人常教育子孙说：一个和尚挑水吃，两个和尚抬水吃，三个和尚没水吃！

其中蕴含的智慧，正是——少争论，莫纠缠，脚踏实地把事干！

第 **27** 讲

先晓事，后办事

乍一看，曾国藩暗助干爹最后赢了官司，好像有越权干涉地方事务，甚至还有公权私用、假公济私的嫌疑，但为什么这事又能成为他“先晓事、后办事”的家训智慧的明证呢？曾国藩很讲原则，同样更讲究做事的灵活性，所以他既讲了原则，又照顾了亲情；既暗助了干爹，又把事做得巧妙无痕。

有判断的晓事

一个人要想做有意义有价值的事，要想成就一番事业，最重要的两个能力，一是“知人”，二是“晓事”。

曾国藩认为，“知人”和“晓事”虽然是两个最基本的能力，但两者之间还不一样。“知人”不容易学，“晓事”则不然，这种能力可以通过增加阅历和努力体悟、学习来很快获得提高。而且对于现实生活来说，曾国藩认为“晓事”能力的培养更必要，更迫切。因为没有“晓事”的能力，一个人办起事来，不论是出于公心还是私心，不论是君子还是小人，不论是假狂狷真作秀的人，还是真狂狷不作秀的人，也就是说不论哪一种人，只要你没有“晓事”的功夫与能力，你做事一定是很糟糕的。所以，曾国藩在家训中特别强调的一种人生智慧就是“先晓事，后办事”。

同治四年，也就是1865年，曾国藩就职于南京，任两江总督，总揽东南数省的军政大权。

一天，曾国藩正在看公文，突然隐约听到总督府门口一阵喧闹。一个苍老的声音大声在喊：“我要找宽一！我要找宽一！”

曾国藩听见“宽一”这个名字，心里立刻咯噔一下。

曾国藩幼年在农村长大，农村里的孩子小时候都会起个小名，大家认为起个贱名好养活。但曾国藩他爹曾麟书毕竟还是个教书先生，请示了曾国藩的祖父后，按他祖父的意思给曾国藩起了个“宽一”的小名。曾国藩幼时在湖南湘乡老家，大家都叫他“宽一”。

曾国藩快步走到府门口，一眼就看到了佝偻着身子站在台阶下一身老农打扮的那位老人。门房看总督大人出来了，也吓了一跳，以为吵闹惊着了曾国藩，连忙叉手施礼，不知所措。曾国藩根本不看门房，盯着这个老人仔细看了半天，突然叫了一嗓子——“干爹，您怎么来了？”

原来曾国藩小时候曾认邻村里一户人家为干爹、干娘。但也就是记个名，并不十分当真，后来曾国藩一生事业在外，与干爹家很少有走动和来往。虽然走动来往得少，但有这么一个干爹那倒是真的。现在几十年没见的干爹突然找上门来了，曾国藩十分欣喜，但也不由得一肚子的纳闷儿。

曾国藩把干爹赶快让进府来，一边命人招待酒饭，一边问长问短，从干爹的家境情况到老家的那些乡亲，甚至老宅新屋、庄稼树木，所有的情况无所不问。

酒足饭饱之后，老人家话入正题，要说明来意了。曾国藩突然打断了话头，说：“暂莫谈这个，干爹您老人家难得来六朝古都，先把南京的名胜游览游览再说吧。”说完，曾国藩叫来一个也是湖南湘乡的手下，让他这两天全程陪同，务必陪着老人家把南京的玄武湖、秦淮河、夫子庙都好好游览一下。

老人家看曾国藩这么一说，到嘴边儿的话也没好意思说出来。但他实在没心思游山玩水，才玩了两天，就按捺不住了，心里的话不好意思跟干儿子说，只好悄悄地跟干儿媳欧阳氏说。

原来，他们家在湖南双峰大界的地方有一处祖坟，据说风水不错，老人家时不时都要到祖坟上去看看。结果这一年清明还没到，老人家就发现有一个新坟迁到了他们家的祖坟上。这一下他当然不干了，就找这户迁坟的人家理论。结果这户人家是当地的一个富户，看中了这块坟地，仗着有钱有势，硬要迁坟过来。

曾国藩的干爹是个老实巴交的农民，虽然家里穷点，但人特别倔强，给钱也不要，坚决不许那家富户迁坟占地。人家一看来软的不行，就来硬的。老人家人单势孤，气头上就把这个富户告到了衡州府。但自古衙门口向南开，有理没钱别进来，衡州府拿了富户的好处，干爹的官司自然就输了。

老人咽不下这口气，几乎要上吊自尽，后来还是有个亲戚给他出主意，说你不知道吧，你那个干儿子宽一在南京当大官呢。你去找他，让他给衡州知府写个两指宽的条子，还愁你这官司打不赢吗？

欧阳夫人了解了情况之后就跟曾国藩说："干爹这么大老远地找上门来，又关系到他的身家性命，你就帮他给衡州府写个条子吧。"曾国藩听完后沉吟了半晌才说："我平日总是教育家人不要干涉地方衙门的事务，现在我自己隔着千里之外反倒亲自干预衡州府的事务，我这不是自食其言吗？我还怎么教育我那些弟弟和族人呢？"

欧阳夫人一听，说："那你总不能看着干爹这么受欺负不帮了吧？况且就算不是干爹，老实人受欺负，你也得主持公道呀！"曾国藩听了这话，频频点头，想了半天，才说了句："我自有办法。"

第二天，曾国藩装作什么也不知道，还是让手下陪干爹到处去玩，然后派快马到湖南老家秘密查询案情，过了两天，案情调查结果报回来了，一如他干爹所说，他们家被强占了地，还输了官司。

情况清楚了，曾国藩心里就有数了。曾国藩这边不急不慢，他干爹可实在坐不住了，老头倔啊，后来实在忍不住，说你不帮就算了，你这儿我也住不起，我还是走吧。

曾国藩盛情挽留，看实在挽留不住，就说定第二天吃过送别的酒宴再亲自送干爹走。这位大脾气的干爹心想，来都来这么多天了，也不差再多待一天，就憋着气打算空耗一天。

第二天，曾府上下喜气洋洋，因为正好朝廷下了谕旨，又升了曾国藩的官职，江南的大小官员纷纷前来贺喜。这一下这个酒宴就成了大排场了。曾国藩在酒席宴上，出人意料地隆重地请出了自己的这位干爹。

这一下满场群情激动，大小官员个个上来给这位干爹请安。曾国藩当场说明干爹是来探望自己的，这马上就要走了，做干儿子的准备了一个小礼物。说着让人拿出一个盒子来，打开给干爹看，里头是一把精美的折扇。曾国藩当场提笔挥毫，在扇子上题款落字。上款是“如父大人侍右”，下款是“如男曾国藩敬献”。

曾国藩也是当时著名的书法家，又是文坛领袖，又是江南官员之首，这一下惊动全场，第二天曾国藩给乡下干爹送扇题字这事就已经在官场上传开了。

这位干爹不明白怎么回事啊，心想官司不帮我，弄一大帮人来拜见我！两指宽的字条不肯写，非要送我把破扇子！曾国藩只是笑，也不点破，第二天携夫人、孩子亲自到江边码头去送干爹。上船前欧阳夫人在干爹耳边轻轻地交代了一番，老人家一听，眉开眼笑，恍然大悟，高高兴兴地踏上了回乡的旅程。

后来，这位干爹又到衡州府二次告状，衡州知府特意要了那把扇子去看了两天才还给他。当然，最后的结果也不用说了，曾国藩的干爹总算称心如意，要回了自家的地。

这件事我们回头来看，乍一看，曾国藩暗助干爹最后赢了官司，好像有越权干涉地方事务的嫌疑，甚至还有公权私用、假公济私的嫌疑，但为什么这事又能成为他“先晓事、后办事”的明证呢？

我们还是先来分析一下这件事里所反映的曾国藩所说的“晓事”的内涵。通过曾国藩的家训内容我们可以看出来，他所说的“晓事”最关键的一点，就是要有判断。

曾国藩曾经说：“大抵莅事以明字为第一要义。明有二：曰高明，曰精明。同一境而登山者独见其远，乘城者独觉其旷，此高明之说也。同一物而臆度者不如权衡之审，目巧者不如尺度之确，此精明之说也。凡高明者，欲降心抑志，以遽趋于平实，颇不易易。若能事事求精，轻重长短，一丝不差，则渐实矣。能实则渐平矣。”（《曾国藩全集·书札》）

这一段话是说临事的时候以“明事”为第一要义，这个“明事”其实也就是“晓事”。但曾国藩展开来分析说，明有两种，一种是高明，一种是精明。

什么是高明呢？他举了两个例子，一是登山的人站到山顶自然就看得远，二是站到城头也自然能视野开阔，其实就是说站得高、看得远的意思。而精明是什么呢？是比看得远、看得开阔还重要的一点，就是对整体及细节要有准确的权衡与把握。

曾国藩说高明这一点要从人生修养、阅历下手，很难一下做到，但精明却是能训练出来的，只要事事养成勤思考、善判断的习惯，渐渐就能养成平实的行事风格，这样由精明而到高明而至明事、晓事，就有法可循了。

通过这一段话，我们可以知道曾国藩在教育后人的时候对临事判断力的训练是非常看重的，而他在对人才审鉴的时候，临事判断力如何也是一个非常重要的标准。曾国藩如此强调判断力，说明他自己在这方面肯定也是非常擅长的。就拿他帮干爹这件事来说，其中有三处判断显示了他处世的老辣功夫。

一是干爹一来，曾国藩立刻判断出干爹这是有私事相求，判断出这一点不难，但这个私事到底是哪一方面，是否要涉及公权力的问题，这都是很难作出判断的。曾国藩出于谨慎，不让干爹当面直接说出所求之事，就是给自己留一个回旋处置的余地。这一点其实是很重要的，做事的时候留有余地，才有腾挪措手的空间。

第二个判断就体现了曾国藩行事的稳重，当他从夫人口中得知实情后，并不直接下判断，而是先派人暗中调查。这也是曾国藩向来非常推崇的工作作风。当调查结果出来的时候，曾国藩心中的是非判断自然明了。

第三个判断是对当时官场作风的判断，这一点完全基于曾国藩这个老江湖对当时官场的透彻把握。他知道他对干爹的做法会成为官场新闻迅速发散出去，而相关官员自然会对这种新闻产生相当的敏感度。

正是基于准确的判断力，曾国藩才把暗助干爹这事做得轻描淡写、举重若轻。

原则与变通

但只有判断还不行，“晓事”还有一个重要内涵，就是有原则。

“做人要有原则”，这句话在曾国藩身上体现得最明显。就是因为他极讲原则，所以才能几十年如一日地严格自省、自律。每天早起，每餐只一菜一汤，每天不间断地写日记，每天坚持读书直到读瞎了一只眼睛，从不过奢侈的生活，从不放松对家人的教育……曾国藩的这一生在很多人看来就像是在过苦行僧的生活，换了别人，一天两天可以，少有人能持之以恒，但曾国藩之所以能做到，就是因为他是一个原则性极强的人。

曾国藩为人讲原则，做官也非常讲原则，他在家书里时常提醒家人的一个原则就是不要沾染官场习气，不要与官府的人私自交往。他对他儿子曾纪泽说：“读书乃寒士本色，切不可有官家风味。”对他在湖南老家主持家务的二弟曾国潢则明确要求：“勿与官衙往来。”（《曾国藩全集·家书》）。

曾国藩自己做着大官，为什么不愿家人与官府的人来往呢？

道理很简单，他本人身高位重，家里人借着他的声威与官府来往，肯定会干涉地方行政，构成利益关系。而曾国藩是最痛恨这一点的，因为这正是滋生腐败的一个重要原因。所以他不许家人与地方官员结交，自己也严守这个原则，基本与老家的地方官员没什么来往，而且从不越级行事，干涉老家地方官员的任何事务，这种态度后面隐藏的一个工作原则就是——不滥用公权！

曾国藩的这个认识是非常深刻的，结合中国政治制度史的教训来看，一个非常重要的行政原则就是“慎权”，即对公权力的慎重使用。

比如明太祖朱元璋就很有远见，他虽然很欣赏一些宦官的办事能力，像在与西部少数民族互市的交易中宦官也曾立有大功，像在蓝玉案这些大案里，宦官更曾发挥过重要的作用，但朱元璋撇开私人情感，还是在洪武十七年（1384年）立下了“宦官不得预政”的铁牌。之所以如此，就是看到了权力与宦官集团的结合，一定会像洪水猛兽一样带来不能够“慎权”的恶果。果不其然，明成祖朱棣就没有他老爹眼光远，因为宦官在靖难之役中帮了他的大忙，所以他撇开朱元璋的遗训不理，给宦官非常大的公权力，趋势一成，一发不可收拾，宦官乱政终成明朝最大的政治毒瘤。

曾国藩要坚守不滥用公权、不越级行事、不干涉地方官员的行政原则，他不明着做这件事，而是用了“明修栈道、暗度陈仓”的办法来点到为止地解决问题。

但是有人可能会问，他虽然很讲究方法，但最终的结果还是帮助干爹打赢了官司，这不还是滥用了公权、干涉了地方官员吗?

这还真冤枉了曾国藩。按照曾国藩当时的官职，他还真有明确的权力来正大光明地管这件事。因为他当时的职务不仅是两江总督，而且是钦命钦差大臣兼两江总督。作为两江总督他没权力管湖南的事，那是湖广总督管的。但作为钦差大臣，有权管各种他认为需要管的案件。而曾国藩有权这样做却不这样做，就是怕给人造成滥用公权、干涉地方的印象。再加上案主又是他的干爹，这种事更有假公济私之嫌，所以为了更大的原则，他不得不曲线救国。

除了要有判断，有原则，“晓事”的另一个内涵，就是有灵活性。

曾国藩曾经总结自己的办事经验说：“精神要常令有余于事，则气充而心不散漫。”（《曾国藩全集·日记》）这是说做事虽然辛苦，但一定要能产生控制感，不能感觉疲惫不堪，要心有余力，这就要求做事的过程要张弛有度，要在原则之外，有一定的灵活性。

比如暗助干爹这件事，就算有假公济私的嫌疑，但这中间有亲情、正义的问题，就像欧阳夫人所说，作为曾国藩是不能袖手旁观的。曾国藩跟朋友谈到这一类事务时曾以很决绝的口气说：“应事接物时，须从人情物理中之极粗极浅处着眼，莫从深处细处看。”（《曾国藩全集·书札》）曾国藩一向看问题是看得极深、极细的，他之所以这么说，之所以要让人看极粗、极浅处，就是让人要把平实和灵活的工作作风结合起来。

事实上，我们根据生活经验也知道，做事情讲原则这是根本的方面，但具体做的时候方式、方法千变万化，没有一定的灵活性，是根本不可能把事情做好做成功的。像儒家向来提倡的尾生抱柱，其实就是一个不讲究灵活性的反面典型。

《庄子》和《史记》都记载了尾生抱柱而死的故事。最早记载这个故事的《庄子·盗跖》篇里说：“尾生与女子期于梁下。女子不来，水至不去，抱梁柱而死。”《史记》只是把最后一句改成了“尾生抱柱而死”，意思完全是一样的。

这个故事是说有一个叫尾生的小伙子，与心上人约会，约好了在一条干枯的河道的桥梁下见面。结果到了约会时间，姑娘没来，洪水却来了，水位上升得很快，眼见越来越危险，但尾生为了信守在桥梁下等姑娘的约定，死活也不上岸或上桥，结果最终抱着桥梁的柱子被淹死了。

当然，我们并不否认尾生是个极有情义、极讲信义并极有原则的人。但细想一下，尾生也实在有些迂腐了。姑娘来没来，你又不是看不见，站在桥上或岸上等她就是不讲原则了吗？那姑娘要是跟着洪水一起冲过来的话，尾生抱着柱子要么救她，要么与她一同赴难还可以理解。现在姑娘根本没有来，你却因为原来定好的是在桥梁下见面就死搬教条，并因此牺牲了自己年轻的生命，这是为自己负责吗？这是为爱人负责吗？这是为爱情负责吗？

我们不知道尾生的恋人最终来了之后，知道这样的结局会作何感想，但即便只从爱情的角度看，这样的死，也太不值了！

说到底，尾生重情重义，心中只有原则，却没有丝毫的灵活性，这本质上还是“不晓事”。

曾国藩很讲原则，同样更讲究做事的灵活性，所以他既讲了原则，又照顾了亲情；既暗助了干爹，又把事做得巧妙无痕、滴水不漏。到这个境界，曾国藩的“晓事”功夫真可谓“世事洞察皆学问，人情练达即文章”了！

《世说新语》里记载过一个“不晓事”的典型叫王蓝田，其实他本名叫王述，因为他后来袭封蓝田侯，采邑正是陕西蓝田，所以他的“不晓事”与在蓝田抱柱而死的尾生有得一拼。

一次，这位王蓝田想吃一个鸡蛋，他就用一根筷子去戳蛋。蛋是圆的，当然戳不进。他一看很生气，就把蛋摔到了地上，想摔破它。哪知这只蛋很坚强，居然没被摔破。王述立刻站起身来，上去就是一脚，想把蛋踩破。哪知这只蛋十分坚硬，一滑，还是没让王述踩破。王述愈发怒极不可遏制，他捡起那只被他摔过，又被他踩过，还在肮脏的地上滚过的蛋，一下塞进嘴里，囫囵吞枣地一阵乱嚼，总算解气地把那只蛋咬破了，然后再全部吐了出来。

书圣王羲之与王述同姓不同宗，王羲之是琅琊王氏，王述是太原王氏，但毕竟都姓王，两族关系也不一般。王羲之听说了这件事后，大笑着讽刺说："就算是王述他爹、我的长辈王承先生干了这事，我也要笑话他不晓事，更何况你这个王蓝田呢！不晓事啊，实在不晓事！"

王述用筷子去戳鸡蛋，果然没判断；跟一枚鸡蛋斗气，连脏了的鸡蛋也往嘴里塞，果然没原则；最后只知用最原始、最本能的方式来解气，果然不灵活！

第 **28** 讲

不吝名，不吝利

很多矛盾，很多是非，本质上都是因为利益引发的，甚至细细推究，往往不过是些蝇头小利。为此去争，当然不明智；为此而忍，未必能解决；但只要你肯让一让，把某些利益看得淡一些，把某些对方需要的利让出来，矛盾往往迎刃而解。矛盾一旦解决，你会发现，最后得到的往往比你让出去的还要多。所以说，“忍”只是小境界，“让”才是大智慧。

合众私以为公

对于自己人生经历的成败得失，曾国藩平常倾诉最多的教育对象是自己的大儿子曾纪泽。说实话，他对曾纪泽所寄予的期望也是最高的。曾纪泽后来所取得的人生成就也完全没有辜负父亲对他的栽培。曾纪泽之所以能成为一位优秀的领军人物，可以说完全得益于曾国藩的家训教育。这就要说到曾国藩常提的一句名言了——“合众人之私，以成一人之公。”（《曾国藩全集·书札》引赵列文语）

这也是曾国藩家训中的一个重要内容。但问题是这句名言并非曾国藩的原创，那么这话到底是谁说的呢？从这句话又可以看出曾国藩怎样的人生经验与行动智慧呢？

当时还是曾国藩刚出山带兵不久，曾国藩虽然一开始出师不利，但他出山前在衡阳拼命打造人才团队的努力还是没白费，湘军在经过几次失败后，逐渐变得有经验起来，居然一直打下了武昌，收复了武汉三镇，这也使曾国藩和他的湘军登上了晚清的政治舞台。

在打下武汉之后，曾国藩率主力顺长江而下，一路作战。其间，武汉又曾多次失守，驻守后方的胡林翼又经多次筹划，反复攻取了武汉。就在这一段时间里，曾国藩被一个巨大的疑惑困扰住了。这个疑惑实在出乎曾国藩的预料，那就是他手下的幕僚，开始不断有人向他辞别，离他而去。

曾国藩实在想不明白，战事节节胜利，他的名声越来越大，按他的想法，良禽择木而栖，四方豪杰之士、有识之士应该纷至沓来投奔他才对，怎么原来的这些人才反而会离自己而去呢？况且，当初自己在衡阳初创湘军，可谓是登高一呼，四方响应，来投奔他的人才很多，而自己对这些人大多也是经过遴选的，按理说这些人不可能背叛他，这也实在太离谱了！

曾国藩很疑惑，但他以理学宗师自命，也不强人所难，要来欢迎，要走请便，所以真有不少人从此离开了曾国藩。曾国藩在人才去留问题上很大度，但疑惑却始终难解，一是疑惑这些人为什么要离开他，要跳槽；二是疑惑这些人跳槽后，都跳到哪儿去了呢？

曾国藩稍一调查，立刻解开了第二个疑惑，好些人离开曾国藩的幕府后，另谋高就，都跑到胡林翼的幕府里去了。曾国藩与胡林翼向来感情很好，两人并称湘军两大核心，虽然胡林翼开始发迹还有曾国藩提拔的功劳，但曾国藩向来把胡林翼当人生知己看。现在他看原来挑中的一些人才不是跳到别的地方，而是跳到胡林翼那里去了，怎么说还是一家人，所以倒也并不为此生气。

但第一个疑惑不解，始终让曾国藩心中放不下。

于是曾国藩不耻下问，开展批评与自我批评，让手下给自己提意见，并表示不管怎样的批评意见，都一定虚心接受。

要说哪里都有聪明人，就看你当权者让不让聪明人说话，让不让他们发挥他们的聪明才智。曾国藩一表现低姿态，手下立刻有聪明人看出了曾国藩开展自我批评的用意所在。

这个聪明人叫赵烈文，是曾国藩幕府中一个著名的谋士。

赵烈文很厉害，虽然只是个书生，但对军事、经济、天文地理、医易阴阳无所不知，无所不晓，年少即有才名。后来有人向曾国藩推荐赵烈文，曾国藩也听过他的名声，可见面一看，居然如此年轻，而且一脸傲然之气，曾国藩就想杀杀赵烈文的锐气。曾国藩带着赵烈文到手下最能打恶仗的一个军营去阅兵，想用军队的肃杀之气镇镇这个书生的傲气。哪知道赵烈文根本没被镇住，曾国藩问他手下表现怎样，结果赵烈文只说了一句："此营军气已老，恐不足恃！"

就是说别的没看到不敢说，今天阅兵的这队人马，虽然久经沙场，但军气即军中战斗的锐气已老，恐怕以后不能当作主力来用。

曾国藩一听很不以为然，觉得不过是一派书生狂言。赵烈文看出端倪，知道曾国藩瞧不起自己，就告辞了。曾国藩也不挽留。可赵烈文走后才一个月，在一次战役里，赵烈文所说的这一营部队果然大败溃散，一切均如赵烈文预言的那样。曾国藩痛定思痛，又想起赵烈文来，不惜三顾茅庐、礼贤下士，才又把赵烈文请了回来。

1867年的时候，赵烈文曾跟当时已经是"晚清中兴名臣"之首的曾国藩断言，说您别看清王朝现在看上去有点中兴的架势，但骨子里已经"抽心一烂"，不出五十年，清朝必定覆灭。果然，1911年辛亥革命爆发，清朝覆灭，离赵烈文当年断言仅仅四十四年！可见，赵烈文在晚清以大智慧而著称。

别人还不知道曾国藩为什么要开展自我批评，赵烈文已经洞悉了问题的关键。他此时跟曾国藩还没好到无话不说的地步，所以就写了篇上书向曾国藩进言。就是在这篇上书里，赵烈文说出了曾国藩后来常提的这句名言——"合众人之私，以成一人之公！"

赵烈文滔滔不绝，引经据典，指出了问题的关键。他说曾国藩在出兵檄文上就树立了一个高尚的目标，要以儒家的信仰来挽救中国的传统文化，这种目标当然很崇高，当然没问题，这也是我们这帮知识分子愿意聚拢到您这儿来的关键原因。但是您因此要求所有人都像您自个儿一样，做一个不贪名、不求利的彻头彻尾的君子，那就太不切实际了。

事实也确实如此，曾国藩特别强调他团队中的人才个个都要是“忠义血性”之人。他说他的选将条件是：“带勇之人，第一要才堪治民，第二要不怕死，第三要不汲汲名利，第四要耐受辛苦。四者似过于求备，而苟阙其一,万不可带勇，大抵有忠义血性，则四者相从以俱至。”（《曾国藩全集·书札》）

要有才，要不怕死，要淡泊名利，要吃苦耐劳，四条缺一不可，这才算得上忠义血性。所以他平常跟这帮知识分子通信时一再强调说：“天下滔滔，祸乱未已。吏治人心，毫无更改。非得二三君子，倡之以朴诚，道之以廉耻，则江河日下，不知所届。”（《曾国藩全集·书札》）就是说这个天下眼见着快没救了，我们就是能拯救天下的“二三君子”，要知礼义廉耻，要有磊落襟怀的高尚君子才能挽救这个“江河日下”的时局！所以曾国藩自视甚高，以君子自命。

他是这么说的，也是这么做的，他后来在家书中曾自豪地说：“予自三十岁以来，即以做官发财为可耻，以宦囊积金遗子孙为可羞可恨，故私心立誓，总不靠做官发财以遗后人。神明鉴临，予不食言。”（《曾国藩全集·家书》）

赵烈文说，但问题是您曾大人能做到这么高的境界，别人未必都能做到。您自己如此做，却也这样要求所有的团队成员，要他们都成为您这样不“汲汲名利”、不求官求财的君子，按赵烈文的意思，这就是痴人说梦了。方今天下大乱，有识之士聚集到您身边来，固然要成就一番事业，但还有更为现实的需求。这些人不是没有公心，但有公心的同时也还有私心，这也是人之常情。谁没有父母妻儿？谁没有家眷子息？谁不是要先能生存，才能谈精神？您是大帅，您当然不“汲汲名利”，可手下这帮人，他们远要养家糊口，近要谋个人出身，谋个人前程，这完全是自然而然的事，本来无可厚非。可现在您一句“做君子”的理想，就断送了这一切。这样一来，大家跟着您，还混个什么劲儿呢？

武汉是您带兵打下来的，皇帝因此大加赏赐，开始还封了您做湖北巡抚。可手下这些将士，这些文官谋士，哪个不是披星戴月、劳苦功高啊？当然，您也不是没赏大家，也不是对功臣没有提拔。但问题是您看您才提拔、保荐了几个人啊？这么大的战役，您事后总共保荐了三百人不到。而胡林翼胡大人后来抢回武汉，战役还比您当时小，可事后胡大人向朝廷足足保举、提拔了三千多人。这一下大家都看出来了，在您这儿，有理想，有君子，但没前程、没前途；到胡大人那儿，有理想，有君子，还有前程、有前途！那谁还愿待在您这儿啊！

所以，赵烈文的观点就是——您不能照顾手下人、团队成员的利益，不能体谅他们的私心，也就不能成就您所谓的“公心”！

受到赵烈文的启发后，曾国藩深刻地认识到曲高和寡、孤家寡人对成就一番事业的巨大危害。

退让与进让

对于赵烈文这句“合众人之私，以成一人之公”，曾国藩后来在家训中反复提及，他的认识主要有三个方面。

第一，虽然我们常说遇事有时要忍让，但“忍”只是小境界，“让”才是大智慧。

我们知道，在曾国藩幕府人才流失之前，曾国藩在待人接物上是特别讲究“忍”的。

比如，当年考举人之前，曾国藩在长沙著名的岳麓书院读书。他有一个同学，出身富家子弟，性情十分暴躁，常跟同学们发生口角。有一天，他突然当着很多同学的面开始向曾国藩发难。当时曾国藩的书桌刚好紧挨着窗户，而这名同学的书桌则在他的旁边，他看曾国藩不顺眼，就指着曾国藩大声呵斥，说：“我读书的光线都是从窗户里过来的，你挡着我的光了，赶快挪开！”

曾国藩一听这话，火往上冒，同学们一听这种无理要求，也不由得都围了上来。但曾国藩气归气，看了看大家，居然一声没吭，就把桌子挪开了。

又有一天晚上，当时大家都住在一起，这帮学子都有睡前掌灯读书的习惯。有一晚曾国藩正在念书，这个同学又突然发难，指着曾国藩大骂，说：“你平常不念书，这时候念书不是存心不想让我睡觉吗？”曾国藩当时恼火至极，因为晚上念书的可不止他一个人，这种指责简直就是莫名其妙。但曾国藩还是没跟他吵，以后晚上看书就改默读了。

曾国藩考中举人，放榜消息传来，同学们都为他高兴，偏偏这个同学埋怨说，都是这个曾国藩把他读书的风水给占了，要不考上举人的就是他了。别人说，不是你让人家挪位置、让阳光的吗？结果他说，正因为如此，才把曾国藩挪到好的风水宝地里去了。曾国藩听了之后，笑一笑，毫不在意，反而劝慰同学，不要跟他一般计较。怎么样？可见青年时代的曾国藩，他的涵养与气度，尤其是这份忍功已经不一般了。

后来曾国藩初办团练，被长沙官场好一顿羞辱，败走衡阳。气愤之余，他不禁也要上本参奏长沙官场的这帮腐败官员，但写好了奏本后，想想还是把奏章给撕了，然后说了句忍辱负重的名言——“打脱牙，和血吞！”就是再大的耻辱，再大的挫折，我曾国藩也能忍。

曾国藩教儿子有句名言，叫“千万忍耐，忍耐千万”（《曾国藩全集·家书》），是说遇到困难，遇到挫折，遇到人生不如意处，忍耐是第一个重要的修养。

但到了后来曾国藩认识到，只忍还不行，还得让。虽然说忍让是一个词，但忍和让还是有很大的区别的。忍与让的区别到底在哪里呢？在于两个关键词，一个叫忍辱负重，一个叫让利于人。

当矛盾爆发、压力增大的时候，我们说要忍，这个忍就是忍辱负重的忍，就是以极大的耐力与耐心去面对那个矛盾与压力。但问题是虽然你有耐力与耐心，可矛盾与压力本身却不因为你有耐力、耐心而取消，就是说忍耐只是解决了自己这一方面的问题，却并不能解决矛盾与压力那一方面的问题。

当然，可能因为你的忍耐，矛盾与压力渐渐随时间而淡化了，那是矛盾与压力在时间的过程中被动地、随机地消解了，并不是因为你的忍耐而主动淡化的。

再通俗点说，忍耐其实就是不作为，但压力并不受你这种不作为控制，它有可能随时间淡化，也有可能因为你不作为反而进一步加强，最后的局面就会是不可控的。深谙世道的曾国藩后来也认为，只有忍还是不行的，因此他在教育儿子曾纪泽的时候曾经说："天下事无所为而成者极少。"（《曾国藩全集·家书》）就是说，该主动的时候还是要主动的，忍气吞声、忍辱负重、一味忍耐有时候还是太被动了。

当然，主动也要讲究方式和方法，当矛盾爆发的时候，硬顶有时反而会激化矛盾，肯定不是好办法，这时候"让"就显得更智慧一些了。

所以说，"忍"只是小境界，"让"才是大智慧。

第二，"让"也分退让与进让，其中退让只是小境界，进让才是大智慧。

曾国藩曾经认为能让、能退让就已经是人生大境界了，所以他说："遇忧患横逆之来，当少忍以待其定；遇荣利争夺之境，当退让以守其雌。"（《曾国藩全集·日记》）意思是当遇到挫折时，一定要忍；当矛盾爆发时，一定要退让。但发生幕僚出走事件之后，尤其在读到赵烈文"合众人之私，以成一人之公"的上书之后，曾国藩对"让"的认识又上升了一层。

在谈到让利于人的智慧时，曾国藩曾教育弟弟曾国荃说："独享大名，实折福之道；与人分名，即受福之道。”（《曾国藩全集 · 家书》）在教育儿子曾纪泽的时候，他则说：“天下事无所为而成者极少，有所贪有所利而成者居其半。”（《曾国藩全集 · 家书》）

这两句话都是肯定普通人对名利的追求是正当的，是无可厚非的，而作为一个领导者，不要等到别人来跟你抱怨的时候你才知道要让名、让利于人，你要在矛盾、是非爆发之前就有前瞻性地看到这一点，就要主动地让名、让利于人，看上去好像吃了点亏，但其实正是保福之道。

矛盾爆发后的“让”，是退让；矛盾产生前的“让”，就是进让。

看来曾国藩真是在赵烈文这句“合众人之私，以成一人之公”的理解上，下足了功夫。所以赵烈文上书之后，曾国藩也知道了幕僚出走的原因，他并没有马上有什么大动作，因为这时候马上做就显得是退让。待这件事稍稍被淡忘之后，曾国藩彻底改弦更张了，一遇有机会，就不遗余力地主动保荐、提拔手下的人才。

曾国藩保举手下人才的方式多种多样，主要有汇保、特保、密保三种方法。汇保是针对普通人才的，战事每获进展或胜利，曾国藩就汇保一大批有功之人，包括前线立功的将士甚至劳绩突出的办理粮台、文案、善后事务的后勤人员；特保一般针对优异人才；而密保则针对立有大功或特别优异的人，包括曾国藩十分看重的顶尖人才。像李鸿章、左宗棠、沈葆桢都是因为曾国藩密保才得以发迹的。

尤其难能可贵的是，曾国藩在这种保荐、进让的过程中，他能够完全不计个人恩怨，做到极尽个人所能，毫不保留地推荐人才。

像刚才提到的这三位，李鸿章虽然是他学生，但有曾经叛出师门之嫌，曾国藩依然在写给朝廷的密保奏文里说李鸿章“才大心细，劲气内敛，堪膺封疆之寄”。左宗棠跟他斗了一辈子，嘲讽挖苦曾国藩了一辈子，而且动不动就跟他翻脸，曾国藩依然在密保奏文里称赞左宗棠“取势甚远，审机甚微，才可独当一面”。就算沈葆桢，也是曾国藩一生遇到的除左宗棠之外的一个大对头，他老是在湘军的饷银上跟曾国藩过不去，弄得曾国藩后来甚至抱怨沈葆桢忘恩负义，但曾国藩还是在密保的奏文上称沈葆桢“器识才略，实堪大用，臣目中罕见其匹”。(以上俱见《曾国藩全集·奏稿》)

事实证明，虽然这些人跟曾国藩个人都有矛盾、有摩擦，但后来到了封疆大吏的位置上，都是才华横溢、能独当一面甚至几面的一时奇才！所以，曾国藩在家书中对自己的孩子谈及自己这种进让人才的观点时，曾经自负地说：“人生做事，仗的是胸襟！”(《曾国藩全集·家书》)这话掷地有声，但绝不是自吹自擂！

后来曾国藩举荐的人才遍及天下，做到总督、巡抚一级，也就相当于省部级干部的有十几个，以至当时天下督抚，半出曾门。至于等而下之者，更是不计其数。

就是因为曾国藩有这种进让的姿态与智慧，天下人才，纷至沓来。尤其难能可贵的是，曾国藩的幕府还汇集了当时中国最顶尖的科学家与工程师，为他开辟洋务运动做了意想不到的良好铺垫。这也最终造就了曾国藩的“洋务运动第一人”的历史地位，应该说这也是他进让的智慧给自己带来的最大的好处。

第三，不论是“忍”还是“让”，不论是退让还是进让，共赢才是大智慧。

他起事之初就明确地意识到要成事是要打造一个人才团队的，虽然在长沙受了奇耻大辱，也只“打脱牙，和血吞”，闷声不吭地在衡阳大力发展属于自己的人才团队。应该说，要打造一个人才团队，曾国藩是有意识的。但如何维护并发展这个人才团队，曾国藩在幕僚出走之前，还是没有清醒的认识。他开始只是号召大家要跟自己一样，做“忠义血性”的二三君子，以为这样就可以形成一个牢不可破的人才堡垒，事实证明这只是一厢情愿。赵烈文上书之后，曾国藩大彻大悟，才对如何发展自己的人才团队有了一个清醒的认识。

他一方面在教育自己家人的时候说：“富贵功名皆人世浮荣，惟胸次浩大是真正受用。”（《曾国藩全集·家书》）但同时，他在很多时候也坦承：“方今天下大乱，人人皆怀苟且之心。”（《曾国藩全集·书札》）“人皆为名所驱，为利所驱，而尤为势所驱。”（《曾国藩全集·文集》）

就是说在这样一个乱世中，谁不先求自保？谁能不为名利所动心？而这些需求也完全是正当的，没必要因此看扁那些真正有水平的人。满足他们的求名、求利之心，并且主动满足他们的这些需求，只要能发挥出他们的才能来，他们一样可以为“二三君子”“天下为公”的理想作出巨大的贡献。这样，他们为私的愿望满足了，而“二三君子”为公的理想也达到了，这就是“合众人之私，以成一人之公”！这就是共赢！这才是真正的大智慧！

第 29 讲

扬善于公庭，规过于私室

曾国藩把带兵带将视作家长教育子弟，这种视角使得他对处理陈、刘二人的眼光与孙武处理二姬的眼光根本不同。对待陈、刘二人的态度，正应了曾国藩向来提倡的“扬善于公庭，规过于私室”的处事原则。所以，他不杀、不打、不骂，而是从扬善处入手，出人意料地化解了矛盾。

异于常理的谈心

曾国藩在家训中有一句名言，叫做“扬善于公庭，规过于私室”。(《曾国藩全集·家书》)

同治四年，也就是1865年，曾国藩已经彻底完成了湘军的裁军，只想老老实实地在南京做自己的两江总督，干点整治官场、有利民生、开启洋务的实事，可慈禧非要折腾他，非要让他到江淮之间带兵剿捻。曾国藩向以忠臣自命，虽然非常不情愿，但皇命难违，只好硬着头皮去赴任了。

为什么说他是硬着头皮去赴任的呢?

是因为他马上要带的部队都已不是湘军，不是他原来的手下。其中主力是李鸿章的手下，也就是淮军的主力，另一部分是原来铁帽子王僧格林沁的手下，僧格林沁战死后，他的人马也归到曾国藩手下统一调遣。可是，曾国藩还没赶到他设在徐州的大本营，大本营的另一边儿已经出事了。

僧格林沁手下原有一员悍将，名叫陈国瑞。陈国瑞是湖北应城人，小时候是个孤儿，在社会上摸爬滚打，全凭着强横的个性存活下来，后来参军打仗，是个典型的不要命的主儿。僧格林沁特别器重他，把他当成自己的主力。陈国瑞本人也不负众望，越战越勇。据说他个子不高，每次打仗还有个特别的癖好，就是喜欢穿红盔红甲，显得特别扎眼，就得了个响当当的外号——“红孩儿”!

当时陈国瑞先到山东济宁一带驻防，等候曾国藩赶到徐州后统一调配，还有一队赶到济宁的人马，是原来李鸿章手下的主力刘铭传的“铭字营”。

李鸿章当年编练淮军，收编了刘铭传，曾经请老师曾国藩看一下他手下新收的几个重要将领。曾国藩对别人都未置可否，独独说刘铭传“不循定法，常可出奇制胜，当一世将才”（《李文忠公全集》），评价非常之高。

刘铭传的铭字营也到济宁会防，他的先锋营先到，刘铭传自己带大队晚到了一天。就这一天，就出了大事。

陈国瑞先期驻防在济宁，等刘铭传的铭字营先锋一到济宁，因为离陈国瑞的驻地不远，陈国瑞偷偷跑到铭字营里一看，心理立刻严重失衡了。

陈国瑞原属僧格林沁手下，属绿营编制，而刘铭传的铭字营是淮军主力，是李鸿章的嫡系。当时绿营是旧军制，不仅体制落后，武器也落后，而李鸿章办淮军秉承老师曾国藩办洋务的新思想，大量装备了洋枪洋炮等新式武器，比陈国瑞手下的火铳和弓箭强了不知多少倍。陈国瑞一看就眼馋了。眼馋了就是羡慕，像陈国瑞这种心狠手辣的家伙，羡慕的后果自然是嫉妒和恨。

陈国瑞一不做二不休，看刘铭传主力未到，而先锋营人少又没防备，趁夜带了五百多人，居然突袭刘铭传铭字营的先锋营，杀死二十多人，抢走三百多条洋枪。

陈国瑞那边趁夜刚抢完枪，刘铭传第二天一早带铭字营主力就赶到了。得知陈国瑞的无耻行径后，刘铭传二话不说，连一口气都不歇，点齐全军主力，直奔陈国瑞军营杀了过去。

陈国瑞本来抢完了枪，也时刻提防着刘铭传来报复，可没想到刘铭传这么玩命，点齐全军杀了过来。再加上淮军的战斗力当时远胜于绿营，武器装备也远远好于绿营，陈国瑞光抢了枪，还没弹药，更不用说这些新式洋枪，手下人还不太会用。结果措手不及，一下就被刘铭传攻破了营寨。陈国瑞手下亲兵队五百人，全部被刘铭传斩杀。刘铭传还生擒了陈国瑞，把他押回了自己的驻地长沟集。

刘铭传本来想一刀宰了陈国瑞，但想想这家伙毕竟也是朝廷任命的官至总兵的大员，说起来刘铭传当时的官阶还比他低一些。刘铭传想了想，没使性子胡来，最终没杀陈国瑞。但把陈国瑞吊起来狠揍了三天，又把他整整饿了三天，看看大帅曾国藩要赶到了，才把他放回了济宁。

曾国藩还在路上，就听说了两军火并的消息，才到徐州又紧急赶到济宁，亲自处理这一重大事件。

曾国藩的处理风格实在出乎所有人的意料。

曾国藩到了济宁，既不是立斩二人于军前，也不是先来三百杀威棒，而是分别把陈、刘二人叫来谈心。

更出人意料的是，他不仅找二人分别彻夜长谈，谈完之后，还立即就二人情况分别给朝廷写了奏折。按道理说，这种事之后，曾国藩作为二人的直接领导，奏折里肯定主要是对二人的处理意见，可怪就怪在曾国藩奏折的主要内容反倒是对二人此前工作成绩的总结与回顾。

手下人也有看不明白的，就问曾国藩，大帅难道不知道孙武斩二妃的典故吗？

《史记·孙子吴起列传》记载，兵圣孙武怀揣绝世之智来投奔吴王阖闾。阖闾问他：“你的兵法十三篇我都读过了，写得是不错，问题是真带兵怎么样？”孙武答：“带兵没话说！”阖闾又问：“能带娘子军吗？”孙武答：“没问题！”

于是，吴王阖闾把宫中美女一百八十人交由孙武训练，看他能训出怎样的军队来。

孙武严明号令，三令五申，开始训练，把一百八十名美女分为两队，让吴王最宠幸的两位妃子分别当队长。

可问题是这帮后宫佳丽不论孙武怎么指挥，个个嘻嘻笑笑、叫叫喳喳，不像是训练，倒像是春游，尤其两个队长在旗帜下笑得花枝招展。

孙武火了，说：“将令不明确，那是将帅的错；将令不执行，那是队长的错！”说完下令，把两队队长斩杀于阵前。

吴王阖闾正在远远的高台上观礼，一看孙武要杀二妃，急令人传信说：“寡人已知将军能用兵矣。寡人非此二姬，食不甘味，愿勿斩也。”那意思是，行了！行了！我知道你的本事了，这二人你可不能杀，我离了她俩，寝食难安！

可孙武不愧是一代兵圣，当即义正词严地回了句名言：“将在军，君命有所不受！”说完，立斩二姬于马下！

这一下，三军震肃，娘子军的潜质一下都发挥了出来，很快训出新军，阵容整齐。吴王心痛，但也彻底服了孙武，知道孙武治军有术，遂全力支持孙武练兵。孙武练兵数载，以三千奇兵千里奔袭，攻郢都，灭强楚，声名震于天下。

手下人提这个典故是劝曾国藩，当年兵圣孙武治军，杀二妃明军纪，以立威严，这叫杀鸡儆猴，这是治军的不二宝典。

可是向来听人劝的曾国藩，这一回却不听人劝，笑一笑，也不解释，照样做他的另类文章。但也奇怪，陈国瑞、刘铭传两个斗鸡一样的人，在曾国藩的谈心、荐举与安抚下，很快就都像顺毛摸的驴子一样——服了气了。两人各自带兵按命令去新的防区驻防，原来剑拔弩张的局势也平息了下来。

更奇特的是，虽然刘铭传、陈国瑞都是有名的倔强之人，但后来终二人一生，都认为曾国藩对自己的教育，使自己受益匪浅。刘铭传不用说，后来抗法战争中的民族英雄，台湾地区首任巡抚，也是曾国藩洋务思想的忠实追随者。就算陈国瑞，在光绪年间，也就是他的晚年，因牵连一案被发配黑龙江，最终死于戍所，死前一刻，还在感叹："吾早从曾文正公之言，不及此夫！"（朱孔彰《中兴将帅别传》）意思是说，我要是一生都听从曾国藩曾老师的教诲，人生何至于沦落到此般田地！可见他对曾国藩曾经的教育是多么念念不忘！

那么，曾国藩处理陈、刘火并事件为什么会大异于常理，又为什么会取得出人意料的成效呢？

首先要说到曾国藩为什么不用孙武治军的方法来严肃军纪、杀鸡儆猴。

前面说到曾国藩家训中的那句名言，他说待人处事要"扬善于公庭，规过于私室"，这句话是说要在公开场合、在明处宣扬一个人的优点，对于他的缺点与不足之处，则应在私下里、在暗处予以批评与教育。但这话在曾国藩家训里并非针对所有人，而是主要针对"人才”而言。这里的“人才”作为他家训的对象，他们和曾国藩的关系就像是子弟与家长、团队成员与团队领导之间的关系一样。

比如曾国藩讲治军，曾经在家书里教导他的弟弟如何带兵时说：“季弟言‘出色之人，断非有心所能做到’，此语确不可易。名位大小，万般由命不由人，特父兄之家教，将帅之训士，不能如此立言耳。”（《曾国藩全集·家书》）这段话不太好懂，意思是说老三曾经说：“想做出色的人才，不是光靠想就能做到的，也不是光靠有天赋就能做到的。”曾国藩认为这句话说得太对了，他因此举例说，就像家长教育子弟，或者将帅带兵，哪一个家长不想子弟都成才？哪一个将帅不希望手下的将领都能独当一面？可光靠希望或者寄希望于他们天赋的发挥，这是不行的，必须靠教育与引导。于子弟而言，这种教育与引导的责任在家长身上；于军中而言，这种教育与引导的责任则在将帅身上。

我们分析这一段话是为了说明，曾国藩把带兵带将视作家长教育子弟，这种视角使得他对处理陈、刘二人的眼光与孙武处理二姬的眼光就有了根本性的区别。这个根本性的区别就在于孙武所杀二姬与孙武没有绝对的关系，也不属于孙武团队的重要成员。而曾国藩视陈、刘绝不同于二姬，就在于陈、刘是曾国藩江淮治军中的核心力量，他们两人也必将是他的人才团队中的重要成员。

因为这种区别，对待陈、刘二人的态度，正适合了曾国藩向来提倡的“扬善于公庭，规过于私室”的处事原则。所以，他不杀、不打、不骂，而是从扬善处入手，出人意料地化解了矛盾。

扬善与规过

当然，也有不少史学家说曾国藩之所以这么温和地解决问题，甚至有些委曲求全的姿态，主要是因为陈、刘都不是他原来湘军的嫡系，所谓客兵难带，曾国藩管不住他们，不得不用这种温和的手法。

这样说，也不是没有道理，但综合曾国藩一生的临事与处世的智慧来看，这种理解应该还只停留于表面。曾国藩一生治家带兵，就算原来带着他的一帮学生办团练、办湘军，那些人都是他的嫡系，可临事遇矛盾的时候，他大多也是秉承“扬善于公庭，规过于私室”的原则来做的。只有两个人例外，一个是王鑫，有私自跳槽之嫌，动了他维护团队稳定的根本，他不得不出狠手，对王鑫“规过于公庭”，致使王鑫英年早逝。另一个是李元度，因为不听曾国藩的话，丢了徽州，差点陷曾国藩于万劫不复之地，事后又私接外援，也是动了曾国藩维护团队稳定的根本，所以他也反复弹劾李元度，导致李元度一生落魄。

除了王鑫与李元度，像左宗棠，跟曾国藩明争暗斗一辈子；像沈葆桢，不停地克扣曾国藩的粮饷、兵饷；像李鸿章，几次背叛师门。这些人即使跟曾国藩有很大的私人恩怨，曾国藩照样能做到“扬善于公庭，规过于私室”。所以他对陈、刘二人如此处理，就不是简单的“客兵难驭”的原因，而是一贯的工作作风使然。

那么，曾国藩为什么要这么强调“扬善于公庭，规过于私室”的处世方法呢？这种方法为什么又能够化解陈、刘二人身上的戾气，并最终解决问题呢？

我想，其中应该有四点可挖掘的内涵。

第一，对于一个团队来讲，扬善是一种最重要的激励机制。

我们知道，企业里有奖惩机制，奖与惩都不可或缺，但到底哪一个发挥的作用更大些呢？管理学上认为，惩可以帮助形成制度、纪律与规范，但只有奖，才可以调动人才的积极性与主动性。也就是从创造财富与价值的终极目标来看，尤其是长期来看，奖比惩产生的作用更大、更重要。所以站在国家层面，尚要设立国家级的科技进步奖，并且广为宣传，这就是一种全社会范围内的激励机制，就是一种“扬善于公庭”的做法。所以，扬善毫无疑问是第一位的。

第二，对于社会来讲，批判更有利于成长；但对于个人来讲，鼓励更有利于成长。

一个社会要进步，要越来越文明，就必须要有、要包容批评与批判的声音，因为一个社会如果没有批评、批判，就会逐渐缺失监督、监管与监察的力量，这样，社会的公正性、公平性就会受到破坏，社会的黑暗面会快速增长，而社会的文明程度也会因此而倒退。所以，站在社会层面来说，批判，也就是规过，其实是第一位的。

但对个人就不一样了。我们都知道在儿童教育中有种非常重要的教育手段，叫做赏识教育。尤其是儿童成长阶段，信任、尊重、激励是儿童在心智上快速成长的关键。其实不只对于儿童，在人生的每个阶段，甚至是老年，环境对一个个体的赏识，即扬善，对其心境、心情、心智的转化都是非常重要的。

曾国藩在与学生的书信里就说：“前曾语阁下以‘取人为善’‘与

人为善’。大抵取诸人者，当在小处实处，与人者，当在大处空处。”（《曾国藩全集·书札》）那意思是不论是向人学习还是教育别人都要从善处着眼，作为团队的领导者一要从小处、实处学别人之善，更重要的还要从立身修养处见人之善，由此给人教益。可见曾国藩认为扬善在个人塑造中是占第一位的。

第三，规过是必需的，但更要讲究方式、方法与灵活性。

我们看曾国藩把“扬善于公庭”放在非常重要的位置，千万不要以为他只主张扬善，不主张惩恶，事实上他也认为惩恶与规过是必不可少的，但只是更要讲究方式、方法，所以他与“扬善于公庭”的处世哲学相对应的就是“规过于私室”。

这就要说到他为什么可以彻底化解陈、刘二人的戾气了。

刘铭传还好说，有李鸿章可以镇着他，而陈国瑞原来的领导僧格林沁已经战死，没有人管得住陈国瑞了，光是靠“扬善于公庭”的几句赞扬与勉励就想彻底收服这个蛮将也是痴人说梦。曾国藩一面公开表奏了陈国瑞向来作战勇敢、不好色、不贪财等优点，另一面也把陈国瑞叫到营中，要与他定下不扰民、不私斗、不违令三条军规。

陈国瑞不服气，认为刘铭传杀他五百多人，还把他又吊又打三天，过失远比自己大。

到了这个份儿上，曾国藩也不客气，拿出一份奏折给他看。陈国瑞一看，是曾国藩要上奏朝廷免去陈国瑞除总兵以外所有职务的一份奏折。陈国瑞看了之后也没什么表情，反正他横惯了，撤去职务就撤去职务，他也不在乎，还是一副不服气的样子。

曾国藩看他这种表现也在意料之中，又拿出了第二份奏折给他看。陈国瑞看了这份奏折，脸色变了。这份奏折历数陈国瑞的恶行，直接建议朝廷撤去陈国瑞的总兵职务。

总兵可是一个关键的实职，对于陈国瑞这样的战将而言，其他职务可有可无，但总兵位置却是他凭着抛头颅、洒热血的一场场硬仗才得到的，这总兵要是撤了，他陈国瑞前半生算是白忙活了。

曾国藩竟是如此聪明！他建议朝廷给予陈国瑞撤职的处分不一块写，而是写在两篇奏折里，而且是两种程度的撤职，一前一后拿出来，陈国瑞的心理防线立刻全面崩溃。这就是曾国藩要在私室规过的好处，这里面有充分的灵活性与艺术性。

到了这个份儿上，陈国瑞终于沉不住气了，跪下来跟曾国藩彻底认错，表示要痛改前非，重新做人。曾国藩不动声色，仅用两篇早就准备好的文章就彻底收服了这员悍将。

所以，曾国藩的"扬善于公庭"之所以说得底气十足，是因为他"规过于私室"的艺术已经炉火纯青！

第四，勇于扬善对自己来说也是一种修行，会慢慢地使自己胸襟开阔，这才是一种做大事的胸怀。

曾国藩常在家训里教育弟弟说："媢嫉倾轧，从古以来共事者，皆所不免。吾辈当躬自厚而薄责于人耳。"（《曾国藩全集·家书》）"薄责人"就能"躬自厚"，是说少苛责别人，少议论别人短处，多见别人长处，这样就能使自己达到更高的境界。这个"自厚"就是使自己变得厚实、丰厚，在曾国藩那里，所谓"自厚"就是一种做大事的胸襟与胸怀。

由此可见，曾国藩不仅把"扬善于公庭，规过于私室"当成一种处世的智慧与艺术，更把它当成一种自我修行的方法。

事实也确实如此，我们一再说，曾国藩原来也只是一个资质平凡的人，也曾经是气量狭小、斤斤计较的人，但为什么后来曾国藩能彻底改变呢？

曾国藩曾经自己总结说，一个人的胸怀有多大，事业就有多大！

毫无疑问，他自己的人生正是这种规律的生动写照。

第 30 讲

《挺经》的智慧

《挺经》这部书的主旨很清楚，它要说的就是一个字——刚。如果拓展来说，就是“刚”的艺术，“刚”的智慧，“刚”的哲学。能挺身入局，能不刚愎自用，能克服自身的惰性，就容易找到矛盾的症结，找到解决矛盾的方法，从而开拓崭新的局面。李鸿章说这种生活的智慧可以“精通造化”“守身用世”，这说明曾国藩要写的这本《挺经》，不仅是一种遇事时“刚”的智慧，更是一种安身立命、修身齐家治国平天下的“刚”的智慧。

挺身入局

此前，我们解析了曾国藩家训中识己与识人的智慧，也就是“自立立人、自达达人”的智慧，以及有关行动力与执行力的智慧，曾国藩把它概括成“刚”与“柔”两个字。以柔克刚、刚柔相济我们讲过了，下面我们来讲他的以刚驭柔。这就牵扯到他的一部具有传奇性，甚至是神秘性的作品——《挺经》。

首先，到底有没有《挺经》呢？

世传曾国藩身后传世最神秘的两本书，一本叫做《冰鉴》，一本就是《挺经》。

但是，从严谨的学术角度看，我们基本上可以确定这部《冰鉴》与曾国藩无关，像研究曾国藩的权威学者唐浩明先生就持这样的观点。一是曾国藩留存的全集作品中找不到任何有关创作过《冰鉴》的证明材料，二是也没有同时期其他人的留存史料可以佐证，三是有学者考证《冰鉴》最早刊印于道光八到九年，当时曾国藩才十几岁，连举人还没考上，根本不可能去写《冰鉴》这种需要相当人生阅历才可以完成的书。

既然《冰鉴》划归曾国藩名下这种说法伪托的成分多，那么更神奇的《挺经》是否也有相同的命运呢？

我们之所以有此一问，是因为不论是他死后李瀚章、李鸿章兄弟为他编撰的《曾文正公全集》，还是后来岳麓书社重新整理的曾国藩的大全集，都无法找到曾国藩有哪部明确的作品叫《挺经》，而市面上大家见到的《挺经》这部书不过是将曾国藩家训与文集中的名言进行辑录、编选之后产生的“加工品”而已。

既然曾国藩的遗留作品中见不到这部所谓的《挺经》，那么所谓《挺经》是不是也跟《冰鉴》一样，是因为后人看重曾国藩的声名，才把这部书和曾国藩生拉硬扯到一起的呢?

答案是否定的。《挺经》的情况与《冰鉴》还是有着本质的区别的。

虽然我们在曾国藩全集里找不到这本书，虽然现在我们看到的《挺经》肯定是后人伪托，但并不是说曾国藩就没有创作过《挺经》这部书，最关键的证据来自他的亲信、朋友和学生的记载与转述。

曾国藩有一个非常要好的朋友，叫欧阳兆熊，两个人在青年时代就是好友，后来，欧阳兆熊也曾经参加过曾国藩的幕府。欧阳有一部有名的笔记，叫《水窗春呓》，他在这本书里记载了很多当时的所见所闻，尤其是记载了很多有关曾国藩的史事。

他在记述曾国藩一生境界有三次变化时，就明确指出曾国藩“尝自称欲著《挺经》”。这就说明《挺经》的书名就是曾国藩自己构思出来的，而且这本书看来也是列在他的写作计划里的。

但这本书后来有没有写出来呢？我们从现在的情况来看，好像因为找不到相关的材料，大多认为曾国藩可能也就只有计划，最终并没有付诸实践。但这种猜测也不一定正确，因为有另一条更为关键的材料来自最有说服力的人，他就是曾国藩毕生事业的接班人，是他最为亲信的学生——李鸿章。

曾国藩的孙女婿吴永著有《庚子西狩丛谈》一书，在书里他就回忆说，在曾国藩死后很多年，有一次李鸿章跟他回忆起自己的老师曾国藩时明确地说：“我老师的秘传心法，有十八条《挺经》，这真是精通造化、守身用世的宝诀。”

李鸿章在给吴永说到曾国藩曾经作有十八条挺经后，当时就给吴永举了十八条挺经中的一条以作证明。

李鸿章说，在乡下有这么一户人家，老父亲临时请了贵客到家里来，中午要留贵客吃午饭，就让儿子赶紧到集市上去备办果蔬菜肴。儿子一听立刻去了，可过了半天，眼看巳时已过，都大中午了，儿子还没回来，老爹就着急了，让家人陪着客人，自己出来找儿子，看看儿子到底去哪里买菜了。结果才出村口，老爹就瞧见了儿子，眼见儿子挑着一担子菜，和一个卖京货的货郎狭路相逢了。所谓狭路相逢勇者胜，看来两个人都是勇者，都不肯让对方，所以两个人都过不去，就都那么僵着。

老翁一看，上前对这个货郎说：“老哥，我家中有客，请你往水田里稍避一步，待他过来，你老哥也可过去，岂不是两便吗？”

货郎一听不高兴了，说：“你叫我下水，怎么他下不得呢？”

老翁忙解释说：“他身子矮小，水田里恐怕担子浸湿，坏了食物；你老哥身子高长些，可以不至于沾水。因为这个理由，所以请你避让。”

货郎一听又说：“你这担内，不过是菜蔬果品，就是浸湿，也还可将就用的；我担中都是京广贵货，万一着水，便是一文不值。这担子身份不同，安能叫我让避？”

吴永听到这儿也皱起了眉头，知道这虽然是生活中常见的场景，但还真不是那么容易解决的。李鸿章见吴永听得入神，停顿了一下，又微微一笑说："老翁见抵说不过，乃挺身就近曰：'来来，然则如此办理。待我老头儿下了水田，你老哥将货担交付与我，我顶在头上，请你空身从我儿旁边岔过，再将担子奉还。何如？'当即俯身解袜脱履。其人见老翁如此，作意不过，曰：'既老丈如此费事，我就下了水田，让尔担过去。'当即下田避让。"

原来解决办法不过是老翁挺身而出，主动要求下田顶担子，并且当即脱袜子脱鞋，货郎看了不好意思了，就按老翁原来的意思下田避让了。

李鸿章讲完之后，又停了一下，才得意地说出了最后一句："他只挺了一挺，一场争竞就此消解。这便是《挺经》中开宗明义的第一条！"曾国藩的孙女婿把这个故事听完，并最终记了下来，这就可以确证曾国藩的《挺经》并非子虚乌有、空穴来风。

虽然我们现在还是不得见这部《挺经》的真面目，虽然《挺经》一直是曾国藩研究中的一个谜，但绝不能否认《挺经》的存在，更不能否认曾国藩有一套"挺经"的思想与智慧，虽然它有可能只是曾国藩的腹稿，也有可能只是秘而不宣的私藏本，更有可能只是小范围内传播的口头作品而已。

李鸿章既然说这个故事所说明的道理是《挺经》中开宗明义的第一条，那么这个故事所说明的道理一定是整部《挺经》的主旨，至少可以看出《挺经》主要讲述的道理。那么，这个道理到底是什么呢？这就要说到李鸿章所说的"他只挺了一挺，一场争竞就此消解"的内涵了。

因为这个“挺了一挺”在《挺经》中是“开宗明义”的事，后来有不少人都对其内涵做过猜测。

比如这个故事的记载者吴永，他是曾国藩的孙女婿，又是这个材料的第一手作者，又是亲自听李鸿章转述的这个故事，可他最后竟然说这个故事所说的道理“意用何在，亦殊不甚明白”。想了半天，居然想不明白这个故事要说的道理是什么，或者是想不明白这个故事所蕴含的道理怎么能做整部《挺经》开宗明义的第一条阐释！

后代有一些学者对此不以为然，说这有什么想不通的，这个故事所反映的道理其实很简单，这不过就是老子《道德经》所说的“将欲取之，必固予之”的简单道理，意即你想从别人那里得到一些什么，就必须先付出一些什么，这就是简单的辩证法，也是非常符合曾国藩的行事原则的，因为曾国藩向来是一个“得心应手地运用黄老之道的高手”(黄裳《妆台杂记·关于挺经》)。

但如果只是黄老之学，只是把《道德经》里的道理简单地发挥一下，曾国藩还有必要写这个《挺经》吗？李鸿章还有必要做神秘状地谈这部《挺经》吗？所以我觉得，这个老农“挺了一挺”的故事应该没有这么简单。

吴永也觉得应该没有这么简单，他虽然说“不甚明白”，后来还是反复揣摩了许久，然后又说他推测这条“挺经”的意思应该是：“大抵谓天下事在局外呐喊议论，总是无益，必须躬自入局，挺膺负责，乃有成事之可冀。”(《庚子西狩丛谈》)这话是说碰到事情别空发言论，别只做个旁观者，要能挺起胸膛负责任，这叫挺身入局。这就是曾国藩的《挺经》开宗明义的大智慧。

“刚”的三重境界

除了吴永的解释，有一个重要的线索可以帮我们解开这个谜团。这个线索就是第一个提到《挺经》的曾国藩的好朋友欧阳兆熊。

欧阳兆熊在《水窗春呓》里说曾国藩“尝自称欲著《挺经》”这句话的后面还有四个非常关键的字，叫“言其刚也”。这样一来，全句表述就变成了：“（曾国藩）尝自称欲著《挺经》，言其刚也。”

按古文的理解，此处“言其刚也”也应该是曾国藩自称的内容，这样一来，这个“言其刚”就成了曾国藩自己所说的《挺经》这部书的创作目的了。如此来说，《挺经》这部书的主旨也就很清楚了，它要说的就是一个字——刚。

如果拓展来说，就是“刚”的艺术，“刚”的智慧，“刚”的哲学。

但这样一来问题又来了，即这个“刚”和那个老农“挺了一挺，消解争竞”又有什么关联呢？就算有关系，这个“挺了一挺”怎么能是“刚的艺术、刚的哲学、刚的智慧”的“开宗明义”的表述呢？

首先，我想欧阳兆熊所说曾国藩的《挺经》是“言其刚”这个主旨一定不错，因为曾国藩向来特别重视这个“刚”字。他曾在日记里多次说：“吾家祖父教人，亦以‘懦弱无刚’四字为大耻！”就是说重视“刚”本来就是他们曾家家训中的传统，曾国藩当然要把这个优良传统发扬光大。

其次，细想一下，这种“刚”的智慧和这个老农的“挺了一挺”

还确实是有着内在联系的。

我细细揣摩之后，认为曾国藩所说的“刚”主要包括这样几层内涵。

第一，这个“刚”不是性格上的刚硬与刚烈，而是一种临事之刚，也就是吴永所总结的“入局”之“刚”。

一般谈到“刚”，都是指性格上很刚强，很刚烈，动不动就像《窦娥冤》里的窦娥一样，那是很刚烈。事实上曾国藩自己也有这个缺点，他原来性格上就有类于此“刚烈”的一面。比如他的多次自杀在晚清史上就很有名。

关于曾国藩到底有几次自杀至今还有争论。一般来说，是有三次。曾国藩一代大儒，为什么面临挫折却总是最先想到自杀？就是因为他性格中有着太过刚烈的个性因素。他总是觉得士可杀不可辱，于是，死，成了这位刚烈大儒大辱大败后的第一反应，可见他的性格里一定有刚烈的一面。

但是，如果他所说的“刚”只是性格上的刚烈，那么，说十八条“言其刚也”的《挺经》能精通造化，就实在太过荒唐与可笑了。

其实，曾国藩还有一次自杀，不是明的，是隐性的，类似于自杀，只是不为人所注意，且与前三次很不一样。

那是同治九年（1870年），天津教案爆发，形势正当危急，慈禧太后点名让曾国藩去收拾这个烂摊子。这时，朋友故旧都劝曾国藩不宜去蹚这个浑水，连大儿子曾纪泽都写信劝父亲要三思而行，并提醒老爹这一去有可能晚节不保。

事实上，曾国藩正是在天津教案后被举国上下骂为“卖国贼”

的，连他自己事后也后悔地写了一句话——“内疚神明，外惭清议”，那就是既对不起自己，也对不起天下士大夫的清议了。但是，曾国藩出发前却在给儿子的信里袒露心扉，以为国家有难，自己身为直隶总督，虽然知道此行不利，甚至有可能因此身败名裂，但也无可推托。他临行之前，先做了一件事，又让手下买了一口棺材，还是二两的薄皮棺材，然后抬着棺材就上路了。

这看上去也同样是抱着必死之心的，但和前三次的自杀却不一样。明知道是一个死局，还要挺身入局，这就不是简单的性格之刚烈了，而是一种临事的大勇气、大担当。这种大勇也是一种大智慧。这种大智慧就是碰到事情，知道难，甚至已经预见到一个悲剧的结果，但是必须担当，必须面对，必须不逃避。这叫什么？这就叫挺身入局！这可以说是人生的第一个关键，也是人生的第一条智慧。

通过曾国藩的几次自杀的对比就可以看出来，他在《挺经》中所说的“刚”并不只是一种性格上的刚烈，其实更重要的是一种临事之刚，也就是吴永所说的“挺身入局”的勇气与担当。

第二，这个“刚”不是刚愎自用的“自用之刚”，而是强毅自胜的“自胜之刚”。

曾国藩在家训中教育子弟时曾解释强毅与刚愎的区别：“强毅与刚愎有别。古语云自胜之谓强。”“舍此而求以客气胜人，是刚愎而已矣。”（《曾国藩全集·家书》）

曾国藩这里所说的“强毅”其实就是“刚毅”，所谓刚强者，刚即是强，曾国藩常用“强”字来指代他《挺经》中要说的“刚”。另外，他之所以要用“强毅”来代替“刚毅”，还因为怕子弟在学习刚毅时走向刚愎的误区。所以他特别强调“强毅”与“刚愎”的不同。

刚愎的“愎”在汉语里是任性与固执的意思。因为任性、固执，所以易自用，也就是自以为是。当我们碰到事情的时候，最易产生的首先是直觉，是本能反应，然后凭直觉、习惯与本能反应对事情做出想当然的判断，然后根据这样的直觉判断去行动，去执行，并固执地认为事情就是这样，而做法如此皆属应当。这样的行为，就叫刚愎自用。

曾国藩认为这种刚愎自用正是做事情最危险之处。因为放纵了本能，也就放纵了自我认知中的缺陷，当一个人用本能中的缺陷来面对纷繁复杂的世事与事务的时候，还没有做，已经失败了一大半了。所以他以为只有克服自我的本能，克服自我的缺陷，克服临事时的直觉判断，才能获得判断力、行动力与执行力。而这种克服自我、自我超越的过程就是一种真正的“刚”，一种自胜的“刚”，一种强毅的“刚”。

所以，他在家书中时常会提到李元度的例子。他曾经像诸葛亮挥泪斩马谡一样挥泪斩元度，虽然对李元度的人生偃蹇他始终抱有歉疚之情，但他对李元度徽州之失的认识后来却是非常清醒的。像李元度这一类人，和马谡一样，都是极聪明的人物。但越是聪明人越容易犯一个致命的错误，那就是骄傲。傲，则易刚愎，易自用。这就是聪明人最容易犯的致命错误。

马谡和李元度为什么会不顾眼前的战局而想当然地行动呢？就是因为这两个人都太有才了！

平常他们就是人所共知的聪明人，他们的聪明被大家所公认，也被他们自己所认可。这种认可由来已久，深入自我的内心深处，以至于根深蒂固，成为一种潜意识。然后，这种自我认知的本能意识决定了直觉判断，所以马谡才会不听王平之劝而上山扎营，李元度才会不顾曾国藩约法三章而出城邀战，结果证明他们的直觉判断完全是想当然，而惨败的结局也证明他们不是输给了对手，而是输给了刚愎自用的个性。

那么，如何才能弃刚愎的“自用之刚”而获强毅的“自胜之刚”呢？曾国藩以为关键在一个“明”字。曾国藩说：“担当大事，全在明强二字。”又说：“强字，需从明字出。”（《曾国藩全集·家书》）

什么叫明？老子《道德经》说：“知人者智，自知者明。”所以唯有先“自知”，才能“自胜”，才能有强毅之刚。所以曾国藩的“挺经”又有一个名字，叫“明强挺经”，之所以如此，由明而强，而强而刚，这才见出其挺经的大智慧来。这种大智慧既可以用来“担当大事”、建功立业，又可以用来自我修行、“修身齐家”，所以曾国藩在家训中又说：“修身齐家，亦须以明强为本。”（《曾国藩全集·家书》）

曾国藩的大儿子曾纪泽自幼体质孱弱，但聪颖过人。曾国藩给他取了表字曰劼刚，就是怕他聪明反被聪明误，就是让他要有自胜之刚。“劼”就是勤勉的意思，“刚”就是明强的意思，勤勉明强，不仅可以纠“傲”之弊，也可以纠“惰”之弊。甚至对改变孩子的身体素质也是大有裨益的。

当然，过犹不及，曾国藩也说“太柔则靡，太刚则折”，如此说来，倒还是曾国藩为曾纪泽起的“劼刚”更符合明强挺经的精神。

第三，这种“刚”不是一种克人之刚，而是一种克难、克惰之刚。

让我们回到李鸿章那个解读《挺经》“开宗明义的第一条”的故事里，李鸿章称赞那老翁说：“他只挺了一挺，一场争竞就此消解。”

请注意，他并没有说这个老翁挺了一挺就折服了这个货郎，而是说老翁挺了一挺就消解了一场争竞。

若老翁最后折服了货郎，其结果不过是胜人。这也是我们在生活中经常追求的一种结果，即胜过或超过其他竞争对手，从而获得自我的胜利，这在曾国藩叫“胜人处求强”，这并不是曾国藩明强挺经的原意。虽然最后的结果看上去是老翁折服了货郎，但这只是结果的一种表象，并不是曾国藩挺经求刚的出发点，更不是其挺经哲学的落脚点。既然说“挺了一挺，一场争竞就此消解”，说明出发点与落脚点都不在人，而在事。争竞即纷争，所以所谓的挺身入局之刚，不是面对对手，而是面对事情、面对矛盾的处事技巧与智慧。

曾国藩说“败人两字，非傲即惰”，老翁肯主动下水，这本身就是对自我惰性的克服。对于主动下水，老翁的儿子不愿意，货郎也不愿意，这正是因为人人图安逸、忌艰难的本性使然。就像早晨起床，赖床大概是很多人的通病，尤其是天气越来越冷的时候，最恨的大概就是闹钟了。曾国藩当年磨炼、培养李鸿章，正是通过治他喜欢睡懒觉、喜欢赖床入手。而曾国藩设定“日课十二条”，明强修身，克服自身的惰性与缺点，也正是从每日早起开始的。

能挺身入局，能不刚愎自用，能克服自身的惰性，就容易找到矛盾的症结，也就容易找到解决矛盾的方法，从而开辟崭新的局面，这就是挺经之刚，就是“开宗明义”的第一讲里那位老翁的智慧。李鸿章评这种生活的智慧可以“精通造化”“守身用世”，这说明曾国藩要写的这本《挺经》，首先是一种临事、遇事时“刚”的智慧，其次更是一种安身立命、修身齐家治国平天下的“刚”的智慧。

第 **31** 讲

心中自有定见

曾国藩向来是个非常讲究团队合作的人，既然如此，这么喜欢“靠人”，又这么善于“靠人”的曾国藩怎么会说出“靠人不如靠己”的话来呢？为什么不能靠别人，难道面对危险与压力的时候就不能变通一下吗？从告诉李鸿章要“深沉”，到引用“君子不重则不威”，再到“内持定见”，曾国藩所说的“深沉”就是孔子所说的“君子之重”，而这个“重”的本质，就是“内持定见”。

深沉自重之道

曾国藩家训中有一句名言，他在教育儿子与教育弟弟时都多次提及。这句名言是：“凡危急之时，只有在己者靠得住，其在人者皆不可靠。”（《曾国藩全集·家书》）它的意思很简单，就是说危急时刻，靠人不如靠己，靠别人都靠不住，只有靠自己才是最终的根本。

但让我疑惑的是，曾国藩向来是个非常讲究团队合作的人，他的幕府集中了天下的英才，号称“神州第一幕府”；他不仅善于团结朋友，甚至还善于团结政敌；他当初在翰林院进行修身训练的时候，靠的是倭仁与唐鉴的指点；后来十年七迁的官运亨通，靠的是穆彰阿这样的后台；长沙办团练，靠的是湖南巡抚张亮基的支持；长沙受辱、败走衡阳练湘军，靠的是罗泽南的大力拥护；率湘军杀出湖南、长年作战，大后方靠的是胡林翼的从容调度；被困祁门、险些丧命，靠的是鲍超的拼死救护；就算他后来开启洋务运动、施行最早的中国留学生计划，也靠的是容闳、徐寿、华蘅芳、李善兰这些教育家、科学家的大力支持。

若没有他靠的这些人，早就没有一代大儒、晚清中兴名臣之首的曾国藩了。既然如此，这么喜欢“靠人”，又这么善于“靠人”的曾国藩怎么会说出“靠人不如靠己”的话来呢？

要解开这个谜题，最好的办法是来看一下这位主张“靠人不如靠己”的曾国藩，他是如何“靠自己”的。当然，在这之前，我们可以先来看一下，他作为一位家庭教育与大众教育的名师，是如何教导别人来“靠自己”的。

1861年，曾国藩攻下安庆，抢得进攻南京的桥头堡，同年，他又被封为两江总督兼兵部尚书，并以钦差大臣的身份主管东南四省的军政要务，曾国藩和他的湘军可谓是时来运转，风头正劲。可就是在这个时候，李秀成率二十万大军挥兵江浙，连下苏州、杭州，兵锋直指江南财赋重镇上海。上海的商户都害怕了，筹集了十八万两白银，派代表到安徽安庆的两江总督府，来求曾国藩，求他派兵保护上海。

曾国藩正要把势力延伸到江浙一带，他非常看重上海在他战略全局中的经济地位，一开始想到的是让自己的弟弟曾国荃带湘军精锐去帮着守上海，可出乎他的意料，老九不愿去。曾国藩只好另寻思路，另选人手去了。

按道理，像守上海这样一个肥得流油的肥差，很多人都眼巴巴地望着，肯定既要是能征惯战的名将，又要是曾国藩的嫡系亲信，才有这样的机会。但是出乎很多人的预料，曾国藩把这个千载难逢的机会竟然给了一个文员，一个学生，一个还曾经有过多次背叛师门之嫌的学生李鸿章！

当然，曾国藩把这个好机会给李鸿章不是没道理的。虽然李鸿章比较精明，野心也很大，甚至还有几次背叛师门之嫌，虽然李鸿章只是安徽人，并非湘军所看重的湖南人，但他跟曾国藩却有一层不为人知的特殊关系。

除了讲信仰之外，曾国藩治军讲究“三谊”，即亲谊、乡谊与年谊，这也是中国古代社会与古代官场都非常看重的东西。亲谊，就是用人不避亲，曾国藩的几个弟弟都是湘军名将。乡谊，就是同乡关系，曾国藩凭借乡谊才把团练办成了湘军。年谊，就是同学关系，这一点就是曾国藩与李鸿章关系特殊的地方了。李鸿章的父亲李文安与曾国藩是同年的进士，在古代这叫“同年之好”，就是一层特殊的同学关系。李文安因为与曾国藩有这层特殊的关系，才让李鸿章投到曾国藩门下当学生，曾国藩曾亲切地称李鸿章是“年家子”，就是指的二人间这种特殊的因年谊而产生的关系。

当然，除了人事的“三谊”关系，曾国藩看中李鸿章，还因为他一直把李鸿章当成政治上的接班人来培养。但因为李鸿章年轻浮躁，曾国藩虽然把他收入自己的幕府，但也很少委以重任，甚至还一直有所压制。其实，这也正是磨炼人、培养人的一种方法。

现在，曾国藩思来想去，把这样一个千载难逢的机会给了李鸿章，李鸿章兴奋得觉也睡不着，在获得曾国藩同意之后，连夜赶回合肥老家，招募了一支破破烂烂的淮军队伍。

为什么说是破破烂烂的淮军呢?

因为李鸿章要接上海这个肥差，就必须有自己的队伍，这是他去守上海的一个先决条件。可他此前在曾国藩的幕府里一直是一个文员，怎么可能有自己的队伍呢?而别的将领带的都是湘军，自然也不肯把自己原来的兵交给李鸿章带。李鸿章很聪明，他也不愿带别人的队伍，他要带自己的队伍，再加上事发突然，局势紧急，所以他向曾国藩说自己可以回老家拉一支队伍来。

曾国藩也没拦着他，放他回乡，看他能拉出怎样的队伍来。

李鸿章还真没说大话，他原来在安徽办过团练，虽然几次都以失败而告终，但他对安徽地界上的那帮“地头蛇”还是很熟悉的。结果，他凭着三寸不烂之舌，说服了原来是团练后来已经成土匪的“西乡三杰”——刘铭传、张树声和周盛波。因为这些人实际上已经是占山为王的土匪了，李鸿章把他们临时拼凑在一起，不论军容军姿还是武器装备，基本无从谈起。虽然美其名曰淮军，但其本质就是一支破破烂烂的队伍。

据说李鸿章带着这支总数不过两千多人的破破烂烂的淮军回到曾国藩面前交差，曾国藩一见这些兵都气乐了。为了支援李鸿章这支新建的淮军，他抽调了湘军总共十个营的兵力补充进淮军。所以，淮军最初组建的时候总共有十四个营，总人数八千多人，其中十个营、近六千人都是曾国藩抽调湘军赞助他的。所以历史学家常说“淮自湘出”或者“脱湘入淮”，都是不争的事实。

李鸿章有了初具规模的淮军，不禁信心大增，出发前向曾老师保证，立志到了上海要大展拳脚，不辜负曾老师的栽培与期望。

曾国藩一听这话不禁眉头紧锁，给了四个字的评价——大错特错！

然后，又给了两个字的建议，这两个关键字是——深沉。

曾国藩为什么要给李鸿章“深沉”两字呢？

这首先是针对李鸿章的性格特点出发的。李鸿章年轻气盛，人极聪明，但浮躁；才气纵横，但孤傲，甚至有时候还比较任性，所以才会有曾经背弃师门的事发生。但若要以为曾国藩的“深沉”两字只是对李鸿章浮躁性格的提醒，那也大错特错了。

试想，李鸿章到了上海之后，面临的事态会是什么？

是李秀成二十万大军已经重压上海。当此兵临城下之际，上海商户之所以愿意立刻掏出十八万两白银，每个月还供应六十万两白银的军饷，是要李鸿章的淮军去救上海的。救上海该怎么做？当然是要打仗，不打仗又怎么救上海呢？况且李鸿章屈居下僚好多年，现在总算自立门户，年轻人崭露头角，自然意气风发，自然雄心勃勃。就事态而言，就李鸿章自己的心情而言，一到上海，要先打一仗来树立威望。

所以曾国藩不仅在李鸿章临行前面授机宜，在李鸿章率淮军出发后还是每日一信，千叮万嘱，明确告诉他：即使事态再紧急，你也一定要定得住。甚至，当朝廷的催战圣旨一道紧似一道的时候，身为两江总督、主管东南四省军政要务之钦差大臣的曾国藩，一边把朝廷圣旨传递到上海的李鸿章处，一边附信给李鸿章，告诉他虽然公文里我遵照朝廷圣意让你出兵，但那只是官样文章，你可以不管，你要做的事只有一件，那就是一定要忍住，一定要先立定脚跟！

为了让李鸿章树立立定脚跟的定见，曾国藩不惜现身说法，列举当年自己初办团练的得失。曾国藩提醒李鸿章，如今上海滩头，更胜当初之长沙、衡阳。至于整顿吏治、兴办洋务、一战立威，都非头等大事。头等大事只有一件，就是立定脚跟，这就是“深沉”！认识到这一点，就是“胸中自有定见”！

李鸿章本是聪明绝顶之人，在曾老师一再提醒教导下，收拾起一颗冲动的心，整整数月，窝在上海滩里，任情势再危急，任一道道圣旨、一道道军令催下来，就是憋着劲儿不动，只知苦练淮军。

守着曾老师立定脚跟的定见，李鸿章不为事态所动，却招来了无数的指责与非议。但他既然能不为事态所动，又焉能为人言所动？

就在这种“任尔风狂雨骤，我自岿然不动”的坚持中，李鸿章在上海扎扎实实地立住了脚跟。数月之后，淮军在与太平军作战中一战功成，力克李秀成数万大军。李鸿章就此在上海打开了一片新局面。

就是从上海开始，李鸿章开始了他的淮军时代，也开始了晚清政坛的李鸿章时代。

曾国藩后来在与李鸿章的书信中解释过这个“深沉”之道，针对带兵打仗，他很明确地说：“鄙意用兵之道，最贵自立，不贵求人。”(《曾国藩全集·书札》)这话是说，打仗这回事，最重要的是靠自己，千万别养成靠别人、求别人帮忙的习惯。这就和我们一开始提到的那句“凡危急之时，只有在己者靠得住，其在人者皆不可靠”的意思完全一致了。

但是，靠自己就是深沉了吗？为什么不能靠别人，难道面对危险与压力的时候就不能变通一下吗？

对此，曾国藩引用了《论语》中的一句名言诠释说，深沉就是“君子不重则不威”。

关于《论语》中的这句名言，历来也有争论，主要在于这个“重”到底指的是什么？有的人说是君子要自重，有的说是要庄重，有的说是要有自尊心，还有的说是要厚重。我感觉这些说法都没错，但又都只停留在表层，没有点到根本上。

这句“君子不重则不威”的后面还有半句话，叫“学则不固”。这句“学则不固”，有人认为与前一句无关，是说君子如果喜欢学习的话就不会固陋，就不会浅薄了。但更多的人认为这一句和上一句是有紧密联系的，是说君子不重的话，就没有威严，甚至所学就不巩固，就不牢固。从句式与语气上看，“不重则不威”与“学则不固”应该是一个很明显的递进关系。另外，要是没关系的话，孔子这话就应该先说学习的事儿，再说重不重与威不威的事儿。

既然有关联，我们又要问了，为什么不自重、不庄重、不厚重的话，连学习的效果都会变得不牢固、不坚固呢？这中间的逻辑关系显得很模糊，这也就说明这个“重”绝不是“自重、庄重、厚重”这么简单，或者并不是简单地给“重”组个词，就能诠释其内涵的。

因为曾国藩在书信里引用了这句话，所以他同样也有自己的解释，他的解释是：“集思广益本非易事，要当内持定见而六辔在手，外广延纳而万流赴壑，乃为尽善。”（《曾国藩全集·书札》）

我认为，曾国藩这句话是对“君子不重则不威，学则不固”的最好解释。他是说一个人要集思广益、广泛学习是一件非常不容易的事。关键是要能做到“内持定见而六辔在手”，这样一来，就算你再怎么广泛涉猎、广收博种，你都能做到万流奔壑、百川归海，这样就能做出大学问与真学问来了。

这个“辔”是马缰绳的意思，六辔是同时驾四匹马的车。同时驾驭四匹马，这就像你要同时学习很多知识、同时面对很多情况一样，怎么才能做到成功地控制与驾驭呢？只有一个办法，曾国藩提出来的办法就是这四个字——“内持定见”。

好了，从告诉李鸿章要“深沉”，到引用“君子不重则不威”，再到“内持定见”，我们现在明白了，曾国藩所说的“深沉”就是孔子所说的“君子之重”，而这个“重”的本质，就是“内持定见”。

那么这个“内持定见”的内涵又是什么呢？

定见的内涵

我总结曾氏家训，感觉曾国藩的“定见”论主要有以下三个内涵。

首先，遇事当有主见，不可人云亦云；遇事当有定见，不可被事态简单左右。

遇事有主见，不人云亦云，这几乎是任何一个建功立业者所必须具备的基本素质。事实上，做到这一点也不算难。但不被人言所左右易，不被事态所左右就难得多了。

中国文化自易学而来，易学非常讲究“势”，趋势的势，局势的势。从李鸿章讲述的《挺经》开宗明义的第一讲“老翁的智慧”里我们可以知道，挺经之刚首先是一种“入局之刚”，因此吴永称之为是一种“挺身入局”的智慧。入了局之后，要观势、控势，要掌握趋势。但若被事态所左右，也就不可能去掌控趋势与局势了。

其次，定见不是顽固不化，不是故步自封，是对大原则、大趋势的把握。

事实上，曾国藩作为一个军事家，在战术上实在不能与当时诸名将相提并论，更不用说与古之名将相比肩了。我们从他不听李鸿章的劝告，执意要把湘军大本营扎在祁门盆地中，以致被太平军团团围困差点被活捉的指挥水平，就可见他战术上并无什么过人之处。

曾国藩在教导他的弟弟树立正确的军事作战思想时曾一再强调，与太平军作战要“舍枝叶固根本”（《曾国藩全集·家书》）。这其实不只是一种军事智慧，更是一种行动智慧与处世智慧。

在与太平军长达十数年的作战过程中，曾国藩一直认定一个战略原则，那就是因地制宜。因为与太平军作战的战场主要在长江中下游一带，所以要坚定地按照由西向东的作战趋势，沿长江中下游一线逐步压缩太平军的战略生存空间。因为这一总的作战原则的确立，他大力发展水师，使得水师在长江流域的战斗力具有压倒性的优势，而湘军水师也成了后世近代海军的源起。

因为水师的压倒性优势，使得湘军陆营可以在每一个沿江战略据点展开持久性的鏖战，曾国藩并因此确立了陆营“扎硬寨，打死仗”的战术原则。于是湖北武昌、江西九江、安徽安庆、江苏南京就成为沿江而下四个争夺的核心堡垒。

湘军水陆两师坚守这一总的战略原则不动摇，任太平军时有声东击西、南突北击、围魏救赵之灵活战术，任朝廷时有左调右迁、朝令夕改之瞎指挥，也任绿营有隔岸观火、东堵西截、疲于奔命之狼狈相，却咬定青山不放松，最终赢得了整场战役的胜利。

当然，真正对大原则、大趋势的准确把握并不是简单固守、一成不变。曾国藩的定见体现在既能坚持，又能应势而变，顺应乃至引领时代发展的潮流。

曾国藩一介书生带兵，却能凭一己之力剿灭轰轰烈烈的太平天国起义，这固然是一个奇迹，但他能以一代大儒、理学宗师、标准儒生的身份开辟洋务运动，更是一个奇迹。

一个人，尤其是一个知识分子，尤其是一个中国传统文化环境下的儒家知识分子，心中所谓定见，最容易囿于固有的学识偏见，由固执而渐至偏执。中国自古以来的“文人相轻”便是这一现象的最好注脚。甚至一直到晚清末年，多数儒家知识分子还是不能客观公正地看待西方科技文明，只在夜郎自大的文化自闭中视之为蛮夷之术。曾国藩却不然，他能跳出自我知识储备的局限，看清世界文明的发展趋势，并因此勇敢地走出向西学学习的一步，正源于他心中更为强大的定见。

曾国藩在晚年曾于家书中向孩子袒露心声，以为平生有三大耻，其中不懂以“天文算学”为代表的西学即为第一耻，这一方面说明了他博大的胸襟，另一方面也说明他对西学确实无甚所知。事实证明，这也并非他的自谦之词，当他欲为李善兰的《几何原本》译本作序时便感力不从心，知无所知，因为对此完全门外汉，所以只得让擅长西学的曾纪泽学习后代为作序。

曾国藩是一个非常有自知之明的人，既然不懂，还要强为李善兰作序，目的只有一个，要以自己一方诸侯、文坛盟主之地位，为李善兰做学术声名的弘扬与张目。因为他知道，这一类令他茫然的西学，才是决定当时社会走向的关键。

于是他建立近代最早的工厂与企业，于是他首开翻译西方科技名著的翻译馆，于是他支持容闳的留学生计划，于是他开辟了中国农业文明向西方科技文明学习的洋务运动。

这些，为他身后赢得了巨大的声名，但在当时，却引来了无数的非议与嘲讽！

即便在洋务派内部，也有过犹不及的偏颇。当奕䜣等当权者主张一股脑地唯洋人是举、引洋兵以为剿灭太平天国的内助时，曾国藩

又提出："中华之难，中华当之。……有自强之道，不因艰虞而求助于海邦。"（《曾国藩全集 · 奏稿》）

可见他的学习，他的洋务，是源于自强之道的定见。他在总结洋务的本质时，曾论及当时之困境与对外之关系时说："时事如此，忧患方深。至于令人敬畏，全在自立自强，不在装模作样。"（《曾国藩全集 · 书札》）

能有自强的定见，所以不惜向所谓"蛮夷"之邦学习；能有自立的定见，所以不求装模作样的表面文章。曾国藩的此种观点可以说是"中学为体，西学为用"的最早张目。从魏源的"师夷长技以制夷"到张之洞的"中学为体，西学为用"，曾国藩应该是其中最重要的一环。之所以能够如此，答案只有一个——曾国藩心中自有对自立自强之原则与对世界发展趋势的把握。

这才是"六辔在手""万流赴壑"的定见。

再次，定见源于对人生信仰的追求，源于对人生追求的坚持。

曾国藩在教育孩子的时候说过一句名言，他勉励儿子曾纪泽要建功立业，要有远大的抱负，但他提醒儿子说："要于世间撑持事业，须先立定脚跟始得。"（《曾国藩全集 · 家书》）

在曾国藩看来，如果人生是一棵大树，时时不忘记根的坚持，也就是"立定脚跟"，才是在人世间"撑持事业"的关键。

一般对于这句话，较为通俗的理解是"立定脚跟"是"撑持事业"的先决条件，于人生之树的生长而言，意味着先要扎根，先要立志，才能长成人生的参天大树。但曾国藩除此之外，另有深意，他在"立定脚跟"之外又说，即使在人生事业的撑持过程中，当面临种种困惑、挫折、迷惑与艰难时，还要学会“内断于心，自为主持”（《曾国藩全集·家书》）。毫无疑问，这种“自为主持”的决断当然不是盲目的固执己见，而是对人生根底的坚持，即对当初“立定脚跟”处的坚持，这种坚持就是对人生信仰的追求与对人生追求的坚持。

这种坚持正是“心中自有定见”的源泉。

曾国藩自身自不待言，其人生战事与仕途纠葛，其间几起几落，面临自杀的困厄便有数回，而他自称最终能够坦然面对的最大力量，来自一个儒家知识分子“修身、齐家、治国、平天下”的终极理想。

所以，当他以母丧理由拒绝办团练时，郭嵩焘用儒道将亡、文明不存的激将语就能激之出山。

所以，当他因江西战场不得志离职回乡后，左宗棠责以不忠不孝竟能使他自惭形秽。

所以，当至交好友都劝他不要涉身犯险去处理天津教案，甚至预言他必将因此而身败名裂的时候，他却能大义凛然，抬棺赴命，只因忠君之事，义之所在，实在避无可避。

所以，他一生起起伏伏，在很多事上也备受世人非议，却能在身后获得一代大儒、谥曰文正的令名。

所以，他身后的百年虽然毁誉参半，甚至毁大于誉，但历经时光的磨洗，其人生的光芒处至今依然被人不断提及。

根本原因都在于他的人生与信念里闪耀着理想与信仰的光芒。

曾国藩自己以此立定人生的脚跟，他教给孩子最大的人生智慧也正在这里。他曾经在家书中明确地告诉两个儿子，立志与确立人生信仰的重要，但要确立怎样的人生志向与信仰他又不明说，而是从读书上来介绍自己当年的经验，说书要多读，但又不宜乱读，至若十三经与二十四史等儒家经典则是需要用一生翻来覆去以至终身阅读的关键。

至于为什么要选择这样的经典来读，曾国藩的答案是：人的天性虽由命定，但读书却可以改变命运。而变化之法，则在于“须先立坚卓之志”。（《曾国藩全集·家书》）

“变化之法”自然是临世与临事时对趋势、对原则的把握，是一种行动的智慧，也就是“心中自有定见”的表现，但“变化之法”自“坚卓之志”而来，这说明了理想与信仰的确立正是心中定见的源泉。

人生就是这样，有思路才有出路，有定位才有地位。所以曾国藩说人生“只有在己者靠得住”，之所以要靠自己，因为“坚卓之志”与“变化之法”，定见、理想与信仰，永远都只在自己的心中。

第 32 讲

言多必失，做多必得

当年那个话痨、那个喜欢吵架的曾国藩，经历人生风雨之后已经有了另外一种挺身入局的智慧，这种智慧正是克服“言多必失”的法宝。那么，这种智慧到底是什么呢？答案很简单，它应该叫“以身入局、做多必得”。但曾国藩的境界更高，他总结这种入局之法时只谈做，根本不谈做之后的得与不得，所以他在家训里有一句传之后世响当当的名言——只问耕耘，莫问收获。

只问耕耘，莫问收获

曾国藩年轻的时候，尤其是他刚刚当上翰林的头一两年里，因为春风得意，因为年少轻狂，所以那时候的他简直可以算得上是一个“话痨”。我们来看看他日记里的一些记载。

有一次，他到一个叫陈岱云的朋友家蹭饭，他的表现是“席前后气浮言多”。这是说从到人家家里开始算起，不论是吃饭前，还是吃饭过程中，还是饭后，他自己的表现是既浮躁，又话多。

过两天，他又去好朋友汤鹏家蹭饭，他的表现是“多夸诞语”，意即说的都是不着调的话。

过两天，一个叫窦兰泉的朋友到曾国藩家，结果曾国藩留客吃饭，边吃饭边谈理学，但整个过程中曾国藩自己是“总由心有不诚，故词气虚憍”。意思是说不仅夸夸其谈，甚至连点朋友间真诚的态度都没有，结果最后话不投机，两人居然不欢而散。

又有一天，一个叫冯树堂的好朋友来访，曾国藩把陈岱云也叫来一起吃饭。边吃边聊，结果聊到后来，三个人居然“彼此持论不合，反复辩诘”，而曾国藩则是“余内有矜气，自是特甚”，最后的结果又是不欢而散。

这些事都证明，曾国藩年轻的时候不仅是个话痨，而且还是个愤青式的话痨，所以“言多必失”用在他身上，可以说是一句准确的评语。

开始的时候，他也经常反思，比如他也在日记里反省说：“细思日日过恶，总是多言。”

反思了之后，就该想办法改正，曾国藩曾经也试过这样的办法，比如他说：“平日辩论夸诞之人，不能遽变聋哑。惟当谈论渐卑，开口必诚，力去狂妄之习！”也就是说让自己这个话痨一下子改做哑巴仓促间还真做不到，只有先从改变语态、语气入手。

后来，好朋友陈岱云也指出他这个“话痨”的缺陷，并告诉他应该从一个“敬”字上下功夫，于是曾国藩又反思，说自己“陪客时，意不属，全无肃敬之意”。

可反思归反思，过了一段时间，他又很苦恼地说：“自问亦深知敬字是吃紧下手处，然每日自旦至夜，瑟赫喧之意，曾不可得。”就是说虽然改变了语气、语态，虽然也从敬字上下足了功夫，可“话痨”这个毛病还是改得不彻底，以至于他不得不仰天长叹，感慨地说自己这个“言多尖刻，惹人厌烦”的毛病，到底“何时能拔此根株”？（《曾国藩全集·日记》）

那么，曾国藩到底是什么时候才改掉了“话痨”的毛病的呢？他又是靠什么方法改掉的呢？

长沙受辱之后，曾国藩当着弟弟曾国葆的面就奋笔疾书，写了一篇声色俱厉的骂人奇文，以报自己的受辱之仇。曾国葆拿过来一看，不禁赞叹说：“大哥你这篇弹劾表章可谓奇文，皇上见了一定会严惩长沙那帮尸位素餐的家伙！”

可曾国藩听了弟弟这话，却突然皱起了眉头，他把这篇刚写好的奏折从弟弟的手里接过来，又细细读了一遍，出乎曾国葆的意料，他一下把这篇打别人小报告的奇文撕了个粉碎。

曾国葆不明白大哥为什么把刚写完的奏折撕掉，急着要拦，结果曾国藩面色凝重地对曾国葆说出了一句名言——“是好汉，打脱牙，和血吞！”当年那个那么喜欢吵架的曾国藩这时候已经有了另外一种挺身入局的智慧，这种智慧正是克服“话痨”、克服“言多必失”的法宝。

咸丰十年，也就是 1860 年。这一年曾国藩在长达七年的艰苦转战之后，终于沿长江而下从江西打到安徽境内。虽然他花了七年的时间从湖南磨到湖北，再从湖北磨到江西，再从江西磨到安徽，但说老实话，他的日子一直过得很煎熬。最主要的一个原因，是他这个湘军主帅有名无实。

这个有名无实并不是说他对湘军的控制有名无实，而是他空有湘军主帅之名，却没有管辖交战地区各地方行政之实。就是说曾国藩的名分只是湘军主帅，并不担任某一省的巡抚，连巡抚都不是，更谈不上比巡抚还要高的总督了。巡抚与总督就相当于各地的省长，最有实权。没有巡抚与总督的位置，曾国藩就无法调兵、调粮、调饷，他就无法为自己的湘军提供后勤与物资的保障。尤其是连他的好朋友，甚至原来还是他的老部下的胡林翼都已经当湖北巡抚好些年了，曾国藩还是没混上个巡抚的位置，这简直成了他最大的一块心病。

可是咸丰皇帝突然一改对曾国藩向来看不顺眼的态度，授予他两江总督兼兵部尚书兼钦差大臣并督办江南四省军政要务的大权。这一下，曾国藩也有点蒙了。

那么，一向背运的曾国藩为什么会时来运转？而一向吝啬的咸丰皇帝又为什么会突然扔了个大馅饼下来呢？

这里面其实有两个原因。

一是这一年的五月，清朝政府军倾全力围困太平天国都城的江南大营被太平军彻底击溃，加上前一段已经被彻底击溃的江北大营，以绿营、八旗兵为代表的清政府军面对太平军算是彻底崩溃了。咸丰皇帝这下没有可以依赖的人了，环顾天下，他虽然一直看曾国藩不顺眼，但也只有依赖曾国藩的湘军了。

但就算要依赖湘军，咸丰还是不想依赖曾国藩。他提升湘军的地位，却本想把这个两江总督兼兵部尚书兼钦差大臣并督办江南四省军政要务的大权交给胡林翼。因为胡林翼本来已经是湖北巡抚了，再升任两江总督也显得比较正常。而曾国藩这时候连巡抚尚不是，怎么可能一下就提到总督的位置上呢？

这就要说到第二个原因了，这个原因是一个人，当时的协办大学士、军机大臣肃顺。

肃顺也算是晚清政坛的一个传奇人物。他是满族贵族后裔，在咸丰朝后期成为主政大臣。肃顺也知道所谓八旗后裔那帮人大多是纨绔子弟，就开始大力倚重汉人。像左宗棠曾经犯过案子，咸丰皇帝说随时可杀了他，以致左宗棠要江湖逃亡，最后还是肃顺出面，力保左宗棠，才有了后来“天下不可一日无湖南，湖南不可一日无左宗棠”的传奇。

现在江北、江南大营彻底崩溃，肃顺立刻建议全力倚仗湘军来对付太平军。这个建议咸丰当然不会拒绝，因为他也没有别的人好倚仗了。但咸丰向来对曾国藩有看法，再加上同样是湘军核心人物的胡林翼的晋升品级更符合官场规矩，所以咸丰一开始是要把这个东南诸侯的大权交到胡林翼手里的。

可还是肃顺有眼光，他认为只有曾国藩堪当领袖湘军的大任，力劝咸丰改弦更张，把曾国藩越级提拔到了这个东南半壁江山的最高位置上。肃顺不仅力劝咸丰，还写信给胡林翼，做胡林翼的思想工作，让他不要为此而介意，让他要有大局意识，要共图大业。

最关键的是胡林翼本来就是一个心胸十分宽广的人，他向来是以曾国藩马首是瞻，所以他接到肃顺的信之后，还特意把肃顺的信派人送到安徽来给曾国藩看。

这时候曾国藩已经接到朝廷的任命了，大喜之下再看到胡林翼转来的肃顺的信，大为感动。再加上肃顺向来对汉人官员不错，又曾经多次帮助过湘军，还救过左宗棠的命，曾国藩激动之余，想要给肃顺写一封信，以表示感谢。

不过，曾国藩这时的人生智慧早已超越了轻狂浮躁的年轻时代。他想了又想，最后跟上一件事的表现一样，还是把给肃顺已经写好的感谢信默默地撕掉了。

这两件事里，一个是羞辱之下要告状，一个是感激之下要感谢，按一般人的表现来说，也都可以算是箭在弦上、不得不发的状况，况且曾国藩是个讲究挺身入局的人，还是个有“话痨”习惯的人，他怎么会到最后关头都采用了沉默的方式呢？

答案很简单，是因为他已经找到了另一种挺身入局的方式。这种挺身入局的方式相比较于“以言入局、言多必失”来说，它应该叫“以身入局、做多必得”。

他在长沙之辱后，撕掉了可以行使特权的告状信，除了那句“打脱牙，和血吞”外，一句埋怨的话也没说，然后带着自己少得可怜的团练人马退守到衡阳。在衡阳，曾国藩卧薪尝胆，奋发图强，不仅与衡阳官场打成一片，还四方招揽人才，又四处购置武器，打造了一支多达一万七千人的兼有水、陆之师的庞大军队，这就是后来的湘军，曾国藩也正是因此奠定了他在中国近代史上的地位。

他在越级晋升后，撕掉了给肃顺的感谢信，不向肃顺表达一句私人的好感，而是通过扎实的工作向肃顺表忠心。一是在江南战场逐渐打开了局面，二是有关肃顺主张的改革措施，他全部大力支持。肃顺当政时，自然全力支持曾国藩。咸丰死后，肃顺在政治斗争中惨败于慈禧太后。慈禧发动政变杀了肃顺之后，开始清洗肃顺一党。在抄肃顺家时，抄到朝廷大小官员写给当初这位执政大臣的私人信件无数，其中唯独没有曾国藩的。以至于慈禧都不由得感慨：曾国藩真是一个大忠臣！

你看，这就是言多必失，而做多必得！

但曾国藩的境界更高，他总结这种入局之法时只谈做，根本不谈做之后的得与不得，所以他在家训里有一句传之后世响当当的名言——“只问耕耘，莫问收获！”

行动四法

曾国藩既然深谙“做多必得”之道，他在家训、《挺经》里也一定会把它当作一条重要的人生智慧传授给他的学生与后人。那么曾国藩的“做”法到底有哪些内涵呢?

说到这一点，就要说到我研究曾国藩家训的心得与体会了。我曾经总结过“四做”理论，巧的是这个“四做”理论，倒也和曾国藩的“挺身入局”的“耕耘”说有异曲同工之处。

第一，我称之为“做，别怕错”。用曾国藩家训名言来说就是“只问耕耘，莫问收获”。

做事情，最怕“前怕狼，后怕虎”，思前想后，顾虑重重，尤其是若放不下功名心与是非心的话，那就更麻烦了。我说“做，别怕错”，主要是鼓励放开手、勇敢去实践。曾国藩说“只问耕耘，莫问收获”则是上升到实践论的最高境界，也就是放弃功利性的目标与得失，去享受实践的过程。

有一次，曾国藩的湖南老家湘乡当地要修地方志，清代是很重视修地方志的，修志的学者都要经过各方的推荐。湘乡当地的很多乡绅名人都认为曾国藩的大儿子曾纪泽的才学很高，就有很多人联名推荐曾纪泽去参与这个地方志的编写。当然，曾纪泽的才学确实没的说，但他当时也不过才二十多岁，太年轻了，虽然才学好，但有那么多人推他，不用说，还是有曾国藩的因素在里面的。

曾纪泽是个聪明人，他也担心自己的才学不够，若万一表现不好，不仅丢了自己的脸，也丢了父亲的面子，虽然知道这是一个很好的锻炼机会，但想来想去还是很犹豫。

当时曾国藩常年在外带兵打仗，可他一直对家中的大事小事都很关心。曾纪泽虽然没向老爹汇报这件事，曾国藩却很快就对这个情况了如指掌了。于是他先写信问询此事，了解到孩子的想法后，他

写信给曾纪泽说："天下事无所为而成者极少……有所激有所逼而成者居其半。"(《曾国藩全集·家书》)

这话是从规律上说，天下的事不去做，要想找到人生的价值、取得人生的成就是不太可能的，有时候不是人去找事，而是事来找人。事来找人的，好像你是被动的，好像你要做的事是事态发展到一定地步逼出来的，这就叫"有所激有所逼"，但就算是被事所激、被情所逼，只要你肯去做，还能有一大半的成功机会呢！

所以，曾国藩在家书里很明确地劝儿子，做事情要"放开手，使开胆，不复瞻前顾后"。他甚至说："有才干，定要表现之。"(《曾国藩全集·家书》)你看，这个老爹说到这份儿上，他自己也多少有点年少轻狂的样子了！

第二，我称之为"快做，别磨蹭"。这是一个行动效率问题，用曾国藩的家训名言来说就是"先静之，再思之，五六分把握即做之"。(《曾国藩全集·家书》)

《论语》里有句名言，叫"三思而后行"，很多人都误解了这句话，以为孔圣人教我们做事要"三思而后行"。其实，这句话虽然出自《论语》，但它并非孔子所言，更非孔子的观点，甚至孔子的观点与之正好相反。

这句话出自《论语·公冶长》："季文子三思而后行。子闻之曰：'再，斯可矣。'"是说季文子这个人，做每件事都要考虑很多次，这个三还不只是三次，在古文里往往虚指，是指很多次的意思。孔子听说了之后就很反对这样的行为习惯、行动风格。他明确地表态说："再，斯可矣。"是说做事情考虑两次就可以了。这个"再"不是虚指，而是确指，就是两次。不要什么“三思后行”，“两思”就马上去“行”吧！

其实，我们有很多事都毁在光说不练上，因为光说不练也往往是“三思而后行”的一个结果，而“三思而后行”也往往是光说不练的一个重要借口。所以曾国藩说“五六分把握即做之”，一则提倡实践精神，二则要提高行动效率。

第三，我称之为“专心做，别马虎”。用曾国藩家训名言来说就是“凡事皆贵专”。（《曾国藩全集·家书》）

一者专，一者恒，这两点大概算得上是最重要的行动方法、行动原则与行动智慧了。当然，也是最好的行动习惯。事实上，是否能做到这两点，也是能否从行动力层面上升到执行力层面的关键。至于“恒”，我们在前面已讲过，这里就重点讲“专”。

曾国藩说“凡事皆贵专”，是说做任何事，最重要的行动能力与行为习惯就是要专心，只要一专心，事无不成。尤其从长远的眼光来看更是如此，所以他说：“凡全副精神专注一事，终身必有成就。”（《曾国藩全集·家书》）

第四，我称之为“边想边做，动脑筋”。用曾国藩的话来说就是“勤可补愚拙。勤字为人生第一要义”。（《曾国藩全集·书札》）

曾国藩所说的这个“勤”包含的意思非常丰富，既包括勤劳、勤俭的品格，又包括勤于动手、勤于思考的行为习惯与思维习惯。曾国藩在家训里非常看重这个“勤”字，认为“勤”不仅可以“养生”，还可以“善心”，还可以“致功”。

“养生”不用多说，曾国藩家训主张“耕读传家”，劳动耕作是他最看重的，我们平常说“生命在于运动”，在曾国藩看来，就应该是“生命在于勤劳”。不仅“生命的长度”在于勤劳，而且“生命的力度”也就是“生命的价值”也在于勤劳，这就是勤可以“致功”。

这个“善心”其实说的是“善脑”，也就是行动能使大脑变得更聪明，更智慧。古人一般以为思考的功能是心脏完成的，所以一般以“心”代“脑”。虽然曾国藩的生理学知识没有那么丰富，但他的心理学知识在当时也可谓大家了。他主张勤可以“善心”，就是主张勤于动手与勤于思考是一个相辅相成的有机整体。这一点是已经被现代科学所证明了的。

曾国藩在人生最后关头，留下一个著名的遗嘱给子女。他让曾纪泽当着家里所有人的面读完事先写好的遗嘱，才溘然长逝。在这个遗嘱中，曾国藩为孩子提出了四条人生建议，分别是“慎独而心安”“主敬则身强”“求仁则人悦”“习劳而神钦”。其中在“习劳而神钦”中他说：“为一身计，则必操习技艺，磨炼筋骨，困知勉行，操心危虑，而后可以增智慧而长才识。”（《曾国藩全集·家书》）所谓“困知勉行，操心危虑，而后可以增智慧而长才识”，就是要孩子们养成思考与行动并重的良好习惯。

“鸟之将死，其鸣也哀；人之将死，其言也善！”只从这条小小的建议、这份独特的遗嘱就可以看出来——曾国藩真不愧是一个伟大的教育家，也真不愧是一位家庭教育大师！

曾国藩作为一个慈祥睿智的父亲，曾经给孩子们讲过一个小故事。他说我们湖南老家有一个人，打算到京城去。他计算了很久，也准备了很久，甚至还告诉了很多朋友，甚至每天在家也提他要去京城的计划。可是他一直这么说，却从来没有迈出过老家一步。这样的人，你们说，该是多可笑啊！

曾国藩因此作有一句家训名言说："天下事知得十分，不如行得七分。"（《曾国藩全集·家书》）

其实，《挺经》的"刚"就是强大的行动力与执行力，"挺身入局"的精神也不过就是两句话：

我们不做，谁来做？

现在不做，何时做？

第 33 讲

“五到”与“五勤”

“五到”与“五勤”，是曾国藩在谈到培养人才时提出来的。“五到”虽然是对培养人才而言的，“五勤”虽然是对培养官员而言的，但它们都出自曾国藩的家书，可见他所主张的“五到”与“五勤”也是对家人子弟提出的一种修身乃至行为习惯与思维习惯的要求。曾国藩于这五方面深有体会，也是这“五到”“五勤”的忠实实践者。

睁眼看世界

曾国藩的家训中有一个著名的“五到”理论，又被称为“五勤”理论。

这个“五到”与“五勤”，是曾国藩在谈到培养人才时提出来的。他说培养人才，“必取遇事体察，身到、心到、手到、口到、眼到者”。又说为官者当有五勤：“一曰身勤：险远之路，身往验之；艰苦之境，身亲尝之。二曰眼勤：遇一人，必详细察看；接一文，必反复审阅。三曰手勤：易弃之物，随手收拾；易忘之事，随笔记载。四曰口勤：待同僚，则互相规劝；待下属，则再三训导。五曰心勤：精诚所至，金石亦开；苦思所积，鬼神亦通。”（《曾国藩全集·家书》）

“五到”虽然是对培养人才而言的，“五勤”虽然是对培养官员而言的，但它们都出自曾国藩的家书，可见他所主张的“五到”与“五勤”也是对家人子弟提出的一种修身乃至行为习惯与思维习惯的要求。

我个人认为，最能体现曾国藩“五到”“五勤”实践的就是他开辟洋务运动的整个过程。若从他开辟洋务运动的实践来看，我们就要打破他原来身、心、手、口、眼的顺序，进行一个重新的编排，这个编排的依据就是洋务运动这场改革的时间逻辑。

首先是眼到与眼勤。

在这一点上，与曾国藩最有可比性的就是他的前辈林则徐。历史学家范文澜先生曾经对林则徐有一个著名的论断，他称林则徐是中国近代史上“睁眼看世界的第一人”。后来这个论断家喻户晓，在闭关锁国的落后时代，“睁眼看世界”也成为林则徐这位民族英雄为后人尤其是被有识之士称道的重要原因之一。

事实上，范文澜先生的这个评价也确实不过分。林则徐在到广州主持禁烟运动之前，举朝上下，包括他在内，对西方世界都是茫然无知的。林则徐原也和大多数国人一样，以为西方人的膝盖是不能弯曲的，以为西方人之所以喜欢中国的茶叶，是因为他们平常吃的全部是牛羊肉磨成的粉，不喝茶就会便秘而死。

可林则徐确实是一个有勇气的人，他的勇气就在于他敢于承认不足与差距。这个勇气的来源，正是因为他也有曾国藩所说的“眼到”与“眼勤”的功夫。

林则徐被任命为钦差大臣赴广州主持禁烟，他逐渐意识到那些洋商的身后有一个自己并不了解的世界，或者说有一个被自己、被国人误解了的世界。他虽然不懂外语，却立刻想尽办法招募虽然出身低下却懂外语的人，帮自己翻译西方的报刊，这在当时的时代环境里被认为是大逆不道的，也向来是被士大夫阶层所不齿的。

可没有“眼到”与“眼勤”的实践功夫，又怎能真正做到“睁开眼”呢?

林则徐不顾顽固派的非议，组织大量人手搜集、翻译与西方有关的情报。他先是派人把外国人在澳门出版的《澳门月报》译成中文并编辑成册，还派人把英国人出版的《世界地理大全》也翻译了过来，并改名叫《四洲志》，成为中国近代史上第一部介绍世界地理与人文社会状况的重要译著。

后来，第一次鸦片战争失败，林则徐在流放途中遇到了好友魏源，他知道魏源博学多识，就把这本《四洲志》送给了魏源，魏源就是在这本《四洲志》的基础上编出了著名的《海国图志》，并在其中提出了著名的“师夷长技以制夷”的主张。

为什么说林则徐是一个有大勇的知识分子？就是因为他不像那个时代的知识分子们只知道目空一切，只习惯目中无人。他能眼勤，能眼到，究其本质，这不过是一种行为习惯，但是大多数人或缺的一种行为习惯。

这种行为习惯在晚清自鸦片战争开始以后的数十年内，在政界也就数林则徐与曾国藩做得最好。如果说林则徐是近代史上“睁眼看世界的第一人”，那么曾国藩就是近代政坛上“睁眼看世界的第二人”。

曾国藩论“眼勤”时说：“遇一人，必详细察看；接一文，必反复审阅。”（《曾国藩全集·家书》）说明他说的就是一种行为习惯。哪怕只是看一个人，也不急于下判断，而是仔细详尽地观察；哪怕只是读一篇文章，也不急于树自己的观点，而是反复阅读，细审详辨。很多人以为，这种仔细观察的行为习惯是西方科技文明环境下所特有的，其实这种认识大谬不然。宋明理学讲究格物致知，仔细观察就是格物必备的一种行为习惯。曾国藩号称晚清理学大师，他在格物致知这一点上自然下足了功夫。

但理学所强调的格物致知正是“成也萧何，败也萧何”，为了追求事物背后的规律性的真理，很多儒家知识分子就跳过了“格物”这一层，直接想当然地去“致知”了，这也是理学为什么既强调科学观察却又未能衍生出现代科技文明的关键。曾国藩看到了理学家的这个通病，所以他特别强调观察、了解与认知，这也就是他所说的“眼到”与“眼勤”。

曾国藩看人如此，看书如此，看事物如此，看世界更是如此。如果说，林则徐首开中国近代史翻译西方资料的先河，那么曾国藩则是把这种翻译提升到了一个伟大事业的高度。他在建立中国第一个近代企业江南制造局的同时，命人在上海江南制造局的旁边专门建造一个翻译局，然后组织大量专业人才专门翻译西方科学、技术乃至社会学名著。这种针对性与学术性就比林则徐翻译《澳门月报》与《世界地理大全》高得多了。

第二是心到与心勤。

我们前面说了“眼到”与“眼勤”，说了林则徐是“睁眼看世界的第一人”，说曾国藩可以算是近代政坛上“睁眼看世界的第二人”。这个“睁眼”只是一种纯客观的描述，但细细想来，若论真正的“睁眼”，也就是通过观察、探究和研究，从而产生深刻的认识、意识和思想，恐怕在近代政坛上，曾国藩还是要远远超越林则徐的。

眼，这个字很有意思。它是一个形声字，形旁从目，声旁从艮，但这个艮字在这里多少也有会意的功能。艮是八卦里的一卦，它的卦象是山，对应的方位在东北方，对应的时间是丑时到寅时，也就是夜里三点到五点之前。我们知道这个时间正是黎明前的黑暗，正是一天里最黑暗的时间段，怎么恰好它就成了“眼”的字根了呢？按道理眼是用来看的，而在黎明前的黑暗里正是最看不清、看不见的时候，为什么眼这个字倒偏偏从艮呢？

这就要说到我们汉字伟大的地方了。我们的祖先大概是人类历史上最早具有辩证法思维的族群，这从易经的阴阳学说里就可以看得出来。越是黑暗，越需要睁眼去看！而这时睁开的眼，恐怕不是生理器官的眼睛，而是心灵的眼睛！

所以，眼睛是心灵的窗户，眼睛的背后是心灵，“眼到”的背后是“心到”！所以，曾国藩是这样解释“眼到”与“眼勤”的：“精诚所至，金石亦开；苦思所积，鬼神亦通。”

这里提到了两个方法论与两个终极目的，即“心到”与“心勤”的方法是“积苦思”与“至精诚”，而“心到”与“心勤”的目标则是“开”与“通”。

“积苦思”就是反复思考、思索、思想，“至精诚”则是全身心地融入与追求，这样对于你要了解的事物与对象才能最终有“开”与“通”的把握。开，就是真正了解；通，则是彻底把握。

在“睁眼看世界”这一点上，曾国藩与林则徐的差异也正在这里。

林则徐虽然对西方科技文明做了大量的情报搜集乃至翻译工作，但实话实说，他本人研读了这些材料之后，并没能达到“开”与“通”的地步。比如，鸦片战争已经要开打了，他花巨资从美国人那儿买了一条重达一千零八十吨的大船，名曰“剑桥号”，并且加以改装，还配置了三十四门大炮。这看上去像是装备了一艘豪华战舰，倒是可以跟英国人一较高下的。可林则徐弄这条船的思路却让人啼笑皆非，他把这艘花巨资打造的战舰横在珠江口，并把它固定住，以此作为阻拦英舰进出珠江口的障碍物与固定炮台。结果，英国人后来攻上来，连船带炮全都抢走了。

当然，我们不能苛求林则徐，他在他的那个时代已经算是伟大的先行者了。曾国藩是站在巨人的肩膀上看世界的，也就是说他是站在林则徐这些前辈的肩膀上看世界的，所以他在“眼到”与“眼勤”之外，特别强调“心到”与“心勤”。而他“心到”与“心勤”的直接结果，就是其洋务意识的产生。

曾国藩自己是不懂西方自然科学的，大数学家李善兰来投奔他时，唯一的要求是让曾国藩帮他出版自己翻译的西方数学名著《几何原本》，曾国藩看了半天一点也看不懂，却慨然允诺，自掏官俸六百两白银为李善兰出书。

后来有一个叫冯桂芬的，原来曾经是林则徐的学生，写了一本《校邠庐抗议》，在其中最早提出了“中体西用”的主张，他把这书送给了曾国藩一套。曾国藩由衷地赞叹冯桂芬的观点乃“名儒之论”，而在这个学习、揣摩、赞叹、“眼到”与“心到”的过程中，他自己“采西学”“制洋器”的思想也渐渐清晰起来。

在自修处求强

第三是身到与身勤。

我们讲曾国藩的《挺经》，讲他最有名的一个观点就是要“挺身入局”。什么叫“挺身入局”？宽泛地说当然包括临事、临难时的全身心投入，但抠字眼儿地来说，这个“挺身入局”就是挺身而出，就是行动力与实践精神的一种表现。

曾国藩解释“身到”与“身勤”说：“险远之路，身往验之；艰苦之境，身亲尝之。”（《曾国藩全集·家书》）就是说不论艰难险阻，都要亲身体验，亲自品尝。验“险远之路”，这叫行；品“艰苦之境”，这叫知！所以有“行”有“知”，方为知行合一！

曾国藩也是这个意思，做事情首先要能入乎其内，不要做局外人，这是行，是以身“验险远之路”。

比如他要搞洋务运动，要学习西方科技文明，他就要了解西方社会状况。可惜，曾国藩在他那个时代也不可能做到这一点。但他有替身，这个替身就是鼎鼎大名的中国留学生之父——容闳。

容闳是中国近代史上第一个在西方大学取得学士学位的留学生，他的巨幅画像至今还被安放在美国耶鲁大学的校史陈列室里。容闳毕业后放弃美国的优越生活条件，历尽千辛万苦回到国内，想要教育救国。他认为腐败的清政府并不值得他去投奔，所以他最先投奔的是太平天国。可等到冒着生命危险穿越交战区来到太平天国当时的都城天京的时候，当他看到天京城里有着一千两百个有特权的王的时候，他彻底失望了。再加上他的七条救国主张，最终也石沉大海，了无消息，容闳由失望而心凉，最后悄悄离开了他曾经寄予无限期望的太平天国。

这时候，曾国藩从华蘅芳、李善兰等人口中听说了容闳，因为容与华、李等人都是那个时代最杰出的学术人才，他们彼此也是非常要好的朋友。虽然曾国藩知道容闳曾经去投奔过太平天国，但他对容闳的七条救国主张大为赞赏，所以想方设法让李善兰、华蘅芳把容闳请到自己这边来。

容闳勉强来见曾国藩，初次见面，两人都被对方的精神、信仰与气质所打动，然后曾国藩提出了一个匪夷所思的请求，而容闳居然也就答应了这个匪夷所思的请求。

曾国藩对所谓的美利坚知之甚少，却于一面之缘之后即掏出六万八千两白银的巨资交给容闳，请他帮忙到美国走一趟，替自己考察现代军工企业的设置情况，并委托容闳全权购买能建立完整军工企业所需的原生机械。要知道，那个时代绝大多数官员都不知道美国到底在哪里，清政府也从未派过外交使臣到美国，更谈不上什么外交引渡政策，如果容闳携如此之巨款到了美国再不回来，曾国藩更是一丁点儿办法也没有。

可曾国藩就是这么信任容闳，亲自把容闳送到江边码头，亲自把容闳送上船，然后看着孤帆远影碧空尽，就好像自己亲自踏上了远赴美国的航程。

容闳为此非常感动，誓报曾国藩知遇之恩。可是他到了美国之后，正赶上美国的南北战争，他耗费了近两年的时间，才完成了曾国藩交给他的使命。容闳离开后，年余不归，很多人都对曾国藩说，容闳一定是携款私逃了，可曾国藩却一直认为容闳定不相欺，迟迟不归只是因为他要走的是“险远之路”，要渡的是“艰苦之境”而已。

果然，历时整整两年之后，容闳历经千辛万苦，带着他从美国购买的一百台能够生产机器的原生机械回来了。就是在这一百台机器的基础上，曾国藩着手组建了中国近代史上第一个标准的近代化企业——江南制造局。

如果说以身“行险远之路”是入局，是入乎其内，那么临事时以身“尝艰苦之境”则蕴含着某种调查研究的精神。

在容闳出国购买机器的同时，曾国藩不等不靠，全力支持华蘅芳、李善兰、徐寿这一批在当时中国最为优秀的科学家，首先在安庆搞起了兵工厂，这就是鼎鼎大名的安庆内军械所。而安庆内军械所的成立之日，也被学术界公认为是洋务运动的开启之时。

安庆内军械所开始只是生产一些枪支和炮弹，后来在曾国藩的支持下，他们开始试图制造和西洋军舰一样的火轮船。但这样白手起家式的建造实在难比登天，接二连三的失败是可想而知的。曾国藩作为三军主帅，在每天要处理千头万绪的军务之外，还是抽出时间要到军械所生产的第一线去考察。他虽然不懂科技，却也经常与华蘅芳等人一起讨论，并为之打气。他算是亲眼看到、亲身感受了这批科学家摸索建船的艰苦之境。

后来，当中国近代史上第一艘中国人自己制造的军舰“黄鹄”号试航的时候，曾国藩走上船，从船头到船尾只走了一遍，立刻就说出了船身的长度。可见他平常调查研究之细致，可见他这种“身到”“身勤”之中的用心与投入。

第四是手到与手勤。

曾国藩在解释这个“手勤”的时候，虽然只是说“易弃之物，随手收拾；易忘之事，随笔记载”（《曾国藩全集 · 家书》），看上去只是很小的生活习惯，但它背后折射出来的意义却是非凡的，因为这种“手到”与“手勤”意味着对动手习惯的提倡与培养，而动手习惯则意味着创造意识的形成与确立。这在中国传统文化环境下，尤其是在那个封闭、愚昧、落后、缺少科学精神与创造意识的时代里，实在是弥足珍贵的。

当时因为战争需要，曾国藩上书朝廷，建议在长江下游设一个造船厂，以供应湘军水师。结果时任军机大臣与总理衙门大臣的奕䜣认为建船不如买船快，还不如直接向英美买，而且建船厂只能建木船，向英美可以买铁甲舰。当时英国人赫德是奕䜣的好朋友，他答应可以替奕䜣到英国买铁甲舰。

曾国藩一看上头的意思很明确，也不好出面反对买军舰，于是就购买军舰一事上书朝廷说："购成之后，访募覃思之士，智巧之匠，始而演习，继而试造，不过一二年，火轮船必为中外官民通行之物，可以剿发逆，可以勤远略。"（《曾国藩全集·奏稿》）

请注意，这是中国近代史上第一个提出先购买西方先进科技产品，然后再试验、仿造思路的人！

曾国藩提出这样的设想不仅有利于军事，还可以造福于民生，甚至最后能奋起直追，乃至超越西方科技文明，这就是"勤远略"了。回想我们这一百多年来的科技文明发展，难道不正是像当初曾国藩所设想的那样子的吗？

结果赫德折腾了两年，又经过当时正任海关总税务司的英国人李泰国，花费了巨资才买了七艘中级和小型级的兵轮。李泰国擅自做主，聘任参加过两次侵华战争的英国人阿思本为舰队司令，所以这支舰队又称阿思本舰队或中英联合舰队。阿思本又命令舰队所有官兵只许招募外国人，不许招募中国人。这一来清朝朝廷上下哗然。自己掏了巨资，打造了一支全由外国人掌握的舰队，这不是荒唐透顶的事吗？后来双方吵来吵去，阿思本舰队最终解散，而清政府为此白白损失白银达七十余万两。

曾国藩自始至终都主张，不论是买还是造，控制权一定要在中国人自己手里，这样才能“师夷长技以制夷”，才能不失去主动权。而在“师夷长技”的过程中，中国人只要肯努力，肯埋头苦干，肯卧薪尝胆，肯“手到、身到、眼到、心到”，就一定能缩小和西方列强的差距，甚至最后超越西方列强，一雪国门洞开之辱！曾国藩为此提出了一个响当当的口号——“徐图自强”！

这四个字就是曾国藩开辟洋务运动的出发点。

当然，“徐图自强”说起来容易，做起来不是一般的难。曾国藩先开始组建安庆内军械所，广纳天下英才，以信仰感召了大批优秀的知识分子。像数学家李善兰、华蘅芳，化学家与物理学家徐寿父子，这批当时最优秀的科学家都来到他的幕府。曾国藩鼓励他们放开手脚，要造出中国人自己的军舰来。这些科学家夜以继日，居然用短短的七个多月的时间，完全靠自己动手摸索，制造出了中国第一台轮船发动机，曾国藩在现场感慨地说：“洋人的智巧奇技，到底被我们中国人学会了！”

可制造出发动机到制造出轮船，还有相当的距离。后来，在长达一年多的时间里，安庆内军械所的这批科学家经历了无数次的失败，但曾国藩从来不责备他们，只是不停地为他们打气，因为他相信，如此一批有信仰的人在一起，能如此“手勤、身勤、眼勤、心勤”地做事情，那就没有做不成的事！

当历时两年之久才造出来的中国第一艘军舰“黄鹄”号试航的时

候，曾国藩虽然在日记里冷静地说这艘船还是“行驶迟钝，不甚得法”，但他对这批科学家说，他坚信既然中国人能自己造出轮船来，然后“以次放大，续造多只”，中国很快就会有自己的舰队了！

就是在这种精神的感召下，先是安庆内军械所，然后是江南制造局，然后是福州船政局，然后是天津机器制造局，然后是轮船招商局，然后是开平矿务局，然后是湖北织布局……先是军事工业，然后是民用工业，然后是中国近代民族企业，才得以一步步发展起来。而这个“徐图自强”的漫长发展历史，在历史上的名字就叫——洋务运动。

第五是口到与口勤。

我们上一讲讲过，曾国藩的明强挺经智慧里有一条叫“言多必失，做多必得”，所以他个人向来是强调“戒多言”的，怎么又会在“五到”与“五勤”里有“口到”与“口勤”呢？

其实，曾国藩“口到”与“口勤”里的“言”并不是“戒多言”里的“言”，这里的“言”恰恰是“做”的一种。

他自己在“五勤”里解释“口勤”是“待同僚，则互相规劝；待下属，则再三训导”。（《曾国藩全集·家书》）这里的规劝与训导正是曾国藩为人的可贵之处。我们讲过曾国藩是个在历史上争议很大的人物，章太炎说他“誉之则为圣相，谳之则为元凶”，通俗的说法就是——爱他的人爱得要命，恨他的人恨得要死！可虽然争议这么大，国学大师钱穆先生却曾经说，不论恨他爱他的人，大家倒都承认曾国藩算得上一个标准的教育家！原因就在于他的“口到”与“口勤”，原因就在于他的“规劝”与“训导”。

曾国藩的家书、家训不仅对曾家子女、子弟进行教育，他为了办有主义的军队，也对自己的学生、对自己的幕府成员、对自己团队的所有成员进行“口勤”式的规劝与训导。这样一来，曾国藩家训在中国传统家训中非常独特，不仅具有家庭教育意义，更具有非凡的社会教育意义。

第 **34** 讲

从行动力到执行力

困而知，勉而行，知行合一，是曾国藩之行动力与执行力的关键。反之，目标不清、计划不明、用人不当、流程不畅、措施不力、细节失败、没有做人做事的底线与原则，就是个人、团队、组织缺乏行动力与执行力的症结所在。

行动的智慧

曾国藩是个主张“言多必失，做多必得”的人，他提出“五到、五勤”的理论，并因此开辟了中国由农业文明开始向工业文明跨进的洋务运动，这些都说明曾国藩的身上有着强大的行动力，也就是鲜明的实践精神。所以他在家训中教育子弟时有一句名言，叫作“先静之，再思之，五六分把握即做之”。这句话，充满了行动的智慧！

那么，这种行动力与曾国藩所标举的“明强挺经”精神又有什么关系呢？

我们说过，曾国藩的“明强挺经”关键之处在一个“刚”字。

这种“刚”首先体现为一种高效的、雷厉风行的行动精神。你看他当年拜师学艺，唐鉴教他要静坐，他立刻每日静坐一个时辰，虽然一开始并无所得，并没有收到什么成效，甚至反而使得自己更加心猿意马，可这种修身的方法，他一旦听说并认为可行之后，便毫不犹豫，就算错也敢于试错。

在唐鉴之后，倭仁又教给他写日记的方法，并让他在日记里展开凌厉的“自我批评”。倭仁如此说说而已，曾国藩立刻一丝不苟地严格执行，这种自省式的日记一写就是三十多年，甚至晚年在已盲一目的情况下还坚持不辍，甚至到临终的前一天还在写。这种行动能力实在是太过惊人。

其次，这种“刚”还体现为一种全身心的投入。曾国藩是一个不做事则已，一做事就全身心投入的人。他在家训里曾反复教育子弟说："凡全副精神专注一事，终身必有成就！"（《曾国藩全集·家书》）你看他办团练，开始虽然在出山与否上十分犹豫，但一旦下定决心出山之后，立刻投入全部精力，又是办审案局，又是平当地会匪之乱，又是招兵买马训练团练，甚至还越俎代庖地去整训本来不属于他管的绿营。他之所以会去越俎代庖，就是因为他太投入了，只奔着一个目的去，不管其他，甚至也不想其他。

就是在长沙之辱之后，曾国藩开始反思，反思自己这种高效率、高投入的行动方式到底有何缺陷。反思的结果便是"明强挺经"中行动力向执行力的升华。

什么是执行力呢?

美国戴尔电脑公司的CEO，也是它的创始人迈克尔·戴尔说："执行力就是在每一个阶段、每一个环节都力求完美，切实执行，这样最终的结果是长期目标的完美达成。"

这句话里有两个关键层面，一个是"每一个阶段、每一个环节"的层面，一个是"长期目标"的层面，也就是系统与全局、环节与细节的两个层面。如果执行力的核心确实在这两个层面上，那么曾国藩虽然没有提出"执行力"这么现代的词汇，但他应该已经有了这种较为现代的思想，因为他的家训中有这样一句名言："古之成大事者，规模远大与综理密微，二者缺一不可。"（《曾国藩全集·家书》）

"规模远大"就是全局观，就是"长期目标"；"综理密微"就是"每一个阶段"与"每一个环节"，乃至"每一个细节"。

如此看来，曾国藩至少已经有了有关执行力内涵的清晰认识。

同治三年，也就是1864年，湘军攻下天京。当时曾国藩作为湘军的主帅，他的职位是两江总督兼钦差大臣主管东南数省军政要务。曾国藩的两江总督府设在安徽的安庆，所以当湘军攻下天京的时候，他还身在安庆。

曾国藩一直焦急地等着前方的战报，可当等到前方胜利的战报传来时，曾国藩的表现却十分出人意料。湘军与太平军作战，前前后后一共打了十几年，现在大功告成，按道理曾国藩应该高兴，甚至应该大喜，乃至大喜过望。可出人意料的是，他在安庆接到前方攻下天京、大获全胜的战报后，当晚整整一夜都“绕室彷徨，彻夜不眠”。(《曾国藩全集·日记》)

就是在这个“绕室彷徨”的大胜之夜，曾国藩做了一个让所有人都想不到的决定——裁撤湘军！

令人想不到的是，曾国藩裁军的理由竟然是湘军“作战年久，暮气已深”，那意思是说湘军暮气沉重，战斗力已经严重下降了！如今天京已被攻下，仗也打完了，再加上供饷本来困难，作为湘军主帅，曾国藩主动向朝廷提出裁撤湘军。

那边曾国荃刚刚打下天京，这边曾国藩就决定裁军，湘军上上下下怎么也想不通。什么叫暮气已深、战斗力下降？要是暮气沉重、战斗力下降，能打下天京，一举剿灭太平军吗？现在太平天国都城虽已被攻下，但战事远未结束，各地还有太平军的余部，北方还有捻军起义风起云涌，怎能因为东线无战事就以为天下无战事了呢？原来军饷是困难，那是因为打败仗军饷才困难，打了胜仗军饷不就不困难了吗？

曾国藩这几个裁军的理由根本说服不了手下的将领，得知曾国藩要裁撤湘军的决定后，湘军人群情涌动，甚至有造反的暗流。但曾国藩不管这么多，他既是一个做事十分谨慎的人，又是一个做事雷厉风行的人。关键看他做的是什么事。

曾国藩在家书中曾经对弟弟敞开心扉，说“长江三千里上下，几无一船不挂曾字旗”，这既说明曾家之势大，也实在让人不由不担忧。如今大功告成，却也正是“狡兔死，走狗烹；飞鸟尽，良弓藏”之际，既然不想造反，就要早做打算。曾国藩毕生喜欢下围棋，下棋讲究棋看数步远，曾国藩早在两年前就做定的这个打算就是裁军。

虽然曾国藩已经深谋远虑地早做了打算，但在大功告成之际突然裁军，湘军内部阻力之大可想而知。但内部虽然阻力大，外部的阻力却基本为零。当时慈禧已经垂帘听政，这个精于算计的女人对曾国藩早就有了提防之心。现在湘军大功告成，她正不知拿这支虎狼之师如何是好，曾国藩主动提出裁军，正中慈禧下怀，她连忙下谕旨对曾国藩此举大为赞赏。

现在朝廷要看你的表现，兄弟们却心有不甘，但这事做起来还是应该谨慎再谨慎。按理说，曾国藩的裁军应该有条不紊地进行，尤其不能操之过急。但事态的发展逼得向来谨慎的曾国藩突然下起狠手来。

原来曾国荃所部攻下天京后大肆烧杀劫掠，朝廷下旨点名斥责了曾国荃，还让曾国荃把在天京劫掠的财富上交，声称要审查湘军十几年来的经费账目。这一下曾国荃委屈大了，攻下天京的湘军将士内部也群情激愤。另外，太平军重要将领李秀成被俘虏后，不降清廷，却愿降曾国藩，甚至鼓动曾国藩说，只要曾国藩肯反清，他愿召集散布天下的二十万太平军为曾国藩效力。曾国藩在接到朝廷要求把李秀成押送北京的圣旨之后，连夜把李秀成草草斩首了事。

此刻的曾国藩就像坐在一个火山口上，稍有不慎，就会麻烦不断，甚至惹祸上身。所以他分析复杂的形势，以一招胜无数招，这一招就是立刻裁军。慈禧的意思当然是支持曾国藩裁撤湘军，但朝廷的圣旨里还明确地说“不可裁撤太骤”，另外还建议曾国藩“留精壮补绿营”，就是建议可以把裁下来的精兵补充到清政府军绿营里去。但这些建议曾国藩统统不予理睬。

湘军六月攻下天京，他七月立刻裁军。首先裁掉湘军核心中的核心，也就是曾国荃吉字营五万人中的两万五千人，天京城中只留一万人守城，城外留一万五千人。到了来年二月，天京城中守城部队裁得就只剩两千人了。曾国藩先是把最有战斗力的曾国荃部裁掉，紧接着又在全国范围内总共裁撤湘军二十万，到最后曾国藩可以调动的湘军不过区区六千人。

在裁军的同时，他力劝弟弟曾国荃告病辞职回乡。曾国荃当初放着上海的肥差不去，就是要抢头功。现在这个头功实至名归，没想到却惹来一身膻，朝廷不仅不表其功，反而点名斥责他，甚至还要查他多年来的烂账。自己手下想造反，但自己的大哥又偏偏没有反心。不仅不反，大哥还先拿自己开刀，雷厉风行地裁撤了自己的吉字营。曾国藩现在还要让他告病辞职，以避风头。向来自负狠辣的曾老九怎么肯低这个头呢？

这就要说到曾国藩家训的功夫了，曾国藩几十年如一日地长兄为父式的教育这时候发挥了作用，曾国荃受大哥苦口婆心教育数十年，这时候浑身的戾气开始消散。他虽然想不通，虽然憋屈得很，但还是不能不听大哥的话。正好，裁军的同时赶上曾国荃的生日，曾国藩亲自操办，还费尽心思在生日那天为弟弟写了二十首庆生诗。

生日宴当场，曾国荃读着哥哥为自己写的诗，不禁放声大哭，发泄一肚子委屈与愤愤不平。哭完之后，他还是听大哥的话，收拾东西辞职回老家了。

曾国藩送走了弟弟，裁掉了精锐，紧接着又摆出了一个让人意想不到的高姿态——朝廷及各地供应湘军的数百万两军饷一分钱不再要！

要知道，晚清军队吃空饷是最常见也是最泛滥的一种腐败行为，不主动想方设法地贪已经算是清廉的了，白给也不要的更是闻所未闻。朝廷同意曾国藩裁军，并没有指示各地停止供饷，因为裁军是一件更花钱的事。那帮久经沙场的虎狼之师，要是没钱来安顿，他们随时可能哗变，可能造反。但曾国藩早有预算，据说他早在两年前就开始准备裁军的费用，甚至达五百万两之巨。当然也有学者质疑这个数字，但曾国藩深谋远虑对此早有安排却是肯定的。

曾国藩主动裁军，主动劝弟辞职，主动拒绝庞大的财政拨款，着实感动了慈禧。慈禧不由感叹，说曾国藩真是千古难见的一大忠臣。

曾国藩的做法不仅感动了慈禧，也感动了天下人，湘军打下天京时，天下对曾国藩与湘军浮议纷纷，但曾国藩裁军后不久，天下就再没有人怀疑曾国藩的“血诚”了。

治事不外四端

通过曾国藩主动裁军这件事，我们不难看出他的“明强挺经”所追求的那个“刚”字，其内涵不仅有强大的行动能力，还有完美的执行力。这种执行力的素质至少包含着以下四个层面的内涵。

第一，执行力首先要以忠实的行动能力为基础。

一般人做事情，太计较成败得失，太顾虑各种条件与因素。

而曾国藩一旦认定非做不可的事情，就不会半途而废，任事情再艰难，也破釜沉舟，勇往直前。像裁军这件事搞得不好就里外不是人，甚至还有局面失控的危险，一般人做这种事，总会前怕狼、后怕虎。而首鼠两端、狐疑不定正是做事情最大的忌讳。

这就要说到“忠实的行动能力”中的“忠实”了。一般人以为所谓忠实是对上级、对领导的诚实与忠诚，其实“忠实”就行动力与执行力而言，更重要的不是对人的忠实，而是对任务本身的忠实。就是你一旦领取了任务，就要忠实于这份责任，这种忠实才是行动力中最关键的因素。

很多人评论曾国藩，说他忠于清廷多少有愚忠的成分，这也确实如此，但他在做事情的时候，更多地想到的是对责任的“忠实”，他不做则已，一做就百折不挠，直到把自己所要担负的责任兑现，这种能力就叫“忠实的行动能力”。

第二，执行力要有分析、策划的能力。

曾国藩在日记中曾经提出过著名的治事四法，说：“治事不外四端，曰经分、纶合、详思、约守。”（《曾国藩全集·日记》）“经分”和“纶合”就是分析与综合的意思，“详思”和“约守”就是详细思考与约束职守的意思。这里，“约守”是一个底线问题，我们放在后面讨论。前面三条其实都是说执行力要有分析与策划的能力。

这就是他所说“古之成大事者，规模远大与综理密微，二者缺一不可”的道理所在。不论是“规模远大”还是“综理密微”，都不能缺少“经分”“纶合”与“详思”的分析能力、策划能力。尤其是“规模远大”处，也就是要有全局观、整体观与战略性的目标，这种眼光与思路的培养对于执行力来说同样是非常重要的。

曾国藩裁撤湘军，并不是突然心血来潮之举，他早在湘军攻克天京前两年就想到了这一点，甚至与弟弟进行过多次讨论，预先做了关键人物的思想工作。更不用说他为裁军秘密筹备了相当数量的经费，这种深谋远虑体现了他强大的策划能力。

他一方面敢于实践，不怕试错，所以奕䜣、李鸿章等人只知道“建船不如买船快”，但曾国藩却知道“买船不如建船稳”，建船就是再麻烦、再有错，它的行动意义都要远远超过简单的买船。另一方面，他之所以敢如此实践，召集科学家建安庆内军械所，委托容闳建江南制造局，虽然眼前之利是为了战争的需要，但他在给朝廷的奏折里提出搞洋务运动的初衷与出发点，却是为了国家与民族“徐图自强”的长远规划。这一点我们至今深受其惠，这也是曾国藩能担起这一历史重任的关键所在。

第三，执行力要有措施与细节上的操控能力。

这就是曾国藩所说的“综理密微”之处，他的家训中还有一句名言，相比较“规模远大”与“综理密微”更易理解，他说：“天下事当于大处着眼，小处下手。”（《曾国藩全集·家书》）这话就很直白了，“大处着眼”是“经分”与“纶合”，是“规模远大”，是有全局观与分析、策划的能力。而“小处下手”则讲的是措施与细节上的操控能力。

曾国藩的裁军，看似谈笑间指挥若定，其实是危险处举重若轻。一方面朝廷对他深以为忌，另一方面自己兄弟心有不甘，群情激愤，稍有不慎，小则哗变，大则揭竿而起，不是没有可能，甚至可能性极大。曾国藩要不提裁军还好，还可以缓释各方面的矛盾，一提裁军，简直就把屁股挪到了火山口上。这中间，一招错就会满盘输，所以他对行动细节是非常讲究的。

他裁军先从身边人裁起，最先裁的是自己亲弟弟曾国荃的部队，说服了曾国荃，就搞定了吉字营，搞定了最难搞的吉字营，其他部队就容易得多。另外，曾国藩为保证裁军的顺利进行，还秘密筹备了大量裁军经费，这个细节的努力非常关键，否则他的裁军不可能如此迅速地完成。

还有一个细节，更能说明曾国藩的行动智慧，他在上表朝廷裁撤湘军的同时提出要“裁湘留淮”，这可是他裁军过程非常关键的一步。也就是裁掉他曾国藩麾下的湘军，保留李鸿章麾下的淮军。

最后，李鸿章在裁军大潮下象征性地裁了几千老弱病残的士兵就顺利过关了。这样一来，虽然湘军被裁，但曾国藩还是安稳地做他的两江总督。虽然淮军略裁，李鸿章还是唯老师曾国藩马首是瞻，而朝廷对这两位地方诸侯也放下了猜疑，整个局势就这样稳定了下来。

统观曾国藩的裁军过程，从两年前的长远谋划到数月间雷厉风行的实施，从全局的安排到细节的处理，他就像一个高明的棋手，举重若轻，指挥若定。这就是真正的执行力、忠实的行动能力、全局的策划能力、细节的操控能力，缺一不可。

第四，执行力还要有行动的原则与底线，曾国藩称之为“约守”。

前文提到他的“治事四端”，最后一条“约守”是约束职守的意思，一般以为曾国藩说的是做领导的要对团队成员约束其职守，这样才能使人才各安其位，各司其职。其实这种理解还是很片面的，或者说是不全面的，尤其从曾国藩提出“治事四端”的执行力要素来看，没有点中曾国藩提倡“约守”的窍要。

关于“约守”这个词，曾国藩在家训里多次提到，他在教育子女时还把这个词反过来使用过，他教育孩子学习的时候说：“治心治身，理亦不可太多，知亦不可太杂，切身日日用得着的不过一两句，所谓守约也。”（《曾国藩全集·家书》）这是说修身的道理，最重要的是把握最精要的原则，不要贪多务滥，这也是老子知黑守白、知博守约的道理。

修身如此，做事也是如此，“治事四端”的“约守”只是让别人、让手下约束职守吗？曾国藩向来是严于律己又勤于教人的人。他要是要求别人“约守”，也一定会从自己做起。

天津教案失利，曾国藩在举国责骂声中辞去直隶总督之职，又回到南京当两江总督。他虽然心情不佳，又事务繁杂，但对于当年答应支持容闳的留学生计划却念念不忘。在曾国藩的影响下，他的学生、新任直隶总督李鸿章，他原来的幕僚、江苏巡抚丁日昌对这件利在千秋的事都非常支持。但这对于鼠目寸光的晚清政坛来说，毕竟是前所未有，甚至是匪夷所思的事情，所以官场非议嘲笑之声不绝，都说曾国藩是老糊涂了，前面天津教案的纰漏时犹未远，现在又要搞什么留学生计划，真是越老越糊涂。

曾国藩虽然这时身体与心情俱不佳，但对满朝的讥讽却不以为然，他反复上奏陈说留学生计划的利弊得失，最终帮助容闳完成了这桩教育救国的宏大心愿。1872 年 8 月 11 日，容闳带着首批三十个留学幼童从上海出发，踏上了远赴美国留学的道路，容闳因此被誉为“中国留学生之父”。可就在五个月前，一手促成了留学生计划的曾国藩却在世人的嘲讽声中落寞地病逝了。

曾国藩认定留学生计划是可以促使中国“徐图自强”的有益之事，虽然曲高和寡不被人理解，虽然刚刚经受天津教案的人生巨大失落，虽然身体每况愈下甚至精力越来越不济，但他还是谨守做事的原则与底线，不受人生起伏与情绪起落的干扰，把正确的事做下去，并做到底。虽然，做到底的那一天他已经不在了，但自有后来人，他们会把伟大的事业与精神传承下去。

这就是曾国藩的“约守”——

守住人生的底线，守住信仰的底线，也就守住了不抛弃、不放弃的做事的底线！

第 **35** 讲

有主义的团队

一般作为一个团队或一个组织的最高领导，很难不因所处地位的原因产生自我膨胀心理，从而从最初创业时的信仰感召变质成后来的权力感召、权威感召，甚至是威权统治。但曾国藩超越了这一点。曾国藩书生治军，打造了一个有主义的团队，汇聚了一个时代的智慧与力量，创造了一段历史的传奇。

高薪以养廉

我们讲曾国藩家训中“刚”的智慧，讲他的“明强挺经”，其实他的挺经智慧并不只限于个人，也在于一个组织，一个团队。曾国藩曾在家书中给他弟弟明确提出最重要的治军原则就是——“用兵以得人心为第一要义”“带兵如父兄之带子弟一般”“爱民为治兵第一要义”。这一类治军心得也算是他办湘军最重要的心得体会了。

要带“子弟兵”，要带出一支有主义的团队来，曾国藩的做法并不是空喊口号。即使从现代的角度来看，他的努力也是多层面且富有立体感的，也是非常值得我们现代人去借鉴学习的。

明清两朝的封建专制可以说达到了顶峰，皇权与贵族阶层对普通百姓的盘剥自不待言，就是官僚机构中的官员们也在皇权的压榨下苦不堪言，因为明清两朝对政府官员一直施行的是“薄俸制”，也就是低薪制。低薪制造成的后果就是“低薪养贪”。到了晚清这种情况已经发展到了极致，官场贪腐已成常态，甚至大量的属于贪污腐败性质的灰色收入都已经公开化了。

官场如此，军队也是如此。晚清政府军绿营兵平均每月工资是白银一两三钱六分，另有米三斗。这个工资收入就当时的物价看是非常低的，因为当兵的一般不只是养活自己，甚至还要养活一家人。而这点工资养活自己都困难，更不用说养活家人了。

当官的可以贪污，吃空饷，当兵的只能另谋生路。当时绿营兵除当兵正职之外，绝大多数人都有“第二职业”。有当裁缝的，有做木匠的，有当理发匠的，有当修脚工的，甚至有给人专门当仆人的。有手艺的就搞个手艺活干干，没手艺的有做小买卖摆摊的，有办杂货铺开店的，甚至还有大量人员是贩卖鸦片的。当时三百六十行，几乎什么行当都有绿营兵在兼职。

曾国藩深刻认识到了这种所谓“低薪制”的弊病，他曾经感慨地说，就算是诸葛亮重生，要用这帮绿营兵的话，那也一样没辙。鉴于绿营的腐败习气已经“深入膏肓”，曾国藩提出的建军思路是“赤地立新”。用他家训中的名言，就是“另起炉灶，重开天地”。

曾国藩针对低薪制带来的弊病，提出了一种“厚饷养战、高薪养廉”的思路。

一是对于士兵，实行厚饷制。绿营普通士兵每月只有一两三钱的工资，而湘军普通士兵每月可以拿到四两二钱的工资，是绿营士兵的三四倍。罗尔纲的《湘军兵志》说，湘军士兵“除个人生活外，还可以补助家庭”，因此士气高昂，再无后顾之忧，专心训练，专心打仗，战斗力远胜于绿营。

二是对于将领，曾国藩实行高薪制。当时曾国藩编定湘军采用的是大明战神戚继光的“束伍为营”之法。一营有五百人，营官一个月的工资纯收入可达一百五十两，而与之对应的绿营的一个守备一个月的工资不过才二十五两。两者之间整整相差了六倍。连曾国藩自己也说“章程本过于丰厚”。

所以，曾国藩的高薪不是光说不练，那是货真价实、真金白银的高薪。而他在给朝廷的上表中也明确说：“臣初定湘军湘营饷项，稍示优裕……以养将领之廉，以作军士之气。”（《曾国藩全集·奏稿》）可见他如此花血本，目的就是“厚饷养战、高薪养廉”。

曾国藩这么做的效果如何呢？

一是湘军中除了曾国藩自己没发财，多数人都发财了。因为靠工资就可以发财了，而曾国藩自己一向以“不要钱，不怕死”来严格要求自己，他的工资大多另作公用，他自己反倒没发什么财。

二是湘军中除了曾国藩不太会打仗（从战术角度来说），别人从将领到士兵打起仗来都是一把好手。因为有物质基础，可以专心致志；因为无后顾之忧，所以打起仗来用劲、用心、用命。

第三个效果最出人意料，曾国藩实行士兵厚饷、将领高薪制的结果居然是省了钱。听上去匪夷所思，其实道理也很简单。因为高薪真正养了廉，将领们不贪污、不腐败，钱用在明处，反而使得总量省下来了。

有学者仔细考证过当时湘军与绿营的军费对比，指出绿营作战，自道光三十年到咸丰三年（1850年到1853年）不过三年的时间，九万七千七百兵员的绿营耗去军费共两千五百一十万两白银；而湘军作战，从咸丰三年到同治三年总共十二年的时间，人数从一万七千人后来迅速发展到十二万人，总共耗费军费两千九百万两白银。（杨呈胜《湘军军饷运用情况和特点考》）

曾国藩明确说，他之所以要厚饷高薪，是要“养将领之廉，作军士之气”，那么是不是给了厚饷高薪，只要满足了物质利益，就一定能振奋官兵的士气呢？

军队这种团队与一般团队有一个很大的区别，就是影响其战斗力的首要因素，往往首先是精神层面的，其次才是物质层面的。除了厚饷高薪，曾国藩在奖惩机制上也是颇费苦心。他前期的方法主要以“惩”为主，后期则主要以“奖”为主。

曾国藩治军一开始非常讲究赏罚分明，尤其是在厚饷高薪的背景，他特别看重“罚”得分明，而且罚的手段也是非常惊人，一旦吃败仗，哪一营在战斗中有溃散的，这一营立刻全部解散，从营官到士兵一个不留，事后全部遣散，其建制编制则由表现优异的各营取而代之。当初靖港之败后，他最小的弟弟曾国葆跟着他做一个营官，结果战斗中曾国葆所部也属于溃散之列，事后曾国藩不论弟弟怎么求情，还是把曾国葆的人全部都遣散了。这就是罚得分明。

但随着湘军的发展，曾国藩逐渐认识到奖的作用可能比罚还要大些。这就像在教育孩子中，赏识教育一般要比惩罚教育重要得多。曾国藩有一天突发奇想，想出了一条妙计。

曾国藩找人打造了一百把精美的腰刀，并在刀面刻上了“涤生曾国藩赠”的字样，每把刀还有编号，并声称要将此刀奖励给湘军中最杰出的将领。

这个消息一传出去，湘军上下群情涌动，谁不想得一把曾国藩亲赠的宝刀，人人力争拿出最优异的表现来。到了颁奖典礼的前一天，曾国藩想了一夜，却改了主意，他原来打了一百把这种“涤生刀”，最终却决定只颁发五十把，以彰显立功者的身价。

第二天，曾国藩搞了一场隆重的授刀典礼，得刀的第一位英雄就是获得湘潭大捷与武昌大捷的首功之臣塔齐步！

塔齐步上得台来，从曾国藩手中接过宝刀，挥刀出鞘，雄心万丈，誓报曾国藩知遇之恩。后来塔齐步竭忠尽虑，战死九江，曾国藩为之重礼祭奠，放声痛哭，自称痛失左膀右臂！

塔齐步之后，五十把“涤生刀”各归其主，曾国藩颁刀之际，陈说各人功绩，如数家珍，湘军将士莫不以得刀为荣，至于没得刀的知道后面还有机会，人人皆思奋进，士气自此大不相同。

激励与感召

曾国藩分“涤生刀”以激励士气，效果非常好，但这种手段属于剑走偏锋，并不是解决一个团队精神层面问题的根本之道。这就要说到曾国藩打造一个有主义的团队、建设一个有战斗力的团队最重要的一条智慧了，那就是团队的教育与培训，团队文化的建设。

曾国藩办湘军，最大的困难在于书生带兵，而最大的长处也在于书生带兵。

他从湘军建军之初，就认定“带兵之道，用恩莫如用仁，用威莫如用礼”（《曾国藩全集·家书》），他居然要用儒生的“仁义礼智信”来打造一支军队，这听上去实在有些天方夜谭。可是曾国藩还真这么做，居然也做成了。

在这里，曾国藩用到了他作为书生的特长，这就是——教育。

他书生治军，对于武事毫无经验，好在书生书读得多，所以他学习明朝戚继光的《纪效新书》与《练兵实纪》，从选择兵员到“束伍成营”的营制方法无一不仿效戚继光。如戚继光建戚家军要自招兵员，兵员有“四要四不要”之说，其实就是摒绝油滑之徒进入自己的团队。曾国藩也是如此，他主张：“军营宜多用朴实少心窍之人，则风气易于纯正。”又说：“湘军之兴，凡官气重、心窍多者，在所必斥。历岁稍久，亦未免沾染习气，应切戒之。”（蔡锷《曾胡治兵语录》）那意思也是要拒绝油滑之徒，多招朴实之人，这样容易为团队建立一种纯正的风气。

在曾国藩看来，只要进入了同一个团队，不论是将领还是士兵，都不能漠视他们继续学习的权力，也就不能放弃对他们的教育。可以说，曾国藩是近代史上最早进行团队培训与团队教育的人，他把士兵当成家中的孩子一样来教，他说：“吾辈带兵，如父兄之带子弟一般。无银钱无保举，尚是小事，切不可使之因扰民而坏品行，因嫖赌、洋烟而坏身体。个个学好，人人成材，则兵勇感恩，兵勇之父母亦感恩矣。”这段话非常有名，体现了曾国藩重要的治军思想。后来蔡锷编练新军，自编了一套军事教材，就是把曾国藩、胡林翼的治军名言编在一起，叫《曾胡治兵语录》，特意把这句话收了进去。

这段话体现了曾国藩治军的两个重要思想，一个是他教育的方式，是带子弟兵；一个是他教育的主要内容是品行教育，是爱民、不扰民。

他规定部队寅时就要起床训练，杜绝睡懒觉现象，因为“治军之道，以勤字为先。身勤则强，逸则病。家勤则兴，懒则衰。国勤则治，怠则乱。军勤则胜，惰则败”。（蔡锷《曾胡治兵语录》）所以曾国藩是近代史上开辟军事早操制度的第一人。

操练之后，在开早饭之前，还有一道关键的步骤，就是对士兵训话。训话内容包括人生道理、忠孝信义，以及扎营、战斗之法，这就等于上文化课与军事课。直到现在，部队里也还有这个传统。

曾国藩致力于团队成员的教育与培训，也就水到渠成地成就了湘军的团队文化。文化这个东西看起来很虚，但是只有它能解决两个问题：一是立根的问题，二是出路的问题。

立根就是解决人生的根本，使之面对困难挫折不动摇、不放弃；出路就是解决发展的问题，任何一个团队、组织乃至国家与民族，在经过财富的原始积累后，都一定会遇到发展的瓶颈，这个时候思想与文化往往是突破瓶颈的最终力量。缺乏独特团队文化的团队，其发展潜力是难以寄予厚望的。而拥有独特团队文化的团队，就会形成有价值的团队品牌。

当然，除了一般的教育培训，打造团队中的核心力量，并以信仰感召，更是曾国藩的一大心得。

曾国藩教育子弟、学生时曾有一句名言，他说："做好人，做好官，做名将，俱要好师、好友、好榜样。"（蔡锷《曾胡治兵语录》）

这话通俗易懂，但是到哪里找那么多好师、好友、好榜样呢？尤其是在一个团队里，谁才是真正的好师、好友、好榜样呢？

曾国藩自己固然是团队成员的好师、好友、好榜样，但曾国藩认为这远远不够。对于个人来说，他做好自己就行了，但对于一个团队来说，还必须塑造一个堪为"好师、好友、好榜样"的核心层。

清代因为官制的设定，地方督抚大员并没有自己的秘书班子，各地大员通行的办法是自己出资、自己组织秘书班子，这就是幕府。但曾国藩的幕府和别人的都不一样，主要区别在两点。一是体制上看，虽然曾国藩的幕府看上去也只是他的秘书班子，但曾国藩是实际上的湘军统帅，所以他的幕府纳入湘军的序列，实际上成了湘军的参谋部、智囊团、秘书处。这样一来，曾国藩的幕府就有了举世难匹的第二个特点，即这是一个汇聚了当时天下顶尖人才的巨大的人才库，也就是王闿运所说的“天下英才，尽入曾幕”。（王闿运《湘军志》）

曾门四大弟子之一的薛福成曾经总结过，说曾国藩幕府当时囊括了天下八大类人才。有谋略之才，典型代表如左宗棠、李鸿章等；有作战人才，典型代表如彭玉麟、杨载福、李续宾、李续宜等；有军需人才，如李瀚章、丁日昌等；有文书人才，如俞樾、李元度等；有吏治人才，如沈葆桢、赵烈文等；有文教人才，如吴汝纶、张裕钊等；有外交人才，如郭嵩焘、薛福成等。还有一类，最为特别，制造人才，如容闳、徐寿、华蘅芳、李善兰、陈兰彬、徐建寅等。

他们后来或开辟了中国近代外交史，或开辟了中国近代科学史，或开辟了中国近代教育史，或成为中国近代史上现代化改革的中坚力量。晚清行政区划共有十八个省，后来有十三个省的督抚大员出自曾国藩的幕府，可想其人才之盛，称之为“神州第一幕府”丝毫不过。湘军有这样一个人才鼎盛的核心力量层，其发展可想而知。

但我们不由得想问，那个时代最顶尖的人才为什么都汇聚到了曾国藩的周围，甘心做他的入幕之宾？况且文人相轻，自古而然，这么多能独当一面的大才怎么会甘心唯曾国藩马首是瞻呢？

这两个问题的答案都只是一个词——信仰。

曾国藩要办有主义的团队，归根结底的落脚点还要在“信仰”这两个字上。所谓有主义的团队，就是有抱负、有使命、有大发展的团队，这样的团队只靠利益、奖惩与简单的说教是不能够形成决定团队发展的核心力量层的，而核心力量层的形成与发展，除了物质利益、名位推荐之外，还必须有精神与信仰的感召，否则这个力量层就不会是真正的核心力量。

这就要说到曾国藩打造有主义的团队时最为难能可贵的地方了。

但曾国藩超越了这一点。作为团队的最高领导，他能始终以信仰来感召人才，而非以个人权威感召，以个人威权来统驭。所以他手下人才辈出，但都是对事业忠诚，而非对个人忠诚。

举例来说，像左宗棠、李鸿章、沈葆桢这些当世的杰出人才，他们虽然都出身于曾国藩的幕府，都是曾国藩一手提拔上来，甚至扶上马还送了无数程，但他们在很多事情上与曾国藩都有不同意见。不仅能有不同意见，甚至还能坚持不同意见，甚至因此与自己的恩人曾国藩闹出很大的矛盾来。

他们谈起曾国藩的为人都评价极高，甚至极为佩服，但他们对共同的事业，却能不随曾国藩而盲从。他们都曾经让自己的这位大恩人、老领导很狼狈，甚至不惜闹出天下议论纷纷的公案，也要坚持自己认为正确的主张。这就不是个人崇拜，而是信仰！这种信仰氛围的营造，就是曾国藩在打造团队核心力量层时，在打造一个有主义的团队时，最为精彩、最具历史价值与意义的真正的大手笔！

曾国藩书生治军，打造了一个有主义的团队，汇聚了一个时代的智慧与力量，创造了一段历史传奇。虽然湘军的历史功过向来争议不已，但其中的道理，依然值得今人不断反思与借鉴。

第 **36** 讲

做英雄，还是做圣贤

带有浓厚儒家色彩的精神追求与信仰坚守在曾国藩那里最终转换为一个现实的选择。是做英雄，还是做圣贤？曾国藩的答案很明确——“倚天照海花无数，霸业雄图非所求。流水高山心自知，圣贤事业方不朽！”所以，曾国藩根本不会选择做英雄，因为他在内心深处早已选择了做圣贤。这个选择早在他读书立志时就已朦胧扎根，早在他写日记修身反省时就已不断强化，早在他写无数家书家训、呕心沥血教育后人时就已不断升华。

无意问鼎

曾国藩家训中有一副名联，上联曰“不为圣贤，便为禽兽”，下联曰“莫问收获，但问耕耘”。

这一联太有名，也太精彩，于红尘俗世之中，仿佛佛门狮吼，实在振聋发聩！但我常读之，也还有一个疑问，这个疑问不在下联，在上联。上联曰“不为圣贤，便为禽兽”，读书人请扪心自问：汝为圣贤乎？

你我皆凡尘中的芸芸众生，普通、微渺若一粒凡尘，谁敢自称圣贤？谁又能真的自以为是圣贤呢？我们大多数人都是普通人，都肯定不是圣贤，但不是圣贤，就一定是禽兽吗？

答案当然是否定的。但在曾国藩那里，答案却是肯定的。这又是为什么呢？

还是来看一下有关曾国藩，史学界争议最大的一个谜团——曾国藩不反之谜！

1864 年 7 月 19 日，太平天国都城天京陷落，太平天国农民起义宣告失败，同时也宣告了曾国藩率领的湘军，面对太平军经过长达十余年的作战后最终取得了胜利。其实，当曾国藩的弟弟曾国荃率湘军攻到天京城下的时候，很多人就已经看出来最终的结果了。当有识之士看到这个结果的时候，便有了一些不停涌动的暗流。

早在两年前，当湘军攻下安庆，曾国藩把两江总督府设在安庆后，时任江浙巡抚的左宗棠就派人送过一封密信给曾国藩。

信的内容是用鹤顶格题神鼎山联：

神所凭依，将在德矣。

鼎之轻重，似可问焉！

尤其是下联这句“鼎之轻重，似可问焉”，曾国藩一见，可谓触目惊心。因为问鼎就是问鼎中原、问鼎天下的意思。左宗棠的意思很明白——天下大势已明，眼见太平军撑不了多久了，我们应该有更长远的目标，这个目标就是借扑灭太平军之势，趁势反了朝廷，夺了天下！别看我平常喜欢跟你较劲，但你要反，我还是会唯你马首是瞻，还是把你当大哥！

据说曾国藩看完密信后，面色沉重，沉吟半晌不语。后来过了很久，才拿起笔来在这神鼎山联上改了一个字，然后交还胡林翼，胡林翼又转给了左宗棠。据说左宗棠看了曾国藩的回复后，冷笑一声，什么也没说，把这封只改了一个字的密信放火上烧了。

曾国藩只改了一个字，这句话就成了——“鼎之轻重，未可问焉”！意思也很明确：这种造反的事儿，我是坚决不做的！

胡林翼在转还这封信的时候，其实也附有他自己的一句话：“一似一未，我何词费！”说明他和左宗棠一样，也想劝曾国藩造反，可见了曾国藩改字表明不反的心迹后，也颓然无话可说。

但即使无话可说，胡林翼还不死心，他后来专门写了封密信给曾国藩，信中只有一句话：“东南半壁无主，我公岂有意乎？”意思是说，就算不取天下，至少我们湘军可以独占东南，划江而治，只要你曾公有意，湘军上下，莫不舍生相从！可曾国藩还是不为所动。

此后不久，曾国藩手下水师主帅，也是晚清政坛最忠诚、最廉洁自律的奇男子彭玉麟也派人给曾国藩送来密信，说："东南半壁无主，老师岂有意乎？"只把胡林翼的话改了两个字，可见左、胡、彭之间都是有默契的，那还是让曾国藩造反。因为趋势很明朗，胡、彭的意思是打下天京之后，就算不趁势打过长江去、打到北京去，依我们的实力，占据东南半壁江山，清廷拿我们也是没办法的。

曾国藩接到彭玉麟的劝反信时，正在自己的帅船上，据当时在身边的亲信内巡抚官倪人垲回忆说，曾国藩当时看完信后，连连说："不成话，不成话，雪琴还如此试我！可恶，可恶！"说完，就把这封劝反信吞下去了。

不久，又有一位天下闻名的大名士来湘军大营拜会曾国藩，此人是后来写了《湘军志》的王闿运。

王闿运学问很大，辛亥革命后曾经做过清史馆的馆长。但他自诩最擅长的学问是帝王之学，就是教别人如何称王称霸。他跑到曾国藩这里来，关起门来大谈王霸之道。曾国藩默然不语，王闿运口若悬河。王闿运颇有纵横家的风范，讲到动情处，仿佛风云际会，要为曾国藩造反称帝指一条明路。王闿运讲的时候没有注意到曾国藩一语不发，只是皱着眉头用手蘸着茶水在茶几上不停地写写画画。

讲了一阵，下人来禀报，说有要客来访。曾国藩听了便对王闿运拱拱手说："先生请稍坐片刻，我去去就来。"说完，一个人就出去了。王闿运这才发现曾国藩蘸着茶水在几案上写的字竟然全是："妄！"

王闿运知道再说什么也没用，只好飘然而去。他后来写《湘军志》的时候，从情绪上对曾国藩还是非常有抵触的。

最后也是最重要的一次造反劝谏就不是个体行为了，而是一场群体行为。

据说就在湘军攻下天京之后，清政府开始对湘军警惕起来，江北各处绿营和八旗都有紧张布防的迹象。而朝廷更是第一时间派了钦差大臣来南京，名为犒赏，实为暗查。另一方面，攻下天京的湘军将领曾国荃，虽然是曾国藩的亲弟弟，也因为纵兵劫掠并放跑了洪秀全的儿子洪天贵福受到朝廷的点名批评，另外户部还要审计湘军的账目。这一下湘军内部群情激愤。

传说曾国荃、左宗棠、彭玉麟、鲍超这四位顶尖的人物在南京的玄武湖曾经有过一场密谋，被称为玄武湖会议。之后，曾国荃率三十多位湘军的高级将领来见曾国藩。曾国藩对弟弟和手下这批将领的意图心知肚明，便推辞不见。大家见曾大帅不肯出来相见，更是群情激动，反复让人进内府去请。但不管怎么请，曾国藩也坚决不出来见大家。后来僵持了许久之后，曾国藩让人送了一副对联出来。

据说所有人看到这副对联之后，有的感慨，有的摇头，有的叹息，甚至还有人热泪盈眶。最后，曾国荃站出来说了一句话，他说：“大家什么也不要再讲了，今天的事儿以后千万不可再提，有任何枝节，我曾老九一人担当好了。”如此一说，众人才纷纷散去。

那么，曾国藩到底写了一副什么样的对联，居然可以让要拥立他的这些将领们心甘情愿地散去？

这副对联很有名。上联是“倚天照海花无数”，下联是“流水高山心自知”！

一般人都以为这副名联出自曾国藩之手，事实上这副对联只是一个集联，上联是苏东坡诗中的一句话，下联是王安石诗中的一句话，曾国藩各取其一，放在一起，居然妙对天成！

那么这两联到底说的是什么呢？竟然能让一场群情汹涌的谋反消弭于无形！

下联“流水高山心自知”还比较容易理解，关键是上联这句“倚天照海花无数”。“倚天”是站在绝高之处。能背倚长天，可见其高，所以金庸先生所写的《倚天屠龙记》里，倚天剑为百兵之祖，就是因为它剑气如虹，达到了绝高的境界。一个人站在绝高之处，面对的却是容纳百川的大海，这时候该是一幅怎样的景象呢？

阳光照在大海上，波涛汹涌，浪花翻腾，可谓气象万千。虽然气象万千，因为观海之人有倚天之高，所以再奇诡、再惊人、再诱惑的景象，也不能动摇其志、动摇其心，所以下联有曰“心自知”，而这种自知之心实在有“高山流水”的境界，不是一般人所能窥见的。

现在我们明白了，曾国藩这副对联依然说的是自己绝不造反的决心，并把不造反的理由也说得很明白了，那就是我自有心中的坚持，自有人生的境界，那些如“花无数”一般的绚丽景象对我是没有诱惑力的。

如此说来，我们不由要问——曾国藩心中的坚持与境界到底是什么呢？

要回答这个终极问题，首先就要来看看这个能带来“花无数”景象的造反诱惑到底有多大的可能。

一般来说，认为曾国藩当时造反条件不成熟的学者主要的论据有四个方面：

一是当时的清廷对曾国藩有可能造反已经做了军事上的准备。二是曾国藩的军饷不够。三是湘军内讧，已有分裂之势。四是曾国藩自身的顾忌。

这四条理由貌似说得都很有理，但我以为，其实都经不起推敲。

第一，清廷是对曾国藩有了布防与准备，但实力摆在那里，绿营面对太平军都毫无招架之力，纨绔的八旗子弟就更不用说了。当时从军事力量看，湘军的战斗力天下无敌，远远超过清政府军绿营和八旗，绿营和八旗再布防也不过是形同虚设。这在军事上是一种很清楚的判断。

第二，湘军是一直有军饷的问题，但就是因为不造反才有军饷的问题，一造反反而就没有军饷的问题了。当时曾国藩控制着江苏、浙江、上海、安徽、江西、湖南、湖北等当时最为富庶的地区，《清史稿》说当时“天下财赋，半出东南”，这还是往小里说，不仅不夸张，甚至还夸小了。曾国藩如果造反，经济上绝对没有后顾之忧。

第三，湘军内部意见不统一，甚至内讧，有分裂之势，其中对曾国藩牵制最大的就是手握重兵的左宗棠与李鸿章。至于曾左不和，我们曾专章分析过，两人在打下南京后互相揭发，甚至吵成一团，多少还有演戏的成分。况且“鼎之轻重，似可问焉”的造反劝谏，也正出于左公之手。至于李鸿章，那是曾国藩最贴心的学生，也是曾国藩最重要的政治接班人，如果有改朝换代的机会，他会扯自己老师后腿吗？

第四，曾国藩要果真有造反之心，还怕别人骂自己是乱臣贼子吗？哪一个开国元勋不是在成片的唾骂声中吊民伐罪、重开天地的？况且以曾国藩要办“有主义团队”的治军思想，他总应该比腐败透顶、无恶不作的清政府军更容易得民心吧！

所以，四条造反的不利条件看似有道理，其实都不可能成为导致曾国藩坚决不反的关键原因。而反过来看，若以条件来论，曾国藩的造反在当时可谓是“万事俱备，东风不欠”。

第一，军事上强弱分明，清政府军根本不是湘军的对手。

第二，经济上强弱分明，曾国藩控制地区的强大经济实力完全可以成为他北伐的坚实后盾。

第三，湘军内部造反情绪盛行，曾国藩一呼百应，只要他肯点个头，“陈桥兵变、黄袍加身”完全是水到渠成的事。

第四，当时“天下英才，尽归曾幕”（王闿运《湘军志》），曾国藩的人才团队无与伦比。

第五，因为当时曾国藩已经开辟洋务运动并努力施行多年，湘军与英法美德等西方列强的关系很好，曾国藩如果造反，西方列强即使不成为支持的力量，也绝对不会成为阻碍的力量。

但是严格说起来，曾国藩面临的形势与环境比起当年的郭子仪来说，更恶劣，更危险。

郭子仪当年虽然功高盖主，但不论是唐肃宗、代宗还是德宗，这几位君王本身对郭子仪还是很信任的。朝中虽然有鱼朝恩这样的奸臣想做手脚，但毕竟兴不起大浪来，所以郭子仪只要稍稍放低姿态，立刻赢得人心，对于盛名之下的危机，化解起来也就容易得多。可曾国藩率湘军平定太平天国之后，整个清政府对他手握重兵非常担心，甚至是非常害怕的，而且朝廷向来有“满汉相防”的祖训，对于曾国藩这样一个汉人统领天下作战能力最强的部队，这本身就让自慈禧而下的满族贵族寝食难安。

如果说郭子仪是功成名就后面对功高盖主、奸臣妒贤的局面作出的反应，属于条件反射，而曾国藩眼光则要远得多。这就要说到曾国藩为避因功高盖主而有可能出现的危局预先作出的安排了。通过这些方面，尤其可以看出曾国藩以柔克刚的处世智慧。

第一招，让功于人。

湘军在攻克太平天国的都城天京之前，沿长江一线所攻克的最后一个重要城市是安徽的安庆。

不仅曾国藩、胡林翼等明白攻取安庆的重要，清政府也知道攻取安庆的重要，事后不久就彻底改变了对湘军与曾国藩的态度，封他为两江总督兼兵部尚书，主管东南四省军政大权。

按理说打下安庆主要是曾国藩的弟弟曾国荃的功劳，而曾国藩又是前线总指挥，要论功行赏的话，曾氏兄弟当然是头功。可曾国藩非常出人意料，他在给朝廷上表按功请赏的折子里，把攻克安庆的头一份功劳居然让给了胡林翼。要知道，胡林翼虽然也是湘军核心领导之一，但他当时一直在湖北当巡抚，主持湘军的后勤支援工作。更让曾国荃看不懂的是，曾国藩把指挥之功让给胡林翼也还好说，胡林翼毕竟是自己人，问题是曾国藩把作战之功也让出去了，而且让给了绿营将领多隆阿，说具体攻占安庆的第一功，应该是多隆阿。

对此，曾国藩对弟弟的解释是：“有难先自己当，有功先让人享。”（《曾国藩全集 · 家书》）那意思就是说再大的功劳你也得让出来，这是做人的品德！

曾国藩保身之法的第二招，就是前面讲过的裁撤湘军。

曾国藩从攻下安庆开始，就谋划一件事——筹钱。而且一筹还不是个小数目，整整五百万两！

在当时，五百万两已经够筹建一支新式的水师了。可见数目之巨。原来，他早在安庆之战之后就预见到了湘军必将攻克天京，也预见到了湘军建此奇功之后将名震天下、军震天下的局面，更预见到了自己作为湘军领袖必将因此而功高盖主。所以他早在数年之前看到了这一切，就已经在想解决之道。他的解决之道，在推功让人之外，更具实际意义的一步，就是主动裁撤湘军，而这五百万两巨资，就是他的裁军费用。

没有钱，辛苦战斗多年的湘军弟兄哪肯回乡？没有钱，湘军这支虎狼之师哪肯乖乖就范？事实上就算有了钱，大家还是想不通。最想不通的一些人就是以曾国荃为代表的湘军中最能打、最核心的一群骨干。

奈何曾国藩主意已定，一打完仗，立刻上表朝廷，主动提出裁军。而且，曾国藩一提出裁军就立刻行动，毫不拖延，甚至还不要朝廷出一分钱。连裁军费用都自行解决，弄得猜忌、提防曾国藩的慈禧太后都不好意思，直夸曾国藩才是有史以来的大忠臣。

曾国藩保身之法的第三招：劝弟辞官。

接下来，曾国藩对曾国荃提出了一个让他怎么也想不到、怎么也难以接受的要求——你主动辞官，回老家休养去！曾国荃再横再蛮，一生也唯大哥马首是瞻，到这个地步，在大哥苦口婆心反复劝导下，他终于答应以休养身体为名辞官回乡。

当然，有人可能会奇怪，曾国藩要求曾国荃辞官回乡，为什么不自己辞官回乡呢？这样不是更可以远身避祸吗？

其实，曾国藩也不是没这么想过。但他手下的智囊赵烈文劝他万万不可，赵烈文说你不想造反，裁军、让功表明心迹，都没错，但你做过了头，要是把所有的权力都让出来，你反而危险了。到时候，人为刀俎，我为鱼肉，别人想怎么收拾你都行，你连一点回手的余力都没有。所以，军要裁，官还要做！

听了赵烈文的话，曾国藩醍醐灌顶。他虽然裁了湘军，却保留了李鸿章的淮军不动，因为淮自湘出，完全可以作为自己的后援。再加上李鸿章与自己的师生关系，他的政治理想和抱负也不愁没法延续下去。所以曾国藩让弟弟辞官，自己却依旧坚守两江总督的位置。

除了让功、裁军、劝弟辞官，曾国藩的第四招就是一出双簧戏，叫：曾左不和。

两个人你来我往地互掐起来，吵得好不热闹，一直吵到慈禧那儿。慈禧一看，好啊！你们吵得好啊！湘军两大主帅掐成这样，最好不过！据此，朝廷认为湘军内部分裂，曾国藩已不足虑。

事实上，我们此前重点分析过，曾国藩、左宗棠都是一代大儒，都是有大学问、大境界的人，至于吵成这种泼皮无赖相吗？况且，有史料记载曾、左后来互相攻击对方的奏折在上传之前，都曾秘密地送交对方看过，这明显就是演戏，是演给慈禧看——你看，我们自己都斗成了这样，你还有什么好担心的呢？

曾国藩第五个保身之法，是学郭子仪开府以明心志，但比郭子仪用得还漂亮。他这个自明心志的法宝，就是他著名的《曾国藩家书》。

曾国藩的家书不像很多名人的书信，是在死后才刊印出版的，曾国藩在生前就把他的《曾国藩家书》刻板刊印了出来。

曾国藩为什么要急着刊刻他的家书呢？

因为他的家书中主要的内容就是儒家知识分子忠孝仁义、修齐治平的思想与抱负，这些东西是最能表现他的忠心的。这东西印出来，让天下人尽知，他的忠心不就昭如日月了吗？这么忠心耿耿的曾国藩怎么还会造反呢？而且这种自明心志的方法还很文雅、很自然。

曾国藩保身之法第六招，也是最有实效、最富智慧的一招，就是勤勤恳恳、任劳任怨、认认真真、埋头工作。

曾国藩裁撤湘军、劝弟辞官之后，不管朝廷的猜忌，也不管社会上的非议，坐镇南京两江总督府，立刻开始努力细致地狠抓具体工作。从南京城的战后重建，到江南官场的反腐整治，从重开江南贡院的科举考试，到全力支持培养留学生计划、扩建江南制造局、加快洋务运动的步伐，每一件事兢兢业业、呕心沥血。所以他在给朋友的信里说："惟忘机可以消众机，惟懵懂可以祓不祥。"（《曾国藩全集·书札》）

垂帘听政的慈禧终于像唐代的肃宗、代宗、德宗一样，对功高盖主的曾国藩彻底放下了心。慈禧多次称赞曾国藩才是不二的忠臣，后来不停地给他加官晋爵，甚至把他从两江总督的任上调到皇城根前来做直隶总督，倚重之情，全不见了当初的猜疑之意。

一代大儒的信仰

是什么成就了“中兴名臣”“一代大儒”的曾国藩?

是什么成就了能一手开辟洋务运动、使中国开始从农业文明向工业文明跨进的曾国藩?

是什么造就了拥有当时最强人才团队、“神州第一幕府”的曾国藩?

是什么造就了能写出“千古第一家训”、被后人视为儒家教育正宗的曾国藩?

我以为所有的答案都在两个字上——信仰!

曾国藩当年以一介书生领军，起兵之时就在出征檄文里说过，他是为“我孔子、孟子之所痛哭于九原，凡读书识字者，又乌可袖手安坐，不思一为之所也?”(《曾文正公文集·讨粤匪檄》)的理由而出兵的。也就是为了拯救传统儒家文化，而非拯救那个腐朽的朝廷而出兵的。当然，曾国藩身上确实充满古代儒生愚忠、愚孝的伦理思想，他不反清廷也确实有这种愚忠、愚孝的思想在起作用。但从更大的历史背景上看，他是对儒家文化的忠诚，是对儒家所提倡的“修身、齐家、治国、平天下”的人生理想与信仰的忠诚。

所以，他克己修身，日记一写数十年，一生把不断自省与不断学习当成最重要的生活习惯。他从来不跟别人攀比，他只跟自己较劲儿，只要做得比昨天的自己好，只要做得比前一刻的自己好，这就是人生最大的成功。

所以，他自号“涤生”，每日以“从前种种譬如昨日死，从后种种譬如今日生”（《曾国藩全集·日记》）而自勉；他虽然起步很低，甚至初时“在并时诸贤杰中最称钝拙”（梁启超《曾文正公嘉言钞序》），但最终却超越了那个时代中所有比他聪明的同伴，走到了人生境界的最高处。

所以，他虽然没有小聪明，但有大智慧，把儒家所提倡的“修身”理念，用一生实践几乎做到了完美。他之所以在为官为政、带兵打仗的同时，还写下无数家书、无数家训名篇名句，是因为在儒家文化中，“齐家”是从“修身”到“治国平天下”之间最重要的桥梁。在他这样标准的儒生看来，要想成为顶天立地的“士大夫”，要想成为民族文化的脊梁，不仅要做好自己，更要带好整个家族。因为所谓“国家”，在中国人看来，有家才有国，有国才有家，家国是同构的，所以唯有“齐家”才能“治国”，家尚不齐，国又焉治？曾国藩在戎马倥偬的岁月里还挤出大量时间来完善家庭教育，又把这种家庭教育智慧引申到社会教育层面，他是要用这种智慧不仅来齐家，更要来救国。

因为有信仰的感召，一大批心怀天下的仁人志士才会走到他的身边，创造了“天下英才，尽在曾幕”的“神州第一幕府”的传奇。

当时天下像曾国藩这样出山办团练的共有四十几处，可只有曾国藩把团练办成了举世闻名的湘军，而且只有他的湘军里汇集了当时儒家知识分子的精英。湘军带兵将领大半是书生带兵，而非武将带兵，这在中国数千年的战争史上也是极为罕见的。一帮原来只知道“之乎者也”的儒生却能汇聚在他的身边领兵作战，最终的动力只能源于他们之间某种共同的信仰感召与精神力量。

当时地方督抚皆有自己的幕府，可唯有曾国藩的幕府汇集了那个时代最为杰出的科学家、教育家与社会活动家。像中国近代化学之父徐寿和他同为化学家的儿子徐建寅，像中国近代大数学家与教育家华蘅芳，像中国近代大数学家与物理学家李善兰，像中国近代医学家、翻译学家赵元益，像号称“中国留学生之父”的大教育家容闳，这些时代的精英都会聚在曾国藩的幕府，为他开创安庆内军械所，为他开创江南制造局，为他开创江南制造局所属翻译局殚精竭虑，贡献智慧与生命。

尤其是容闳的经历，特别有说服力。

纵观容闳的一生，他在实施救国理想的过程中，起初对清廷不抱希望，后来投身曾国藩幕府，后任清廷四品官职，后来又在曾国藩死后多年加入了反清的阵营，可以说他加入晚清政府也多少是因为曾国藩个人魅力的感召。他在他的名著《西学东渐记》里深情地回忆说：“曾文正者，于余有知己之感，而其识量能力，足以谋中国进化者也。”

这种可以让容闳以知己视之的个人魅力的背后，一定是某种信仰与精神的力量。

不论是从曾国藩修身、齐家、治国、平天下的人生实践，还是从他立德、立功、立言三不朽的人生业绩，甚至从他对仁人志士的感召以及对人才力量的组织与建树，都可以看出他人生背后那种巨大的精神追求与坚定的信仰坚守。而这种追求与坚守都是带有强烈的传统儒家色彩的，所以随着他个人事业的成功，冯友兰先生在《中国哲学史新编》里也认为是曾国藩挽救了东方儒家传统文化。

这种带有浓厚儒家色彩的精神追求与信仰坚守在曾国藩那里最终转换为一个现实的选择，也就是反与不反的选择。是做英雄，还是做圣贤？

曾国藩的答案很明确——倚天照海花无数，霸业雄图非所求。流水高山心自知，圣贤事业方不朽！

所以，曾国藩根本不会选择做英雄，因为他在内心深处早已选择了做圣贤。这个选择早在他读书立志时就已朦胧扎根，早在他写日记修身反省时就已不断强化，早在他写无数家书家训、呕心沥血教育后人时就已不断升华。

所以，到最后一刻，让曾国藩这样儒家克己修身的模范一举推翻毕生的信仰与追求，在别人看来并非不可能，但在曾国藩自己，那绝对是荒唐而不可想象的。

所以，我们现在可以明了那个最初的疑问了，他说“不为圣贤，便为禽兽”，一违常理，没有中间地带；语气决绝，绝不首鼠两端。这本身就是精神追求中一种气场与能量的显现。凭着这种对圣贤之道的精神追求与信仰坚守，曾国藩才最终从一个“笨小孩”成为“一代大儒”，才最终开辟了向西方科技文明学习的洋务运动，才最终教育出曾家子弟代代皆有英才，才为后人留下了宝贵而丰富的教育财富与精神财富。

这也正是我们在这个时代讲曾国藩家训的关键所在，一个民族的真正崛起，一个国家的“大国崛起”，一定要伴随着思想、文化的兴盛，一定要有民族共同信仰的回归，只有经济崛起的大国崛起只会是一种可笑的假象与幻象。

其实，在曾国藩的家训里我们讲到了很多方法与智慧，但我们更应该看到的是其中的精神与情怀。曾国藩常说“人生需有根柢，方可撑持世间变化”(《曾国藩全集·家书》)，这种可以撑持人世间风雨、坎坷、挫折、变化的人生“根柢”，就是那种精神、信仰、理想与情怀。

这不禁让人想起流传于湖南曾国藩故里一个有关曾国藩教子的小故事，我们权且把这则生动的小故事作为全书的结篇：

时间应该是在1858年前后，曾国藩因为父亲去世，离开江西战场，回老家为父亲守丧。

那段时间是曾国藩一生最沮丧的时期，父亲去世，战局不利，擅自离开战场被天下人耻笑，皇帝夺了他的兵权，让他眼睁睁地看着毕生心血付诸东流。当时曾国藩的心情很不好，在家还常常冲着几个弟弟发脾气。可是有一天，曾国藩却突然来了兴致，带着大儿子曾纪泽去爬山。

曾国藩的家乡湖南双峰有座铜梁大山，山高水险，陡峻异常，乡亲们出行非常不便。曾国藩在家守丧期间，体察民生疾苦，于是自掏官俸一千两白银在铜梁山上修了一条石板路，还在山顶建了一座凉亭，以方便出行的人们歇歇脚。

曾国藩和儿子曾纪泽沿着刚建好的石板路，一路爬到了山顶。到山顶凉亭，曾国藩面对群山，随口吟出一副对联——

稍停歇，到此已登峰造极。息重担，远眺则放眼开怀。

转过头，曾国藩对曾纪泽说：“你看，此处观景甚好。想百姓们多是挑着重担上得山来，于此处歇下重担，让清爽的山风吹吹汗，听清脆之鸟鸣时时悦耳，再远眺一山更比一山高，想是任何人都能悟得出些世情与道理。”

听了这话，年方弱冠的曾纪泽突然兴奋地对父亲说：“我知道了，前面一山更比一山高，父亲是要告诉我，人生学无止境，虽可暂歇，却不能止步。”

曾国藩看着儿子赞许地点点头，曾纪泽却在心中不由得又想：父亲一生勤俭，平常省吃俭用，如今却慷慨解囊，掏出千两白银为乡亲修此山路与凉亭，这不就是心怀苍生的义举、比山还高的胸怀吗？

山风徐徐吹来，天地为之开怀。一对父子在登峰造极处远眺群山，他们的目光、他们的思想、他们的精神与情怀，或许可以延绵千年！